普通高等教育公共基础课系列教材

概率论与数理统计

韩七星　曲　爽　主编

科学出版社

北　京

内 容 简 介

　　本书的主要内容包括随机事件及其概率、随机变量及其分布、多维随机变量及其分布、随机变量的数字特征、大数定律和中心极限定理、统计量及其分布、参数估计、假设检验、方差分析与回归分析等. 每章后配有一定量的习题, 书后附有相关的实验内容及部分习题的参考答案.

　　本书可作为高等学校本科或专科非数学类专业学生学习"概率论与数理统计"课程的教材, 也可作为各类高等院校、职业技术学校的教师及教育科研工作者的参考书.

图书在版编目(CIP)数据

概率论与数理统计/韩七星, 曲爽主编. —北京: 科学出版社, 2020.8
(普通高等教育公共基础课系列教材)
ISBN 978-7-03-065734-3

　Ⅰ. ①概⋯　Ⅱ. ①韩⋯ ②曲　Ⅲ. ①概率论-高等学校-教材 ② 数理统计-高等学校-教材　Ⅳ. ①O21

中国版本图书馆 CIP 数据核字(2020)第 132814 号

责任编辑: 戴　薇　李　莎 / 责任校对: 赵丽杰
责任印制: 吕春珉 / 封面设计: 东方人华平面设计部

科学出版社 出版
北京东黄城根北街 16 号
邮政编码: 100717
http://www.sciencep.com
天津翔远印刷有限公司 印刷
科学出版社发行　各地新华书店经销
＊
2020 年 8 月第 一 版　开本: 787×1092　1/16
2022 年 7 月第二次印刷　印张: 13 3/4
字数: 305000
定价: 38.50 元
(如有印装质量问题, 我社负责调换〈翔远〉)
销售部电话 010-62136230　编辑部电话 010-62138978-2046

前　　言

"概率论与数理统计"是高等学校理工类和管理类专业开设的一门重要的公共基础课,它与很多实际问题息息相关,在许多领域都有着广泛的应用,其在培养学生综合解决问题的能力方面发挥着重要作用.本书是按照教育部高等学校数学与统计学教学指导委员会对概率论与数理统计教学的基本要求,结合编者多年的授课经验编写而成的.

本书主要介绍概率论与数理统计中的基本概念、原理和方法,在此基础上,融入了利用 MATLAB 进行数据统计、参数估计、假设检验、回归分析等内容,能够帮助学生利用所学的数学知识和计算机技术去认识问题和解决实际问题.在内容的编排上,选择有关社会调查、保险业、医学等方面的例题或习题,使理论方法和实际问题结合得更加紧密,凸显了概率论与数理统计的应用性,适合于不同专业的学生学习和参考.

本书由韩七星、曲爽担任主编,具体分工如下:曲爽负责第 1~4 章的编写,韩七星负责第 5~10 章的编写.

由于编者水平有限,书中难免有不足和疏漏之处,恳请广大读者批评指正.

编　者

2020 年 3 月 10 日

于长春

目　录

第1章 随机事件及其概率

概率论与数理统计是一门研究随机现象客观规律性的数学学科. 一方面, 它有自己独特的概念和方法, 内容十分丰富; 另一方面, 它已充分渗透到很多相关领域. 近年来, 随着科学技术的迅猛发展, 概率论与数理统计在教育、经济、物理、化学、遗传、医药、环境污染、政治及社会科学、心理学等领域均发挥着至关重要的作用. 本章介绍的随机事件及其概率是概率论中的基本概念之一.

1.1 随 机 事 件

1.1.1 随机现象

在自然界中, 人们所遇到的现象一般可分为两类:

一类现象是, 在一定条件下, 必然会出现某一种确定的结果. 例如, 在一个标准大气压下, 水加热到 100℃便会沸腾; 同性电荷相斥; 太阳从东方升起等. 我们把这类现象称为确定性现象.

另一类现象是, 在一定条件下, 可能会出现各种不同的结果, 也就是说, 在完全相同的条件下, 进行一系列观测或试验时, 并不总是出现相同的结果. 例如, 抛一枚质地均匀的硬币, 当硬币落下时, 会出现正面向上或反面向上, 其中是哪个结果并不能预知. 我们把这类现象称为随机现象. 再如, 走到某个十字路口时, 可能遇到的是红灯, 也可能是绿灯; 未来某日某只股票的价格是多少? 等等.

随机现象到处可见, 我们就生活在这种随机现象的海洋里. 从表面上看, 随机现象每一次观察的结果都是偶然的, 其实不然. 人们通过实践已经证明, 如果在相同条件下进行大量重复的试验, 随机现象就会呈现出某种规律性, 人们称这种规律性为随机现象的统计规律性. 以掷一颗质地均匀的骰子为例, 尽管掷一次时, 我们不能预言是否会出现 4 点, 但是重复掷多次时, 会发现 4 点出现次数与所掷的总次数的比值接近 1/6. 概率论与数理统计就是研究大量随机现象的统计规律性的一门数学学科.

为了研究随机现象的统计规律性, 我们要进行观察和观测, 这个过程就是试验. 在概率论里, 具有下述特点的试验称为随机试验, 简称试验.

(1) 可重复性: 可以在相同的情形下重复进行;

(2) 可观察性: 每一次试验所有可能出现的基本结果是明确可知的, 并且不止一个;

(3) 不确定性: 每一次试验总是恰好出现这些可能的基本结果中的一个, 但在一次试验之前不能肯定这次试验会出现哪一个基本结果.

通常用字母 E 或 $E_1, E_2, \cdots$ 表示随机试验. 例如, 以下几例就具有上述三个特征, 都是一些随机试验.

（1）掷一颗骰子，观察其出现的点数；

（2）从一批产品中，一次任选三件，记录出现正品与次品的件数；

（3）某种型号电视机的寿命；

（4）测量某物理量（如长度、直径等）的误差.

1.1.2 样本空间

随机试验 E 的一切可能的基本结果组成的集合称为样本空间，记为 Ω. 样本空间的元素，即 E 的每个基本结果，称为样本点，记为 ω.

我们看以下几个样本空间的例子.

（1）试验 E：在一个口袋中装有白、黑两个球，从中随机取一球，记下它的颜色. 在这个试验中，样本空间 Ω 由下列两个基本事件构成：

$$\omega_1 = \{取得白球\}, \quad \omega_2 = \{取得黑球\};$$
$$\Omega = \{\omega_1, \omega_2\}.$$

（2）试验 E：在一个口袋中装有白、黑两个球，从中随机取一球，记下它的颜色. 然后放回，再取一球，又记下它的颜色. 在这个试验中要考虑取球的顺序. 为简洁起见，我们把"第一次取得白球，第二次取得白球"这一事件记为 $\{(白，白)\}$，并依此类推. 从而可知样本空间 Ω 由下列四个基本事件构成：

$$\omega_1 = \{(白,白)\}, \quad \omega_2 = \{(白,黑)\}, \quad \omega_3 = \{(黑,白)\}, \quad \omega_4 = \{(黑,黑)\};$$
$$\Omega = \{\omega_1, \omega_2, \omega_3, \omega_4\}.$$

注：由于取球的顺序应予考虑，所以 $\{(黑,白)\}$ 与 $\{(白,黑)\}$ 是不同的两个样本点.

（3）试验 E：观察某电话交换台在某一段时间内接到的呼唤次数. 这时，样本空间 Ω 由下面可列个基本事件构成：

$$\omega_i = \{接到\ i\ 次呼唤\} \quad (i = 0,1,2,\cdots);$$
$$\Omega = \{\omega_0, \omega_1, \cdots, \omega_i, \cdots\}.$$

注：（1）样本空间中的元素可以是数，也可以不是数；

（2）样本空间含样本点的个数可以是有限的，也可以是无限的.

1.1.3 随机事件的定义

随机试验的每一种可能的基本结果，叫作**基本事件**. 因为随机试验的所有可能的基本结果是明确的，从而所有的基本事件也是明确的. 相对于基本事件，由多个基本事件所组成的试验的可能结果，则称为**复杂事件**（**复合事件**）. 无论是基本事件还是复杂事件，它们在试验中发生与否，都带有随机性，所以都称为**随机事件**，简称**事件**. 随机事件通常用字母 $A, B, C, \cdots$ 来表示，必要时加上下标. 例如，$A = \{正面向上\}$，$B = \{抽到合格品\}$，$C = \{掷出偶数点\}$ 等都是随机事件. 如果组成一个事件的某一个基本事件发生了，我们就称这个事件发生.

例如，设试验 E 为掷一颗质地均匀的骰子，观察出现的点数，记事件 $A_n = \{出现\ n\ 点\}$

（$n = 1, 2, 3, 4, 5, 6$）. 显然，$A_1, A_2, \cdots, A_6$ 都是基本事件. 除此之外，若记事件 $A = \{$出现奇数点$\}$，事件 $B = \{$出现能被 3 整除的点$\}$，则 A, B 都是随机事件. 其中，事件 A 由 A_1, A_3, A_5 这三个基本事件组成. 当且仅当 A_1, A_3, A_5 这三个基本事件中有一个发生，我们称事件 A 发生. 类似地，当且仅当 A_3, A_6 这两个基本事件中有一个发生，即事件 B 发生.

必然事件是指每次试验中必然发生的事件，记作 Ω. **不可能事件**是指每次试验中必然不发生的事件，记作 $\varnothing$. 上述抛掷骰子的试验 E 中"点数大于 0"是必然事件，它是由所有基本事件 $A_1, A_2, \cdots, A_6$ 组成. 由于在每次试验中，必然出现基本事件之一，所以必然事件在试验 E 中一定发生，而"点数大于 7"在试验 E 中一定不会发生，故它是不可能事件.

显然，必然事件、不可能事件都是确定性事件，为了今后讨论问题的方便，也可将它们看作两个特殊的随机事件.

事件是相对于一定的试验而言的，如果试验的条件变化了，事件的性质也将可能发生变化. 例如，掷 m 颗骰子的试验，观察它们出现的点数之和，事件"点数之和小于 15"，当 $m = 2$ 时是必然事件，当 $m = 3$ 时是随机事件，当 $m = 20$ 时则是不可能事件.

1.1.4　事件的关系与运算

在研究随机现象时，我们看到同一个试验可以有很多随机事件，其中有些比较简单，有些相当复杂. 为了从较简单的事件出现的规律中寻求比较复杂的事件出现的规律. 我们需要研究同一试验的各种事件之间的关系和运算.

下面的讨论总是假设在同一个样本空间 Ω（同一个随机试验）中进行，事件间的关系和运算与集合间的关系和运算一样，主要有以下几种.

1. 包含关系

若事件 A 发生必然导致事件 B 发生，则称**事件 B 包含事件 A**，或事件 A 包含于事件 B，也称事件 A 是事件 B 的子事件，记作 $A \subset B$ 或 $B \supset A$. 显然，对于任何事件 A，有

$$\varnothing \subset A \subset \Omega.$$

2. 相等关系

若事件 A 与事件 B 互为包含，即

$$A \subset B \text{ 且 } B \subset A,$$

则称**事件 A 与事件 B 相等**，记作 $A = B$.

3. 事件的和（并）

若事件 A 与事件 B 至少有一个发生，即"A 或 B"也是一个事件，则这一事件称为**事件 A 与事件 B 的和（并）**，记作 $A + B$ 或 $A \cup B$.

类似地，若事件 $A_1, A_2, \cdots, A_n$ 中至少有一个发生，则这一事件称为 $A_1, A_2, \cdots, A_n$ 的和，

记作 $A_1 + A_2 + \cdots + A_n$ 或 $A_1 \cup A_2 \cup \cdots \cup A_n$，简记为 $\sum\limits_{i=1}^{n} A_i$ 或 $\bigcup\limits_{i=1}^{n} A_i$．

若事件 $A_1, A_2, \cdots, A_n, \cdots$ 中至少有一个发生，则这一事件称为 $A_1, A_2, \cdots, A_n, \cdots$ 的和，记作 $A_1 + A_2 + \cdots + A_n + \cdots$ 或 $A_1 \cup A_2 \cup \cdots \cup A_n \cup \cdots$，简记为 $\sum\limits_{i=1}^{\infty} A_i$ 或 $\bigcup\limits_{i=1}^{\infty} A_i$．

显然，有以下结论：

（1）$A \subset (A+B)$，$B \subset (A+B)$；

（2）若 $A+B=A$，则 $B \subset A$；

（3）$A+\varnothing = A$，$A+\Omega = \Omega$；

（4）$A+A=A$．

4. 事件的积（交）

若事件 A 与事件 B 同时发生，即"A 且 B"也是一个事件，则这一事件称为**事件 A 与事件 B 的积（交）**，记作 AB 或 $A \bigcap B$．

类似地，若事件 $A_1, A_2, \cdots, A_n$ 同时发生，则这一事件称为事件 $A_1, A_2, \cdots, A_n$ 的积，记作 $A_1 A_2 \cdots A_n$ 或 $A_1 \bigcap A_2 \bigcap \cdots \bigcap A_n$，简记为 $\prod\limits_{i=1}^{n} A_i$ 或 $\bigcap\limits_{i=1}^{n} A_i$．

若事件 $A_1, A_2, \cdots, A_n, \cdots$ 同时发生，则这一事件称为事件 $A_1, A_2, \cdots, A_n, \cdots$ 的积，记作 $A_1 A_2 \cdots A_n \cdots$ 或 $A_1 \bigcap A_2 \bigcap \cdots \bigcap A_n \bigcap \cdots$，简记为 $\prod\limits_{i=1}^{\infty} A_i$ 或 $\bigcap\limits_{i=1}^{\infty} A_i$．

显然，有以下结论：

（1）$AB \subset A$，$AB \subset B$；

（2）若 $AB=A$，则 $A \subset B$；

（3）$A\varnothing = \varnothing A = \varnothing$，$A\Omega = A$；

（4）$AA = A$．

5. 事件的差

若事件 A 发生而事件 B 不发生，则这一事件称为**事件 A 与事件 B 的差**，记作 $A-B$．

显然，有以下结论：

（1）$A-B \subset A$；

（2）若 $A-B=A$，则 $AB=\varnothing$；

（3）$A-\varnothing = A$，$A-\Omega = \varnothing$；

（4）$A-A = \varnothing$．

6. 互不相容事件（互斥事件）

若事件 A 与事件 B 不能同时发生，即 $AB=\varnothing$，则称**事件 A 与事件 B 是互不相容（或互斥）事件**．类似地，若 $A_1, A_2, \cdots, A_n$ 中任何两个事件 A_i 与 $A_j (i \neq j; i,j=1,2,\cdots,n)$ 都互不

相容，则称 n 个事件 $A_1, A_2, \cdots, A_n$ 是互不相容的；若 $A_1, A_2, \cdots, A_n, \cdots$ 中任何两个事件 A_i 与 $A_j (i \neq j; i, j = 1, 2, \cdots)$ 都互不相容，则称可列个事件 $A_1, A_2, \cdots, A_n, \cdots$ 是互不相容的.

7. 对立事件（互逆事件）

若事件 A 与事件 B 有且仅有一个发生，即

$$A + B = \Omega \text{ 且 } AB = \varnothing,$$

则称**事件 A 与事件 B 为对立事件（互逆事件）**. 事件 A 与事件 B 互逆，也常常说**事件 A 是事件 B 的逆事件**，当然事件 B 也是事件 A 的逆事件. A 的逆事件记作 $\overline{A}$. 由定义可知，两个对立事件一定是互不相容事件；但两个互不相容的事件不一定为对立事件. 对立事件满足下面三个关系式：

（1）$\overline{\overline{A}} = A$；

（2）$A\overline{A} = \varnothing$；

（3）$A + \overline{A} = \Omega$.

8. 完备事件组

若 n 个事件 $A_1, A_2, \cdots, A_n$ 互不相容，并且它们的和是必然事件，则称这 **n 个事件 $A_1, A_2, \cdots, A_n$ 构成一个完备事件组**. 它的实际意义是在每次试验中必然发生且仅能发生 $A_1, A_2, \cdots, A_n$ 中的一个事件. 当 $n = 2$ 时，A_1 与 A_2 就是对立事件. 类似地，若 $\sum\limits_{i}^{\infty} A_i = \Omega$，并且对于任何 $i \neq j (i, j = 1, 2, \cdots)$，有 $A_i A_j = \varnothing$，则称**可列个事件 $A_1, A_2, \cdots, A_n, \cdots$ 构成一个完备事件组**.

各事件间的关系和运算可以用维恩图来表示，如图 1.1 所示.

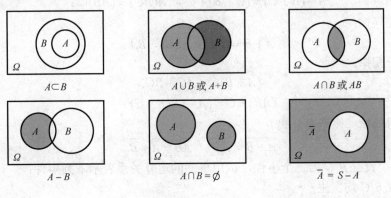

图 1.1

概率论中事件之间的关系与运算同集合之间的关系与运算是完全一致的，其对照关系如表 1.1 所示.

表 1.1

记号	概率论	集合论
Ω	样本空间，必然事件	全集
$\varnothing$	不可能事件	空集
ω	样本点	元素
A	事件	子集
$A \subset B$	事件 A 发生导致事件 B 发生	集合 A 是集合 B 的子集
$A = B$	事件 A 与事件 B 相等	集合 A 与集合 B 相等
$A \cup B$	事件 A 与事件 B 的和事件	集合 A 与集合 B 的并集
$A \cap B$	事件 A 与事件 B 的积事件	集合 A 与集合 B 的交集
$A - B$	事件 A 与事件 B 的差事件	集合 A 与集合 B 的差集
$AB = \varnothing$	事件 A 与事件 B 互不相容	集合 A 与集合 B 无相同元素
$\overline{A}$	事件 A 的逆事件	集合 A 的补集

例 1.1 设试验 E 为掷骰子的随机试验，令事件 $A=\{$出现奇数点$\}$，事件 $B=\{$出现能被 3 整除的点$\}$，事件 $C=\{$出现点数小于 2$\}$，事件 $D=\{$出现偶数点$\}$，事件 $F=\{$出现点数不超过 4$\}$，写出各事件间的关系.

解 因为样本空间 $\Omega = \{1,2,3,4,5,6\}$，$A = \{1,3,5\}$，$B = \{3,6\}$，$C = \{1\}$，$D = \{2,4,6\}$，$F = \{1,2,3,4\}$，所以 $C \subset A$，$C \subset F$；B 与 C，D 与 C，A 与 D 都是互不相容事件，其中 A 与 D 是对立事件.

1.1.5 事件的运算性质

设 A, B, C 为同一随机试验中的事件，则有

（1）结合律：
$$A + (B + C) = (A + B) + C, \quad A(BC) = (AB)C;$$

（2）交换律：
$$A + B = B + A, \quad AB = BA;$$

（3）分配律：
$$(A + B)C = AC + BC,$$
$$(AB) + C = (A + C)(B + C);$$

（4）对偶律（德摩根公式）：
$$\overline{A + B} = \overline{A}\,\overline{B}, \quad \overline{AB} = \overline{A} + \overline{B}.$$

例 1.2 设 A, B, C 为三个事件，试用事件的运算关系表示下列事件：

（1）A, B, C 均发生；

（2）A, B, C 均不发生；

（3）A, B, C 至少有一个发生；

（4）A, B, C 恰有一个发生；

（5）A, B, C 最多有一个发生；

（6）A, B, C 至少有两个发生；

（7）A, B, C 最多有两个发生.

解　（1）ABC；

（2）$\overline{ABC}$ 或 $\overline{A+B+C}$；

（3）$A+B+C$；

（4）$A\overline{B}\overline{C}+\overline{A}B\overline{C}+\overline{A}\overline{B}C$；

（5）$\overline{A}\overline{B}\overline{C}+A\overline{B}\overline{C}+\overline{A}B\overline{C}+\overline{A}\overline{B}C$；

（6）$AB\overline{C}+A\overline{B}C+\overline{A}BC+ABC=AB+AC+BC$；

（7）$\overline{A}\overline{B}\overline{C}+A\overline{B}\overline{C}+\overline{A}B\overline{C}+\overline{A}\overline{B}C+AB\overline{C}+A\overline{B}C+\overline{A}BC=\overline{A}+\overline{B}+\overline{C}=\overline{ABC}$.

1.2　随机事件的概率

1.2.1　频率及其性质

我们知道，在一次随机试验中，某一随机事件可能发生，也可能不发生，但若进行大量的重复试验，就会发现这一随机事件的发生有其统计规律性. 例如，抛掷硬币的试验，设进行了 n 次试验，正面出现了 k 次，则 k 称为出现正面的**频数**，而 $\frac{k}{n}$ 称为出现正面的**频率**. 设出现正面为事件 A，k 是事件 A 发生的频数，$\frac{k}{n}$ 是事件 A 发生的频率. 当试验次数 n 充分大时，事件 A 发生的频率 $\frac{k}{n}$ 就会稳定在一个常数 $p\,(0\leqslant p\leqslant 1)$左右，称其为**频率的稳定性**. 表1.2是部分试验者进行的抛掷硬币试验的数据，由表可知，出现正面的频率稳定在 0.5 左右.

表 1.2

试验者	试验次数 (n)	出现正面频数 (k)	出现正面的频率 $\left(\frac{k}{n}\right)$
德摩根	2048	1061	0.5181
蒲丰	4040	2048	0.5069
皮尔逊	12000	6019	0.5016
皮尔逊	24000	12012	0.5005
维尼	30000	14994	0.4998

频率的稳定性是随机事件本身所固有的，是不以人们的主观意志而改变的一种客观属性. 其稳定值 p 反映了事件 A 在一次试验中发生的可能性的大小.

对于一个试验，我们有时不仅需要关心它可能出现哪些结果，更需要知道某些结果出现的可能性大小. 例如，在开办学生平安保险的业务中，保险公司会按一定的标准，将一个学生的平安情况分为平安、轻度意外伤害、严重意外伤害及意外事故死亡等多种结果. 这些结果都是随机事件，因此需要知道各个事件发生的可能性大小. 我们希望用一个数值来度量试验中一个随机事件 A 发生的可能性大小，这个数值记作 $P(A)$，称为 A

的概率，直观分析，它一定是非负的数.

频率的稳定性反映了事件在一次试验中发生的可能性的大小，由此引出如下的概率定义：

设进行 n 次重复试验，$n(A)$ 是事件 A 在 n 次试验中发生的频数，当 n 充分大时，若事件 A 发生的频率 $\mu_n(A) = \dfrac{n(A)}{n}$ 稳定地在某一常数 p 附近摆动，则称常数 p 是事件 A 的概率，记作

$$P(A) = p .$$

用频率定义概率的缺点是，在现实世界里，人们无法把一个试验无限次地重复进行下去，因此要精确获得频率的稳定值是困难的. 但用频率定义概率提供了概率的一个可供想象的具体值，并且在试验重复次数 n 较大时，可用频率给出概率的一个近似值，这一点是用频率定义概率最有价值的地方，在统计学中也是如此做的，并称频率为概率的估计值. 为进一步建立概率的概念，我们需要讨论频率的性质.

设随机试验 E 的样本空间为 Ω，在 n 次重复试验中，事件的频率具有如下性质：

（1）非负性：对任意一个事件 A，有 $0 \leqslant \mu_n(A) \leqslant 1$；

（2）正则性：$\mu_n(\Omega) = 1$；

（3）有限可加性：任意 m 个互不相容的事件 $A_1, A_2, \cdots, A_m$，满足

$$\mu_n\left(\sum_{i=1}^{m} A_i\right) = \sum_{i=1}^{m} \mu_n(A_i) .$$

证明 （1）对任意一个事件 A，它在 n 次试验中发生的频数 $n(A)$ 都满足 $0 \leqslant n(A) \leqslant n$，所以频率 $\mu_n(A) = \dfrac{n(A)}{n}$，所以有

$$0 \leqslant \mu_n(A) \leqslant \frac{n}{n} = 1 .$$

（2）必然事件 Ω 在每次试验中一定发生，因此 $n(A) = n$，$\mu_n(\Omega) = \dfrac{n}{n} = 1$.

（3）事件 $\displaystyle\sum_{i=1}^{m} A_i$ 表示在试验中，m 个事件 $A_1, A_2, \cdots, A_m$ 中至少有一个发生. 它们互不相容，所以在每次试验中，它们中的任何两个事件都不会同时出现. 因此，在 n 次试验中 $\displaystyle\sum_{i=1}^{m} A_i$ 发生的频数等于各事件发生的频数之和，即

$$n\left(\sum_{i=1}^{m} A_i\right) = \sum_{i=1}^{m} n(A_i) ,$$

所以

$$\mu_n\left(\sum_{i=1}^{m} A_i\right) = \frac{n\left(\displaystyle\sum_{i=1}^{m} A_i\right)}{n} = \frac{\displaystyle\sum_{i=1}^{m} n(A_i)}{n} = \sum_{i=1}^{m} \mu_n(A_i) .$$

1.2.2　概率的公理化定义及其性质

定义 1.1　设随机试验 E 的样本空间为 Ω，对于 Ω 中的每一个事件 A 都赋予一个实数 $P(A)$，若它具有以下三条基本性质：

（1）非负性，即对任意一个事件 A，有 $P(A) \geqslant 0$；

（2）正则性，即 $P(\Omega) = 1$；

（3）可列可加性，即设 $A_1, A_2, \cdots$ 是两两互不相容的事件（$A_i \bigcap A_j = \varnothing$，$i \neq j$），有

$$P\left(\bigcup_{i=1}^{\infty} A_i\right) = \sum_{i=1}^{\infty} P(A_i),$$

则称实数 $P(A)$ 为事件 A 的概率.

事件的概率具有如下性质：

性质 1.1（有限可加性）　设 $A_1, A_2, \cdots, A_n$ 是两两互不相容的事件，则有

$$P(A_1 \bigcup A_2 \bigcup \cdots \bigcup A_n) = P(A_1) + \cdots + P(A_n).$$

证明　令 $A_{n+1} = A_{n+2} = \cdots = \varnothing$，且 $A_i A_j = \varnothing (i \neq j; i, j = 1, 2, \cdots)$，则有

$$P(A_1 \bigcup A_2 \bigcup \cdots \bigcup A_n)$$
$$= P\left(\bigcup_{k=1}^{\infty} A_k\right) = \sum_{k=1}^{\infty} P(A_k)$$
$$= \sum_{k=1}^{n} P(A_k) + 0$$
$$= P(A_1) + P(A_2) + \cdots + P(A_n).$$

性质 1.2　不可能事件的概率为 0，即 $P(\varnothing) = 0$.

证明　因为可列个不可能事件的并仍是不可能事件，所以

$$\Omega = \Omega \bigcup \varnothing \bigcup \varnothing \bigcup \cdots \bigcup \varnothing \bigcup \cdots.$$

因为不可能事件与任何事件是互不相容的，所以由可列可加性公理，得

$$P(\Omega) = P(\Omega) + P(\varnothing) + P(\varnothing) + \cdots + P(\varnothing) + \cdots.$$

因为 $P(\Omega) = 1$，所以

$$P(\varnothing) + \cdots + P(\varnothing) + \cdots = 0.$$

再由概率的非负性，知 $P(\varnothing) \geqslant 0$，故由上式可知 $P(\varnothing) = 0$.

由性质 1.2 我们知道不可能事件的概率一定为 0，那么概率为 0 的事件一定是不可能事件吗？

性质 1.3（逆事件的概率）　对于任意一个事件 A，有

$$P(\overline{A}) = 1 - P(A).$$

证明　因为 $\overline{A} \bigcup A = \Omega$，$A \bigcap \overline{A} = \varnothing$，所以由性质 1.1，得

$$P(\Omega) = P(\overline{A} \bigcup A) = P(\overline{A}) + P(A) = 1,$$

即

$$P(\overline{A}) = 1 - P(A).$$

性质 1.4　设 A, B 是两个事件，若 $A \subset B$，则有

$$P(B-A)=P(B)-P(A)，\quad P(B)\geqslant P(A).$$

证明　因为 $A\subset B$，所以

$$B=A\bigcup(B-A)\text{且}A(B-A)=\varnothing.$$

由性质 1.1，得

$$P(B)=P(A)+P(B-A)，$$

即

$$P(B-A)=P(B)-P(A).$$

又因为 $P(B-A)\geqslant 0$，所以

$$P(B)\geqslant P(A).$$

性质 1.5　对于任意一个事件 A，有 $P(A)\leqslant 1$.

证明　因为 $A\subset\Omega$ 且 $P(\Omega)=1$，由性质 1.4，得

$$P(A)\leqslant P(\Omega)=1.$$

性质 1.6（加法公式）　对于任意两个事件 A,B，有

$$P(A\bigcup B)=P(A)+P(B)-P(AB).$$

证明　因为 $A\bigcup B=A\bigcup(B-AB)$，且 $A(B-AB)=\varnothing$，$AB\subset B$，所以由性质 1.1 和性质 1.4，得

$$P(A\bigcup B)=P(A)+P(B-AB)=P(A)+P(B)-P(AB).$$

注：由性质 1.6 还能推广到多个事件的情况. 设 A_1,A_2,A_3 为任意三个事件，则有

$$P(A_1\bigcup A_2\bigcup A_3)=P(A_1)+P(A_2)+P(A_3)-P(A_1A_2)$$
$$-P(A_1A_3)-P(A_2A_3)+P(A_1A_2A_3)$$

一般地，对于任意 n 个事件 $A_1,A_2,\cdots,A_n$，可以用数学归纳法证得

$$P(A_1\bigcup A_2\bigcup\cdots\bigcup A_n)=\sum_{i=1}^{n}P(A_i)-\sum_{1\leqslant i<j\leqslant n}P(A_iA_j)+\sum_{1\leqslant i<j<k\leqslant n}P(A_iA_jA_k)$$
$$+\cdots+(-1)^{n-1}P(A_1A_2\cdots A_n)$$

例 1.3　已知 $P(\overline{A})=0.4$，$P(\overline{A}B)=0.2$，$P(B)=0.5$，其中 $\overline{A}$ 为事件 A 的逆事件，求：（1）$P(AB)$；（2）$P(B-A)$；（3）$P(A\bigcup B)$；（4）$P(\overline{A}\bigcup B)$.

解　（1）因为 $AB+\overline{A}B=B$，且 AB 与 $\overline{A}B$ 是互不相容的，所以

$$P(AB)+P(\overline{A}B)=P(B).$$

于是

$$P(AB)=P(B)-P(\overline{A}B)=0.5-0.2=0.3.$$

（2）因为 $P(B)=0.5$，所以

$$P(B-A)=P(B)-P(AB)=0.5-0.3=0.2.$$

（3）因为 $P(A)=1-0.4=0.6$，所以

$$P(A\bigcup B)=P(A)+P(B)-P(AB)=0.6+0.5-0.3=0.8.$$

（4）$P(\overline{A}\bigcup B)=P(\overline{A})+P(B)-P(\overline{A}B)=0.4+0.5-0.2=0.7.$

例 1.4　某班级同学订阅 A、B 两种杂志. 经调查，在订阅这两种杂志的同学中，订阅 A 杂志的有 45%，订阅 B 杂志的有 35%，同时订阅两种杂志的有 10%. 求只订阅

一种杂志的概率.

解 记事件 $A=\{$订阅 A 杂志$\}$，事件 $B=\{$订阅 B 杂志$\}$，事件 $C=\{$只订阅一种杂志$\}$. 则

$$C=(A-B)\bigcup(B-A)=A\overline{B}\bigcup\overline{A}B.$$

因为这两个事件是互不相容的，所以由概率的加法公式及其性质，得

$$P(C)=P(A-AB)+P(B-AB)$$
$$=P(A)-P(AB)+P(B)-P(AB)$$
$$=0.45-0.1+0.35-0.1=0.6.$$

例 1.5 甲、乙二人进行射击，已知甲击中目标的概率是 0.8，乙击中目标的概率是 0.85，甲、乙同时击中目标的概率是 0.68. 当甲、乙各射击一次时，求目标未被击中的概率.

解 记事件 $A=\{$甲击中目标$\}$，事件 $B=\{$乙击中目标$\}$，事件 $C=\{$甲、乙均未击中目标$\}$. 由题意可知，事件 C 与事件 $A\bigcup B$ 是对立事件，因为

$$P(A\bigcup B)=P(A)+P(B)-P(AB)$$
$$=0.8+0.85-0.68=0.97,$$

所以

$$P(C)=1-P(A\bigcup B)=0.03.$$

1.3 古典概型与几何概型

在概率论发展史上人们做过很多随机试验，下面讨论两类比较简单的随机试验.

1.3.1 古典概型

例 1.6 已知某影院的 100 张电影票中有 1 张甲电影票，99 张乙电影票，从中任取一张，问：取得甲电影票的概率是多少？取得乙电影票的概率是多少？

解 因为抽取时这 100 张电影票被取到的可能性是一样的，所以每一张电影票被抽取的可能性均为 1/100. 将这 100 张电影票编号为 1,2,3,$\cdots$,100，其中，1 号记为甲电影票，2～100 号记为乙电影票.

记事件 $\omega_i=\{$取得第 i 号电影票$\}(i=1,2,\cdots,100)$，则随机试验的样本空间为

$$\Omega=\{\omega_1,\omega_2,\cdots,\omega_{99},\omega_{100}\},$$

且

$$P(\omega_1)=P(\omega_2)=\cdots=P(\omega_{99})=P(\omega_{100}).$$

因为 $\omega_1\bigcup\omega_2\bigcup\cdots\bigcup\omega_{99}\bigcup\omega_{100}=\Omega$，且它们之间是互不相容的，所以由概率的公理化定义，得

$$P(\omega_1)+P(\omega_2)+\cdots+P(\omega_{99})+P(\omega_{100})=1.$$

因为每个 $P(\omega_i)$ 又是相等的，所以 $100P(\omega_1)=1$，所以 $P(\omega_1)=\dfrac{1}{100}$.

因为只有第 1 号为甲电影票，所以

$P = \{$取得甲电影票$\} = P(\omega_1) = \dfrac{1}{100}$. 因为"取得乙电影票"$= \omega_2 \bigcup \cdots \bigcup \omega_{99} \bigcup \omega_{100}$,

所以

$$
\begin{aligned}
P = \{\text{取得乙电影票}\} &= P(\omega_2 \bigcup \cdots \bigcup \omega_{99} \bigcup \omega_{100}) \\
&= P(\omega_2) + \cdots + P(\omega_{99}) + P(\omega_{100}) \\
&= 99 P(\omega_1) \\
&= \frac{99}{100}.
\end{aligned}
$$

解例 1.6 的过程中，有以下两个重要条件：

（1）样本空间中样本点的个数是有限个；

（2）事件 $\omega_1, \omega_2, \cdots, \omega_{99}, \omega_{100}$ 发生的可能性是一样的，即

$$
P(\omega_1) = P(\omega_2) = \cdots = P(\omega_{99}) = P(\omega_{100}).
$$

我们称具有下列两个特征的随机试验模型为**古典概型**.

（1）随机试验只有有限个可能结果；

（2）每一个结果发生的可能性大小相同.

古典概型也称为等可能概型，是常用的概率模型之一. 由有限性，不妨设随机试验一共有 n 个可能结果，于是它在数学上可表达如下：

（1）随机试验的样本空间有限，记 $\Omega = \{\omega_1, \omega_2, \cdots, \omega_{n-1}, \omega_n\}$；

（2）每一个基本事件的概率相同，记 $A_i = \{\omega_i\}(i = 1, 2, \cdots, n)$，即

$$
P(A_1) = P(A_2) = \cdots = P(A_n).
$$

又因为任意基本事件是两两互不相容的，所以

$$
1 = P(\Omega) = P\left(\bigcup_{i=1}^{n} A_i\right) = \sum_{i=1}^{n} P(A_i) = n P(A_i).
$$

于是

$$
P(A_i) = \frac{1}{n} (i = 1, 2, \cdots, n).
$$

若事件 A 包含 k 个基本事件，即 $A = \{\omega_{i_1}\} \bigcup \{\omega_{i_2}\} \bigcup \cdots \bigcup \{\omega_{i_k}\}$，这里 $i_1, i_2, \cdots, i_k$ 是 $1, 2, \cdots,$ n 中的某 k 个不同的数，则有

$$
P(A) = \sum_{j=1}^{k} P(\omega_{i_j}) = \frac{k}{n} = \frac{A\text{包含的基本事件数}}{\Omega\text{中的基本事件总数}},
$$

上式就是古典概型中事件 A 的概率计算公式.

古典概型是在封闭系统内的模型，由古典概型中事件 A 的概率计算公式可知，当样本空间中的元素较多时，我们一般不需要将样本空间中的元素一一列举出来，而只需分别求出 Ω 中与事件 A 中包含的元素个数，即可求出事件 A 的概率. 那么如何不用列举法就能确定这两个数据呢？我们先来讨论一下排列与组合的相关知识. 排列与组合都是计算"从 n 个元素中任取 r 个元素"的取法总数的公式，其主要区别在于是否与取出元素的次序有关. 如果不考虑取出元素之间的次序，就用组合公式，否则用排列公式. 何

谓元素之间的次序呢？如 "先红球后白球" 与 "先白球后红球" 是两个不同的结果.

1. 基本计数原理

（1）加法原理：如果完成某件事有 k 类不同的途径，在第一类途径中有 n_1 种方法完成，在第二类途径中有 n_2 种方法完成⋯⋯在第 k 类途径中有 n_k 种方法完成，则完成这件事共有 $n_1 + n_2 + \cdots + n_k$ 种方法.

例如，某学生放假回家有三类交通工具：汽车、火车和飞机. 而汽车有 4 个班次，火车有 5 个班次，飞机有一个班次，那么这个学生回家共有 $4 + 5 + 1 = 10$ 种不同的选择.

（2）乘法原理：如果完成某件事需要经过 k 个步骤，完成第一个步骤有 n_1 种方法，完成第二个步骤有 n_2 种方法⋯⋯完成第 k 个步骤有 n_k 种方法，那么完成这件事共有 $n_1 \times n_2 \times \cdots \times n_k$ 种方法.

例如，某快递员小李由甲地到乙地有 2 条路线可行，而由乙地到丙地有 3 条路线可行，那么快递员小李由甲地经乙地到丙地共有 $2 \times 3 = 6$ 条不同的路线.

2. 排列与组合

（1）排列公式：从 n 个不同的元素中任取 $k(1 \leqslant k \leqslant n)$ 个不同的元素排成一列，考虑元素的先后顺序，则排列总数为（按**乘法原理**）

$$A_n^k = n(n-1)(n-2)\cdots(n-k+1) = \frac{n!}{(n-k)!},$$

其中，当 $k = n$ 时称为全排列，即

$$A_n^n = n \times (n-1) \times (n-2) \times \cdots \times 2 \times 1 = n!.$$

注：从 n 个不同的元素中每次取出一个，放回后再取下一个，如此连续取 k 次所得的排列称为**重复排列**，重复排列的总数为 n^k. 因为是有放回的连续取，所以这里的 k 也允许大于 n.

（2）组合公式：从 n 个不同的元素中任取 $k(1 \leqslant k \leqslant n)$ 个不同的元素组成一组，不考虑元素的先后顺序，则组合总数为

$$C_n^k = \frac{A_n^k}{k!} = \frac{n!}{(n-k)!k!}.$$

C_n^k 有时也记作 $\binom{n}{k}$，称 $A_n^k = C_n^k k!$ 为组合系数（在此规定 $0! = 1$ 与 $C_n^0 = 1$）.

注：从 n 个不同的元素中每次取出一个，放回后再取下一个，如此连续取 k 次所得的组合称为**重复组合**，重复组合的总数为 C_{n+k-1}^k. 因为是有放回的连续取，所以这里的 k 也允许大于 n.

例 1.7 （硬币问题）（1）抛一枚硬币，求正面向上的概率；

（2）抛两枚硬币，求两枚硬币均为正面向上的概率.

解 （1）因为抛一枚硬币要么正面向上，要么反面向上，记事件 $A = \{$抛出的硬币正面向上$\}$，所以

$$P(A) = \frac{1}{2}.$$

（2）因为抛两枚硬币有(正，正)、(正，反)、(反，正)、(反，反)4 种不同的结果，记事件 $B = \{抛两枚硬币均为正面向上\}$，即 $B = \{(正，正)\}$，所以

$$P(B) = \frac{1}{4}.$$

例 1.8 已知袋子中装有 6 个红球 4 个白球，求：

（1）从袋子中任取一球，这个球是白球的概率；

（2）从袋子中任取两球，刚好是一个红球一个白球的概率及两个球都是红球的概率.

解　（1）在 10 个球中任取一个，共有 $C_{10}^1 = 10$ 种取法，因为 10 个球中有 4 个白球，所以取到白球的取法有 $C_4^1 = 4$ 种. 根据古典概型的概率计算公式，记事件 $A = \{取得的球为白球\}$，则

$$P(A) = \frac{C_4^1}{C_{10}^1} = \frac{4}{10} = \frac{2}{5}.$$

（2）因为 10 个球中任取两个球的取法有 $C_{10}^2 = 45$ 种，而其中刚好一个白球一个红球的取法有 $C_4^1 \cdot C_6^1 = 24$ 种，而两个球均为红球的取法有 $C_6^2 = 15$ 种，根据古典概型的概率计算公式，记事件 $B = \{刚好取到一个白球一个红球\}$，记事件 $C = \{刚好取到两个红球\}$，则

$$P(B) = \frac{C_4^1 C_6^1}{C_{10}^2} = \frac{24}{45} = \frac{8}{15}, \quad P(C) = \frac{C_6^2}{C_{10}^2} = \frac{15}{45} = \frac{1}{3}.$$

例 1.9　假设共有 10 件电子产品，其中有 7 件合格产品，3 件不合格产品，现从中随机抽取一件产品，连续抽取两次，求两次都取到合格产品的概率.

解　记事件 $A = \{两次都取到合格产品\}$.

若是有放回抽取，则样本点可重复排列. 利用乘法原理可得，样本空间中样本点的总个数为 10^2，事件 A 的基本样本点总数为 7^2，所以有

$$P(A) = \frac{7^2}{10^2} = \frac{49}{100}.$$

若是不放回抽取，即第一次取到某件产品，检查后不放回，第二次从剩余的 9 件产品中再随机抽取一件，则样本空间的样本点总数为 $10 \times 9 = 90$，事件 A 的基本样本点总数为 $7 \times 6 = 42$，所以有

$$P(A) = \frac{7 \times 6}{10 \times 9} = \frac{42}{90} = \frac{7}{15}.$$

注：古典概型中，在有放回与无放回两种抽取方式中，样本空间与基本样本点应该有所改变.

1.3.2　几何概率

古典概型只考虑有限等可能结果的随机试验的概率模型，对于样本空间为某一线段、某一区域或某一空间等的等可能随机试验的概率模型，则是我们将要研究的几何概型. 几何概型的基本思想如下：

（1）某个随机试验的样本空间 Ω 充满某个区域，其度量（长度、面积或体积）大小可用 $\mu(A)$ 表示；

（2）任意一点落在度量相同的子区域内是等可能的，这里是指该点落入 Ω 中任何部分区域内的可能性只与子区域的度量（长度、面积、体积）大小成比例，而与子区域的位置和形状无关，以面积为例，如图 1.2 所示；

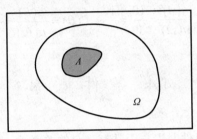

图 1.2

（3）若事件 A 为 Ω 中的某个子区域，其度量大小为 $\mu(A)$，则事件 A 的概率为

$$P(A) = \frac{\mu(A)}{\mu(\Omega)},$$

例 1.10　（会面问题）小明和小华相约于 9:00～10:00 在某广场会面，先到者等候另一个人 20min，过时就离开．如果两人可在指定的一小时内任意时刻到达，试求两人能够会面的概率．

解　记 9:00 为计算时刻的 0 时，以分钟为单位，x, y 分别为小明、小华到达指定地点的时刻，则样本空间为

$$\Omega = \{(x,y) \mid 0 \leqslant x \leqslant 60, 0 \leqslant y \leqslant 60\},$$

如图 1.3 所示．

记事件 A={两人能够会面}，则

$$A = \{(x,y) \mid (x,y) \in A, |x-y| \leqslant 20\},$$

如图 1.3 中的阴影部分．于是有

$$P(A) = \frac{\mu(A)}{\mu(\Omega)} = \frac{60^2 - 40^2}{60^2} = \frac{5}{9}.$$

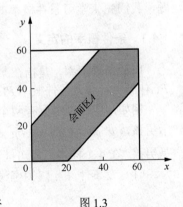

图 1.3

例 1.11　某公共汽车站从上午 7:00 起，每隔 15min 来一趟车，一乘客在 7:00～7:30 随机到达该车站，求：

（1）该乘客等候不到 5min 就乘上车的概率；

（2）该乘客等候超过 10min 才乘上车的概率．

解　记 7:00 为计算时刻的 0 时，用 T 表示该乘客到达时刻，以分钟为单位，则样本空间为

$$\Omega = \{7:00 \leqslant T \leqslant 7:30\}.$$

记事件 A = {该乘客等候不到 5min 就乘上车}，事件 B = {该乘客等候超过 10min 才乘上车}，则

$$\mu(A) = \{7{:}10 < T \leqslant 7{:}15 \text{ 或 } 7{:}25 < T \leqslant 7{:}30\},$$
$$\mu(B) = \{7{:}00 < T < 7{:}05 \text{ 或 } 7{:}15 < T < 7{:}20\},$$

所以

$$|\Omega| = 30, \quad |\mu(A)| = 10, \quad |\mu(B)| = 10.$$

所以

$$P(A) = \frac{\mu(A)}{\mu(\Omega)} = \frac{10}{30} = \frac{1}{3}, \quad P(B) = \frac{\mu(B)}{\mu(\Omega)} = \frac{10}{30} = \frac{1}{3}.$$

1.4　条件概率

在实际问题中，某些事件发生与否常有一定的关联性. 例如，袋子中有三个球，一个是红球，一个是白球，另一个不知道是什么颜色的. 现任意抽取一个，它是红球的概率是多少？如果第三个球是红色的，那么抽到红球的概率是 2/3；如果第三个球不是红色的，那么抽到红球的概率是 1/3. 既然第三个球要么是红色要么不是红色，这两个事件是互不相容的，那么抽到红球的概率是 2/3 + 1/3 = 1，也就是说抽到的一定是红球. 显然这个结论是不合理的，但问题出在哪儿呢？

仔细把论证再查看一遍，便知道 2/3 和 1/3 是事件在不同条件下发生的概率. 所以，要计算抽到红球的概率，我们不能把 2/3 和 1/3 简单地加起来. 要进一步弄清楚这个问题，我们先来学习条件概率的相关知识.

1.4.1　条件概率的定义

所谓条件概率，是指在某事件 B 发生的条件下，求另一个事件 A 发生的概率，记为 $P(A|B)$. 它与无条件概率 $P(A)$ 是不同的两类概率.

例如，我们来考察有两个小孩的家庭，其样本空间 $\Omega = \{bb, bg, gb, gg\}$，其中，$b$ 表示男孩，g 表示女孩. 而 bg 表示大的是男孩，小的是女孩；gb 表示大的是女孩，小的是男孩. 在 4 个样本点等可能的情况下，我们讨论如下一些事件的概率.

（1）设事件 A = {家中至少有一个女孩}，则事件 A 发生的概率为

$$P(A) = \frac{3}{4}.$$

（2）若已知事件 B = {家中至少有一个男孩}发生，则事件 A 发生的概率为

$$P(A|B) = \frac{2}{3}.$$

这是因为事件 B 的发生，就排除了 gg 发生的可能性，而样本空间 Ω 也随之改为 $\Omega_B = \{bb, bg, gb\}$，在样本空间 Ω_B 中事件 A 只含有 2 个样本点，所以 $P(A|B) = \frac{2}{3}$. 因此条件概率 $P(A|B)$ 与无条件概率 $P(A)$ 是不同的两类概率.

（3）若对上述条件概率 $P(A|B)$ 的分子、分母均除以 4，则可得

$$P(A \mid B) = \frac{2}{3} = \frac{2/4}{3/4} = \frac{P(AB)}{P(B)}.$$

其中，交事件 $AB = \{$家中有一个男孩子一个女孩$\}$.

这个关系具有一般性，对于一般的古典概型，设其样本空间有 n 个样本点，事件 A,B 分别含有其中 n_A 和 n_B 个样本点，而事件 A,B 同时发生的样本点数即事件 AB 的样本点数为 n_{AB}.在事件 B 已经发生的条件下，求事件 A 发生的概率，即在事件 B 的 n_B 个样本点中同时又属于事件 A 的 n_{AB} 个样本点中的某一个出现时事件 A 发生，所以有

$$P(A \mid B) = \frac{n_{AB}}{n_B} = \frac{n_{AB}/n}{n_B/n} = \frac{P(AB)}{P(B)}.$$

事实上，对于古典概型，只要 $P(B) > 0$，总有

$$P(A \mid B) = \frac{P(AB)}{P(B)}.$$

同样地，在几何概型中，如向平面上的有界区域 Ω 内等可能地投点，如图 1.4 所示.令事件 $A=\{$点落入 A 区域$\}$，事件 $B=\{$点落入 B 区域$\}$.

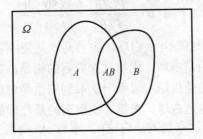

图 1.4

若已知事件 B 发生，则事件 A 发生的概率为

$$P(A \mid B) = \frac{\mu(AB)}{\mu(B)} = \frac{\mu(AB)/\mu(\Omega)}{\mu(B)/\mu(\Omega)} = \frac{P(AB)}{P(B)}.$$

由此，我们在一般的概率模型中引入条件概率的数学定义.

定义 1.2　设 A,B 是两个事件，且 $P(B) > 0$，则称

$$P(A \mid B) = \frac{P(AB)}{P(B)}$$

为在事件 B 发生的条件下，事件 A 发生的**条件概率**.而 $P(A)$ 称为无条件概率.

定义 1.2 是适用于任何随机试验（而非只适应于古典概型）的条件概率定义，它同时提供了用无条件概率计算条件概率的方法.又因为条件概率也是概率，所以它也具有类似无条件概率的 3 条基本性质，即设 B 是任意事件，且 $P(B) > 0$，则

（1）$0 \leqslant P(A \mid B) \leqslant 1$;

（2）$P(\Omega \mid B) = 1$;

（3）对于两两互不相容的 n 个事件 $A_1, A_2, \cdots, A_n$，有

$$P(A_1 \cup A_2 \cup \cdots \cup A_n \mid B) = P(A_1 \mid B) + P(A_2 \mid B) + \cdots + P(A_n \mid B).$$

注：$P(A)$ 表示"事件 A 发生"这个随机事件的概率，而 $P(A \mid B)$ 表示在事件 B 发生

的条件下，事件 A 发生的条件概率. 这里计算 $P(A)$ 时，是在整个样本空间 Ω 上考察事件 A 发生的概率；而计算 $P(A|B)$ 时，实际上仅仅是在事件 B 发生的范围内来考察事件 A 发生的概率，一般地， $P(A|B) \neq P(A)$.

例 1.12 一家公司拥有两家生产类似产品的工厂. 甲工厂生产 1000 件产品，其中 100 件次品. 乙工厂生产 4000 件产品，其中 200 件是次品. 从该公司生产的产品中随机选择一件，发现是次品. 求该次品是甲工厂生产的概率.

解 法 1：因为甲、乙两个工厂共有 5000 件产品，即样本空间 $\Omega = \{1, 2, \cdots, 5000\}$，总共有 300 件次品，其中有 100 件来自甲工厂，所以一件次品来自甲工厂的概率为 $\dfrac{100}{300} = \dfrac{1}{3}$.

法 2：记事件 $B = \{$选择的是次品$\}$，事件 $A = \{$从甲工厂中选择的产品$\}$. 因为

$$P(B) = \frac{300}{5000} = \frac{3}{50}, \quad P(AB) = \frac{100}{5000} = \frac{1}{50},$$

所以

$$P(A|B) = \frac{P(AB)}{P(B)} = \frac{3/50}{1/50} = \frac{1}{3}.$$

例 1.13 袋中装有 6 个红球 4 个白球，先后两次从袋中各取一球（不放回）.

（1）已知第一次取到的是白球，求第二次取到的仍是白球的概率；

（2）已知第二次取到的是白球，求第一次取到的也是白球的概率；

（3）已知第一次取到的是白球，求第二次取到的是红球的概率.

解 记事件 $A_1 = \{$第一次取到的是白球$\}$，事件 $A_2 = \{$第二次取到的是白球$\}$，事件 $B_1 = \{$第一次取到的是红球$\}$，事件 $B_2 = \{$第二次取到的是红球$\}$.

（1）法 1：在已知事件 A_1 发生，就是说第一次取到白球的条件下，第二次取球就是在剩下的 3 个白球 6 个红球共 9 个球中任取一个. 根据古典概型的概率计算公式得，取到白球的概率为 $\dfrac{3}{9} = \dfrac{1}{3}$，即

$$P(A_2|A_1) = \frac{1}{3}.$$

法 2：因为

$$P(A_1 A_2) = \frac{C_4^2}{C_{10}^2} = \frac{2}{15}, \quad P(A_1) = \frac{4}{10} = \frac{2}{5},$$

所以

$$P(A_2|A_1) = \frac{P(A_1 A_2)}{P(A_1)} = \frac{2/15}{2/5} = \frac{1}{3}.$$

（2）因为第一次取球发生在第二次取球之前，所以问题结构不是很直观. 由题意可知

$$P(A_1 A_2) = \frac{2}{15}, \quad P(A_2) = P(A_1 A_2) + P(B_1 A_2) = \frac{2}{15} + \frac{4}{15} = \frac{2}{5},$$

所以

$$P(A_1 \mid A_2) = \frac{P(A_1 A_2)}{P(A_2)} = \frac{2/15}{2/5} = \frac{1}{3}.$$

（3）因为

$$P(A_1) = \frac{4}{10} = \frac{2}{5}, \quad P(A_1 B_2) = \frac{A_4^1 A_6^1}{A_{10}^2} = \frac{4}{15},$$

所以

$$P(B_2 \mid A_1) = \frac{P(A_1 B_2)}{P(A_1)} = \frac{4/15}{2/5} = \frac{2}{3}.$$

1.4.2　乘法公式

由条件概率的定义 $P(A \mid B) = \dfrac{P(AB)}{P(B)}(P(B) > 0)$，我们可以得到

$$P(AB) = P(B)P(A \mid B) \quad (P(B) > 0). \tag{1.1}$$

由 $AB = BA$ 及 A, B 的对称性，即可得到

$$P(AB) = P(A)P(B \mid A) \quad (P(A) > 0). \tag{1.2}$$

我们称式（1.1）和式（1.2）为乘法公式，利用它们可以计算两个事件同时发生的概率.

乘法公式的推广形式：设有 n 个事件 $A_1, A_2, \cdots, A_n$，满足 $P(A_1 A_2 \cdots A_{n-1}) > 0$，则有

$$P(A_1 A_2 \cdots A_n) = P(A_1)P(A_2 \mid A_1)P(A_3 \mid A_1 A_2) \cdots P(A_n \mid A_1 A_2 \cdots A_{n-1}) \tag{1.3}$$

例 1.14　已知袋中装有 6 个红球 4 个白球，先后两次从袋中随意各取一球（不放回），求两次取到的均为白球的概率.

分析　这一概率，在例 1.13 中我们曾用古典概型的方法计算过，这里我们使用乘法公式来计算.

解　设事件 $A_i = \{$第 i 次取到的是白球$\}$ $(i = 1, 2)$，事件 $A_1 A_2 = \{$两次都取到的均为白球$\}$.

由题意可知

$$P(A_1) = \frac{4}{10} = \frac{2}{5}, \quad P(A_2 \mid A_1) = \frac{3}{9} = \frac{1}{3}.$$

于是，根据乘法公式，有

$$P(A_1 A_2) = P(A_1)P(A_2 \mid A_1) = \frac{2}{5} \times \frac{1}{3} = \frac{2}{15}.$$

例 1.15　已知一批零件共有 100 个，其中次品有 10 个，现从中不放回地抽取两次，每次取一个，求第一次取到次品第二次取到正品的概率.

解　记事件 $A = \{$第一次取到次品$\}$，事件 $B = \{$第二次取到正品$\}$. 因为 $P(A) = \dfrac{1}{10}$，

$P(B \mid A) = \dfrac{90}{99} = \dfrac{10}{11}$，根据乘法公式，得

$$P(AB) = P(A)P(B \mid A) = \frac{1}{10} \times \frac{10}{11} = \frac{1}{11}.$$

1.4.3 全概率公式

前面我们讨论了直接利用概率可加性及乘法公式计算一些简单事件的概率. 但是, 在求解有些复杂事件的概率时, 经常需要先把复杂事件分解为一些互不相容的较简单事件的并, 然后分别计算这些较简单事件的概率, 再利用概率的可加性, 得到所需要的概率. 这样, 就可以利用已知的较简单事件的概率计算出未知的复杂事件的概率. 全概率公式就概括了这种方法.

例 1.16 一个袋中装有 10 个球, 其中有 4 个白球 6 个黑球, 现采取不放回抽样, 每次任取一个球, 求第二次取到白球的概率.

解 记事件 $A = \{$第一次取到白球$\}$, 事件 $B = \{$第二次取到白球$\}$. 因为 $B = (A + \overline{A})B = AB + \overline{A}B$, 且 AB 与 $\overline{A}B$ 互不相容, 所以根据概率的可加性及乘法公式, 有

$$P(B) = P(AB) + P(\overline{A}B) = P(A)P(B \mid A) + P(\overline{A})P(B \mid \overline{A})$$

$$= \frac{4}{10} \times \frac{3}{9} + \frac{6}{10} \times \frac{4}{9} = 0.4.$$

一般地, 有如下定理:

定理 1.1 (全概率公式) 如果事件 $A_1, A_2, \cdots, A_n$ 构成一个完备事件组, 且 $P(A_i) > 0$ $(i = 1, 2, \cdots, n)$, 则对于任何一个事件 B, 有

$$P(B) = \sum_{i=1}^{n} P(A_i)P(B \mid A_i). \tag{1.4}$$

证明 已知 $A_1, A_2, \cdots, A_n$ 构成一个完备事件组, 故 $A_1, A_2, \cdots, A_n$ 互不相容, 且 $A_1 + A_2 + \cdots + A_n = \Omega$, 则对于任何一个事件 B (图1.5), 有

$$B = \Omega B = (A_1 + A_2 + \cdots + A_n)B$$
$$= A_1 B + A_2 B + \cdots + A_n B,$$

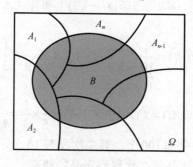

图 1.5

因为 $A_1, A_2, \cdots, A_n$ 互不相容, 所以 $A_1 B, A_2 B, \cdots, A_n B$ 也互不相容, 根据概率的可加性及乘法公式, 有

$$P(B) = P\left(\sum_{i=1}^{n} A_i B\right) = \sum_{i=1}^{n} P(A_i B) = \sum_{i=1}^{n} P(A_i)P(B \mid A_i).$$

显然, 对于可列个事件 $A_1, A_2, \cdots, A_n, \cdots$ 构成的完备事件组, 定理1.1也成立, 即

$$P(B) = \sum_{i=1}^{\infty} P(A_i) P(B \mid A_i).$$

使用全概率公式的关键，是找出与事件 B 发生相联系的完备组 $A_1, A_2, \cdots, A_n, \cdots$. 我们经常遇到的比较简单的完备事件组由 2 个或 3 个事件组成，即 $n=2$ 或 $n=3$.

例 1.17 市场上某种产品由 3 个厂家同时供货，第一个厂家的供应量为第二个厂家供应量的 2 倍，第二个厂家和第三个厂家的供应量相等. 已知这三个厂家生产的产品的次品率依次为 2%,2%,4%，求市场上供应的该种产品的次品率.

解 从市场上任意选购一件该种产品，设事件 $A_i = \{$选到第 i 个厂家的产品$\}$ $(i=1,2,3)$，事件 $B = \{$选到次品$\}$. 显然，A_1, A_2, A_3 为一个完备事件组，依题意有

$$P(A_1) = 0.5, \quad P(A_2) = P(A_3) = 0.25,$$
$$P(B \mid A_1) = 0.02, \quad P(B \mid A_2) = 0.02, \quad P(B \mid A_3) = 0.04.$$

由全概率公式（1.4），有

$$P(B) = \sum_{i=1}^{3} P(A_i) P(B \mid A_i)$$
$$= 0.5 \times 0.02 + 0.25 \times 0.02 + 0.25 \times 0.04$$
$$= 0.025.$$

容易计算，市场上该种产品的正品率为

$$P(\overline{B}) = 1 - P(B) = 0.975.$$

例 1.18 用三门炮同时射击某目标，各门炮命中目标的概率分别为 $0.4, 0.3, 0.2$，若目标中 1 弹、2 弹、3 弹被摧毁的概率分别为 $0.1, 0.4, 0.9$，求三门炮各射击一次时目标被摧毁的概率.

解 设事件 $B = \{$目标被摧毁$\}$，事件 $A_k = \{$命中目标 k 弹$\}$ $(k=1,2,3)$，则

$$P(B) = \sum_{k=1}^{3} P(A_k) P(B \mid A_k).$$

因为

$$P(A_1) = 0.4 \times 0.7 \times 0.8 + 0.6 \times 0.3 \times 0.8 + 0.6 \times 0.7 \times 0.2 = 0.452,$$
$$P(A_2) = 0.4 \times 0.3 \times 0.8 + 0.4 \times 0.7 \times 0.2 + 0.6 \times 0.3 \times 0.2 = 0.188,$$
$$P(A_3) = 0.4 \times 0.3 \times 0.2 = 0.024,$$

所以

$$P(B) = 0.452 \times 0.1 + 0.188 \times 0.4 + 0.024 \times 0.9 = 0.142.$$

注：例 1.18 中，A_1, A_2, A_3 并不构成完备事件组，但因为 $P(B \mid A_0) = 0$，所以没有必要考虑 A_0.

例 1.19 已知 10 个乒乓球中有 7 个新球，第一次随机取出两个，用完后放回去，第二次又随机取出两个，求第二次取到几个新球的概率最大.

解 设事件 $A_i = \{$第一次取到 i 个新球$\}$，事件 $B_j = \{$第二次取到 j 个新球$\}$，$i, j = 0,1,2$. 显然，A_0, A_1, A_2 构成一个完备事件组. 我们的问题是计算 $P(B_j)$，并且找出使 $P(B_j)$ 最大的 j. 依题意，对于 $i=0,1,2$，有

$$P(A_i) = \frac{C_7^i C_3^{2-i}}{C_{10}^2}, \quad P(B_j \mid A_i) = \frac{C_{7-i}^j C_{3+i}^{2-j}}{C_{10}^2} \quad (j = 0, 1, 2).$$

具体计算，可得

$$P(A_0) = \frac{1}{15}, \qquad P(A_1) = \frac{7}{15}, \qquad P(A_2) = \frac{7}{15};$$

$$P(B_0 \mid A_0) = \frac{1}{15}, \quad P(B_0 \mid A_1) = \frac{2}{15}, \quad P(B_0 \mid A_2) = \frac{2}{9};$$

$$P(B_1 \mid A_0) = \frac{7}{15}, \quad P(B_1 \mid A_1) = \frac{8}{15}, \quad P(B_1 \mid A_2) = \frac{5}{9};$$

$$P(B_2 \mid A_0) = \frac{7}{15}, \quad P(B_2 \mid A_1) = \frac{1}{3}, \quad P(B_2 \mid A_2) = \frac{2}{9}.$$

重复使用全概率公式（1.4）三次，可得

$$P(B_0) = \sum_{i=0}^{2} P(A_i) P(B_0 \mid A_i)$$

$$= \frac{1}{15} \times \frac{1}{15} + \frac{7}{15} \times \frac{2}{15} + \frac{7}{15} \times \frac{2}{9} \approx 0.17,$$

$$P(B_1) = \frac{1}{15} \times \frac{7}{15} + \frac{7}{15} \times \frac{8}{15} + \frac{7}{15} \times \frac{5}{9} \approx 0.54,$$

$$P(B_2) = \frac{1}{15} \times \frac{7}{15} + \frac{7}{15} \times \frac{1}{3} + \frac{7}{15} \times \frac{2}{9} \approx 0.29.$$

从计算结果上看，第二次取到一个新球的概率最大.

1.4.4　贝叶斯公式

我们知道，全概率公式是由"原因"推断"结果"的概率计算公式. 然而，这只是问题的一个方面，在实际应用中，常常需要考虑问题的另一方面，即如何从"结果"推断"原因". 例如，在例 1.19 中，如果第二次取得的是两个新球，求第一次没有取到新球的概率. 从统计意义上看，问题的这种提法更具有普遍性，下面给出贝叶斯公式.

定理 1.2（贝叶斯公式） 设事件 $A_1, A_2, \cdots, A_n$ 构成一个完备事件组，概率 $P(A_i) > 0$ $(i = 1, 2, \cdots, n)$，则对于任何一个事件 B，若 $P(B) > 0$，有

$$P(A_m \mid B) = \frac{P(A_m) P(B \mid A_m)}{\sum\limits_{i=1}^{n} P(A_i) P(B \mid A_i)} \quad (m = 1, 2, \cdots, n). \tag{1.5}$$

证明 条件概率的公式为

$$P(A_m \mid B) = \frac{P(A_m B)}{P(B)} \quad (m = 1, 2, \cdots, n).$$

对上式的分子用乘法公式、分母用全概率公式，得

$$P(A_m B) = P(A_m) P(B \mid A_m),$$

$$P(B) = \sum_{i=1}^{n} P(A_i) P(B \mid A_i).$$

所以

$$P(A_m \mid B) = \frac{P(A_m)P(B \mid A_m)}{\sum_{i=1}^{n} P(A_i)P(B \mid A_i)} \quad (m = 1, 2, \cdots, n) .$$

结论得证.

式（1.5）中，事件 $A_1, A_2, \cdots, A_n$ 看作导致事件 B 发生的"因素"，$P(A_m)$ 是在得知事件 B 已经发生这一信息前 A_m 发生的概率，通常称为**先验概率**，但是在试验中事件 B 的出现，有助于对导致事件 B 发生的各种"因素"发生的概率做进一步探讨. 式（1.5）给出的 $P(A_m \mid B)$ 是在经过试验获得事件 B 已经发生这一信息后，事件 A_m 发生的条件概率，通常称为**后验概率**. 后验概率依赖于试验中得到的新信息的具体情况（如是事件 B 发生还是 $\overline{B}$ 发生），表示在获得新信息之后，各种因素 A_m 发生情况的新知识，因此贝叶斯公式又称为**后验概率公式**或**逆概率公式**，用它进行判断的方法，称为贝叶斯决策，贝叶斯决策是一种常用的方法.

例 1.20　在例 1.19 中，如果发现第二次取到的是两个新球，求第一次没有取到新球的概率.

解　这是在已知事件 B_2 发生的条件下，求事件 A_0 发生的概率，即计算条件概率 $P(A_0 \mid B_2)$. 由条件概率的定义，有

$$P(A_0 \mid B_2) = \frac{P(A_0 B_2)}{P(B_2)} .$$

由于

$$P(A_0 B_2) = P(A_0)P(B_2 \mid A_0), \quad P(B_2) = \sum_{i=0}^{2} P(A_i)P(B_2 \mid A_i),$$

代入后，得

$$P(A_0 \mid B_2) = \frac{P(A_0)P(B_2 \mid A_0)}{\sum_{i=0}^{2} P(A_i)P(B_2 \mid A_i)}$$

$$= \frac{\dfrac{1}{15} \times \dfrac{7}{15}}{\dfrac{1}{15} \times \dfrac{7}{15} + \dfrac{7}{15} \times \dfrac{1}{3} + \dfrac{7}{15} \times \dfrac{2}{9}}$$

$$\approx 0.11 .$$

例 1.21　某地区居民的肝癌发病率为 0.0004，可用甲胎蛋白法进行普查. 但是，医学研究表明，该方法的化验结果是存在误差的. 已知患有肝癌的人的检查结果 99% 呈阳性（患肝癌），而没有患肝癌的人的检查结果 99.9% 呈阴性（没患肝癌）. 现某人的检查结果呈阳性，求他确实患有肝癌的概率.

解　记事件 $B = \{$被检查者患有肝癌$\}$，事件 $A = \{$检查结果呈阳性$\}$. 由题意知

$$P(B) = 0.0004 , \quad P(\overline{B}) = 0.9996 , \quad P(A \mid B) = 0.99 , \quad P(A \mid \overline{B}) = 0.001 .$$

由贝叶斯公式，得

$$P(B \mid A) = \frac{P(B)P(A \mid B)}{P(B)P(A \mid B) + P(\overline{B})P(A \mid \overline{B})}$$

$$= \frac{0.0004 \times 0.99}{0.0004 \times 0.99 + 0.9996 \times 0.001}$$

$$\approx 0.284.$$

这表明, 在检查结果呈阳性的人中, 患肝癌的人不到30%. 这个结果可能会让人吃惊, 但仔细分析一下就可以理解了. 因为肝癌的发病率很低, 10000 个人中, 约有 4 个人患肝癌, 约有 9996 个人不患肝癌. 对 10000 个人用甲胎蛋白法进行检查, 由其错检的概率可知, 9996 个不患肝癌的人的检查报告中, 约有 $9996 \times 0.001 = 9.996$ 份报告呈阳性. 另外 4 个肝癌患者的检查报告中约有 $4 \times 0.99 = 3.96$ 份报告呈阳性. 仅从 13.956 份呈阳性的检查报告中看, 患有肝癌的3.96人约占28.4%.

1.5 事件的独立性

我们知道, 事件 A 发生的概率 $P(A)$ 与在事件 B 发生的条件下事件 A 发生的条件概率 $P(A \mid B)$, 在一般情况下是不相等的, 即 $P(A) \neq P(A \mid B)$, 也就是说, 事件 A,B 中某个事件发生对另一个事件发生的概率是有影响的, 但是否每个事件的发生都会影响另外一个事件发生的概率呢? 在许多实际问题中, 经验告诉我们有些事件之间是互不影响的. 例如, 某人的性别或年龄与他 (她) 买彩票中奖与否毫无关系; 将一颗质地均匀的骰子连掷两次, "第一次出现 5 点"对"第二次也出现 5 点"发生的概率没有影响. 这就是说在某些情况下, 有 $P(A) = P(A \mid B)$.

1.5.1 两个事件的独立性

定义 1.3 若两个事件 A,B, 满足

$$P(AB) = P(A)P(B),\tag{1.6}$$

则称事件 A,B 独立或称事件 A,B 相互独立.

两个事件的独立性是指, 一个事件的发生不影响另一个事件的发生. 这在实际问题中是经常出现的. 从概率的角度看, 事件 A 的条件概率 $P(A \mid B)$ 与无条件概率 $P(A)$ 的差别在于, 事件 B 的发生改变了事件 A 发生的概率, 即事件 B 对事件 A 有某种"影响". 如果事件 B 的发生对事件 A 的发生毫无影响, 则有 $P(A \mid B) = P(A)$. 由此又可推出 $P(B \mid A) = P(B)$, 即事件 A 的发生对事件 B 的发生也无影响. 由此可见, 独立性是相互的, 即 $P(AB) = P(A)P(B)$.

作为特殊情形, 当事件 A,B 中有一个是必然事件或不可能事件时, 式 (1.6) 仍然成立, 这表明任意事件都与必然事件或不可能事件相互独立.

两个事件相互独立和两个事件互不相容是完全不同的两个概念, 它们分别从两个不同的角度来表述两个事件之间的某种关系. 两个事件相互独立是指在一次随机试验中一个事件是否发生与另一个事件是否发生互不影响; 而两个事件互不相容是指在一次随机

试验中两个事件不能同时发生. 此外, 当 $P(A) > 0$, $P(B) > 0$ 时, 事件 A, B 相互独立与事件 A, B 互不相容不能同时成立, 若事件 A, B 既相互独立又互不相容, 则事件 A, B 中至少有一个是零概率事件.

例 1.22　假设有 100 个晶体管, 其中有 10 个存在缺陷; 有 300 个电容器, 其中有 15 个存在缺陷. 现在要从这 100 个晶体管和 300 个电容器中分别随机选取 1 个晶体管和 1 个电容器组成电子组合, 设事件 $A = \{$电子组合中的晶体管零件存在缺陷$\}$, 事件 $B = \{$电子组合中的电容器零件存在缺陷$\}$. 试分析事件 A, B 是否独立.

分析　从问题的实际出发, 因为分别从晶体管和电容器中随机挑选, 所以可以明显看到一个事件的发生不会影响另一个事件的发生, 即事件 A, B 是相互独立的.

解　因为

$$P(A) = \frac{10}{100} = 0.10, \quad P(B) = \frac{15}{300} = 0.05,$$

$$P(AB) = \frac{10 \times 15}{100 \times 300} = 0.005 = 0.10 \div 0.005 = P(A)P(B),$$

所以事件 A, B 满足式 (1.6), 即事件 A, B 是相互独立的.

两个事件 A, B 相互独立, 还有下面的重要结论.

定理 1.3　设事件 A 与事件 B 相互独立, 则 A 与 $\overline{B}$, $\overline{A}$ 与 B, $\overline{A}$ 与 $\overline{B}$ 也相互独立.

证明　由 $A = A(B \cup \overline{B}) = AB \cup A\overline{B}$, 得

$$P(A) = P(AB \cup A\overline{B}) = P(AB) + P(A\overline{B})$$
$$= P(A)P(B) + P(A\overline{B}).$$

所以

$$P(A\overline{B}) = P(A) - P(A)P(B) = P(A)[1 - P(B)] = P(A)P(\overline{B}).$$

故 A 与 $\overline{B}$ 相互独立. 由此还可推出 $\overline{A}$ 与 B, $\overline{A}$ 与 $\overline{B}$ 也相互独立.

1.5.2　多个事件的独立性

定义 1.4　设 A, B, C 为三个事件, 若满足

$$\begin{cases} P(AB) = P(A)P(B), \\ P(AC) = P(A)P(C), \\ P(BC) = P(B)P(C), \\ P(ABC) = P(A)P(B)P(C), \end{cases} \tag{1.7}$$

则称事件 A, B, C 相互独立.

若 A, B, C 为三个事件, 且只满足

$$\begin{cases} P(AB) = P(A)P(B), \\ P(AC) = P(A)P(C), \\ P(BC) = P(B)P(C), \end{cases} \tag{1.8}$$

则称事件 A, B, C 两两独立.

对 n 个事件的独立性, 可类似地定义:

设有 n 个事件 $A_1, A_2, \cdots, A_n$，对任意的 $1 \leqslant i < j < k \leqslant n$，如果以下等式均成立：

$$\begin{cases} P(A_i A_j) = P(A_i)P(A_j), \\ P(A_i A_j A_k) = P(A_i)P(A_j)P(A_k), \\ \cdots \\ P(A_1, A_2, \cdots, A_n) = P(A_1)P(A_2)\cdots P(A_n), \end{cases} \qquad (1.9)$$

则称 n 个事件 $A_1, A_2, \cdots, A_n$ 相互独立.

定义 1.5 设有 n 个事件 $A_1, A_2, \cdots, A_n$，对任意的 $1 \leqslant i < j \leqslant n$，总有 $P(A_i A_j) = P(A_i)P(A_j)$ 成立，则称 n 个事件 $A_1, A_2, \cdots, A_n$ 两两独立.

多个相互独立事件具有如下性质：

性质 1.7 若事件 $A_1, A_2, \cdots, A_n \ (n \geqslant 2)$ 相互独立，则其中任意 $k(1 < k \leqslant n)$ 个事件也相互独立.

性质 1.8 若事件 $A_1, A_2, \cdots, A_n \ (n \geqslant 2)$ 相互独立，则将事件 $A_1, A_2, \cdots, A_n$ 中任意 $k(1 < k \leqslant n)$ 个事件换成它们的对立事件，所得的 n 个事件仍相互独立.

例 1.23 甲、乙二人各投篮一次，设甲投中的概率为 0.7，乙投中的概率为 0.8，求：

（1）二人都投中的概率；

（3）至少有一人投中的概率；

（3）恰有一人投中的概率.

解 记事件 $A = \{$甲投中$\}$，事件 $B = \{$乙投中$\}$，则 $P(A) = 0.7$，$P(B) = 0.8$. 因为甲、乙二人投篮是否投中是相互独立的，即事件 A, B 是相互独立的，于是有

（1）二人都投中的概率为
$$P(AB) = P(A)P(B) = 0.7 \times 0.8 = 0.56.$$

（2）至少有一人投中的概率为
$$P(A \bigcup B) = P(A) + P(B) - P(AB) = 0.7 + 0.8 - 0.56 = 0.94.$$

（3）恰有一人投中的概率为
$$\begin{aligned} P(A\overline{B} \bigcup \overline{A}B) &= P(A\overline{B}) + P(\overline{A}B) \\ &= P(A)P(\overline{B}) + P(\overline{A})P(B) \\ &= 0.7 \times 0.2 + 0.3 \times 0.8 = 0.38. \end{aligned}$$

例 1.24 甲、乙、丙三人在同一时间分别破译某一个密码，设甲译出的概率为 0.8，乙译出的概率为 0.7，丙译出的概率为 0.6，求密码能译出的概率.

解 记事件 $A = \{$甲译出密码$\}$，事件 $B = \{$乙译出密码$\}$，事件 $C = \{$丙译出密码$\}$，事件 $D = \{$密码被译出$\}$. 显然 A, B, C 相互独立，$P(A) = 0.8$，$P(B) = 0.7$，$P(C) = 0.6$，并且 $D = A + B + C$. 于是有

$$\begin{aligned} P(D) &= P(A + B + C) = 1 - P(\overline{A})P(\overline{B})P(\overline{C}) \\ &= 1 - 0.2 \times 0.3 \times 0.4 = 0.976. \end{aligned}$$

例 1.25 某种彩票的中奖概率是 $p(0 < p < 1)$，某彩民一次性购买了 10 张彩票. 求该彩民中奖的概率.

解 记事件 $A_i = \{$第 i 张彩票中奖$\}(i = 1, 2, \cdots, 10)$，从实际问题出发，我们可以得到

$A_1, A_2, \cdots, A_{10}$ 相互独立，由相互独立事件的性质可知，$\overline{A_1}, \overline{A_2}, \cdots, \overline{A_{10}}$ 也相互独立. 于是该彩民中奖的概率为

$$P\left(\bigcup_{i=1}^{10} A_i\right) = 1 - P\left(\overline{\bigcup_{i=1}^{10} A_i}\right) = 1 - P\left(\bigcap_{i=1}^{10} \overline{A_i}\right)$$

$$= 1 - \prod_{i=1}^{10} P(\overline{A_i}) = 1 - (1-p)^{10}.$$

1.5.3　伯努利概型

在实际问题中，我们往往需要进行多次试验条件完全相同（可以看成一个试验的多次重复）并且相互独立的试验，我们称这类试验为可重复独立试验. 例如，在相同的条件下抛掷硬币，考察硬币朝上的面是正面还是反面；在相同的条件下独立射击，考察是否击中；从一批产品中任意取出一件产品，检测其是合格产品还是不合格产品；购买彩票是中奖还是不中奖，等等. 这些可重复独立试验都有一个共同的特点，就是试验只有两种可能的结果.

定义 1.6　设随机试验只有两种可能的结果，即事件 A 发生或事件 A 不发生，称这样的随机试验为伯努利试验. 记

$$P(A) = p , \quad P(\overline{A}) = 1 - p = q \quad (0 < p < 1, p + q = 1).$$

在相同条件下将伯努利试验独立地重复进行 n 次，称这一串重复的独立试验为 **n 重伯努利试验** 或简称为 **伯努利概型**.

n 重伯努利试验不属于古典概型，这是因为其样本点不是等概率的. 但在实际应用中经常需要计算 n 重伯努利试验中事件 A 恰好发生 k 次的概率. 显然 n 重伯努利试验的样本空间的样本点总数为 2^n，而其中事件 A 恰好发生 k 次的样本点的个数为 $C_n^k (0 \leqslant k \leqslant n)$，若事件 A 发生的概率为 $P(A) = p$，记 $p(\overline{A}) = q$ 且 $p + q = 1$，则事件 A 恰好发生 k 次的一个样本点的概率等于 $P(A_1 A_2 \cdots A_k \overline{A_{k+1}} \cdots \overline{A_n}) = p^k q^{n-k}$，这样，事件 A 恰好发生 k 次的概率就是 $C_n^k p^k q^{n-k}$. 于是有下面的定理.

定理 1.4（伯努利定理）　设伯努利试验中事件 A 发生的概率为 $p(0 < p < 1)$，若记 n 重伯努利试验中事件 A 恰好发生 k 次的概率为 $P_n(k)$，则

$$P_n(k) = C_n^k p^k q^{n-k} \quad (k = 0, 1, 2, \cdots, n) , \tag{1.10}$$

其中，$p + q = 1$.

式（1.10）与二项展开式有密切关系，由二项展开式，得

$$1 = [p + (1-p)]^n = \sum_{k=0}^{n} C_n^k p^k (1-p)^{n-k} .$$

因此，式（1.10）正好是 $[p + (1-p)]^n$ 的二项展开式的通项，故也称式（1.10）为二项概率.

例 1.26　为组装一台电子仪器，某人需要某种正品芯片 5 个，已知市场上该种芯片的正品率为 0.9，为保险起见，他买了 6 个芯片，求他仍没能获得所需的 5 个正品芯片的概率.

解　由题意可知，这是一个 6 重伯努利试验，其中，$p = 0.9$.

记事件 $A = \{$没能获得所需的 5 个正品芯片或者所买的 6 个芯片中正品少于 5 个$\}$，于是，所求概率为

$$P(A) = \sum_{k=0}^{4} P_6(k) = 1 - P_6(5) - P_6(6)$$
$$= 1 - C_6^5 \times 0.9^5 \times 0.1 - 0.9^6$$
$$\approx 0.1143.$$

习题 1

1. 写出下列随机试验的样本空间：

（1）在单位圆内任取一点，记录它的坐标；

（2）讨论某部电话在单位时间内收到的来电次数；

（3）同时抛 3 枚均匀的硬币，观察其向上的面的情况；

（4）同时掷两颗质地均匀的骰子，记录两颗骰子朝上的点数之和.

2. 向指定目标射击三枪，分别用 A_1, A_2, A_3 表示第一、第二、第三枪击中目标，试用 A_1, A_2, A_3 表示以下事件：

（1）仅有第一枪击中；　　　　（2）第一枪、第二枪击中，而第三枪未击中；

（3）至少两枪击中；　　　　　（4）至少有一枪击中；

（5）至多有两枪击中；　　　　（6）三枪都未击中.

3. 以事件 A 表示"甲种产品畅销，乙种产品滞销"，则其对立事件 $\overline{A}$ 为（　　）.

　　A."甲种产品滞销，乙种产品畅销"　B."甲、乙两种产品均畅销"

　　C."甲种产品滞销"　　　　　　　　D."甲种产品滞销或乙种产品畅销"

4. 设 A,B,C 是三个事件，则 A,B,C 中恰好发生一个可表示为（　　）.

　　A.　$A + B + C$　　　　　　　　　　B.　$\overline{AB} + \overline{AC} + \overline{BC}$

　　C.　$A\overline{B}\overline{C}$　　　　　　　　　　D.　$A\overline{B}\overline{C} + \overline{A}B\overline{C} + \overline{A}\overline{B}C$

5. 已知 A,B 是样本空间 Ω 中的两个事件，且 $\Omega = \{a,b,c,d,e,f,g,h\}$，$A = \{b,d,f,h\}$，$B = \{b,c,d,e,f,g\}$，试求：

（1）$\overline{AB}$；　　　（2）$\overline{A} + B$；　　　（3）$A - B$；　　　（4）$\overline{\overline{AB}}$.

6. 一批产品中有合格品和不合格品，从中有放回地抽取 3 件产品，设事件 $A_i = \{$第 i 次抽到不合格品$\}$，试用 A_i 的运算表示下列各事件：

（1）前两次中至少有一次抽到不合格品；

（2）三次都抽到不合格品；

（3）至少有一次抽到合格品；

（4）只有两次抽到不合格品.

7. 设 A,B 是任意两个概率不为 0 的互不相容事件，则下列结论中，一定正确的是（　　）.

A.　$\overline{A}$ 与 $\overline{B}$ 互不相容　　　　　　　B.　$\overline{A}$ 与 $\overline{B}$ 相容

C.　$P(AB) = P(A)P(B)$　　　　　　　D.　$P(A-B) = P(A)$

8. 一批产品由 90 件正品和 10 件次品组成，从中任取一件，求取得正品的概率.

9. 一批产品由 95 件正品和 5 件次品组成，连续从中抽取两件，第一次取出后不再放回，求：

（1）第一次抽得正品且第二次抽得次品的概率；

（2）抽得一件为正品，一件为次品的概率.

10. 在 0,1,2,…,9 这 10 个数字中，任取 4 个不同数字排成一列，求这 4 个数字能组成一个 4 位偶数的概率.

11. 某房间里有 10 个人，分别佩戴 1～10 号的纪念章，现任选三人记录其纪念章的号码，求：

（1）最小号码是 5 的概率；

（2）号码全为偶数的概率.

12. 随机地向半圆 $0 < y < \sqrt{2ax-x^2}$ （a 为正整数）内掷一点，点落在半圆内任何区域的概率与区域的面积成正比，求原点和该点的连线与 x 轴的夹角小于 $\dfrac{\pi}{4}$ 的概率.

13. 甲、乙两人相约晚 7:00～8:00 在某处会面，先到者等候另一人 15min，过时便立即离去，设两人的到达时刻在 7:00～8:00 随机等可能的，求两人能会面的概率.

14. 已知 $A \subset B$，$P(A) = 0.4$，$P(B) = 0.6$，求：

（1）$P(\overline{A})$ 和 $P(\overline{B})$；　　　（2）$P(A \bigcup B)$；　　　（3）$P(AB)$；　　　（4）$P(\overline{AB})$.

15. 已知 $P(A) = 0.5$，$P(B) = 0.4$，$P(A|B) = 0.8$，求 $P(AB)$ 及 $P(\overline{A}\overline{B})$.

16. 某人有一笔资金用于投资，已知他投入基金的概率为 0.58，购买股票的概率为 0.28，两项投资都做的概率为 0.19.

（1）已知他已投入基金，则他再购买股票的概率是多少？

（2）已知他已购买股票，则他再投入基金的概率是多少？

17. 设某种动物从出生算起活到 20 岁以上的概率为 0.8，活到 25 岁以上的概率为 0.4. 现在有一个 20 岁的这种动物，则它能活到 25 岁以上的概率是多少？

18. 掷三颗质地均匀的骰子，若没有两个相同的点数，试求至少有一个一点的概率.

19. 据以往资料表明，一个三口之家患某种传染病的概率有以下规律：$P\{$孩子得病$\} = 0.6$，$P\{$母亲得病 | 孩子得病$\} = 0.5$，$P\{$父亲得病 | 母亲及孩子得病$\} = 0.4$，求事件"母亲及孩子得病但父亲未得病"的概率.

20. 证明：若事件 A 与 B 互斥，且 $0 < P(B) < 1$，则 $P(A|\overline{B}) = \dfrac{P(A)}{1-P(B)}$.

21. 李峰到某地参加会议，已知他选择乘坐火车、轮船、汽车和飞机的概率分别为 0.3,0.2,0.1,0.4. 若选择乘坐火车，则他迟到的概率为 0.25；若选择乘坐轮船，则他迟到的概率为 0.3；若选择乘坐汽车，则他迟到的概率为 0.1；若选择乘坐飞机，则他不会迟到. 求他最后迟到的概率.

22. 有一批产品由甲、乙、丙三个工厂同时生产. 其中, 甲厂生产的产品占 50%, 乙厂生产的产品占 30%, 丙厂生产的产品占 20%, 并且甲厂产品的正品率为 95%, 乙厂产品的正品率为 90%, 丙厂产品的正品率为 85%. 如果从这批产品中随机抽取一件, 试计算该产品是正品的概率.

23. 用甲、乙、丙三台机床加工同一种零件, 零件由各台机床加工的概率分别为 0.5, 0.3, 0.2, 各台机床加工的零件为合格品的概率分别为 0.94, 0.90, 0.95, 求全部产品的合格率.

24. 已知某人按如下原则决定端午节当天的活动, 若该天下雨, 则以 0.2 的概率外出购物, 以 0.8 的概率外出访友; 若该天不下雨, 则以 0.9 的概率外出购物, 以 0.1 的概率外出访友. 设端午节当天下雨的概率是 0.3.

(1) 试求端午节当天他外出购物的概率;

(2) 若已知端午节当天他外出购物, 求端午节当天下雨的概率.

25. 盒内有 12 个乒乓球, 其中 8 个是新球. 第一次比赛时任取一球, 用后放回. 第二次比赛时再任取一球.

(1) 求第二次取出新球的概率;

(2) 若第二次取出的是新球, 求第一次取出的也是新球的概率.

26. 某人忘记了电话号码的最后一位, 他随意地拨号, 求他拨号不超过三次就接通了他所需电话的概率.

27. 有两批产品, 第一批 20 件, 有 5 件特级品; 第二批 12 件, 有两件特级品. 现按两种方法抽样:

(1) 将两批产品混在一起, 从中任取两件;

(2) 从第一批中任取两件放入第二批中, 再从混合后的第二批中抽取两件.

试分别求出在两种抽样情况下所抽两件均是特级品的概率.

28. 三个人独立破译一个密码, 若他们能单独译出密码的概率分别为 $\frac{1}{5}, \frac{1}{3}, \frac{1}{4}$, 求此密码被译出的概率.

29. 已知事件 A 与事件 B 相互独立, 且 $P(\overline{A}\overline{B}) = \frac{1}{9}$, $P(A\overline{B}) = P(\overline{A}B)$, 求 $P(A)$ 和 $P(B)$.

30. 设某电路由 A、B、C 三个元件组成, 若元件 A、B、C 发生故障的概率分别为 0.3, 0.2, 0.2, 且各元件独立工作. 试求在以下情况, 此电路发生故障的概率:

(1) A、B、C 三个元件串联;

(2) A、B、C 三个元件并联;

(3) 元件 A 与两个并联的元件 B 及 C 串联.

31. 甲、乙、丙三人同时向敌机射击, 三人命中的概率分别为 0.4, 0.5, 0.7. 已知敌机被一人击中而击落的概率为 0.2, 被两人击中而击落的概率为 0.6, 若被三人击中, 敌机必定击落. 求敌机被击落的概率.

32. 设 $0 < P(A) < 1$, $0 < P(B) < 1$, $P(A|B) + P(\overline{A}|\overline{B}) = 1$, 试证事件 A 与事件 B 独立.

33. 将一枚质地均匀硬币连续独立地抛 10 次, 则恰有 5 次出现正面的概率是多少? 有 4~6 次出现正面的概率是多少?

34．某宾馆大厦有 4 部电梯，通过调查得知，在某时刻 T，各电梯正在运行的概率均为 0.75，求：

（1）在此时刻至少有一部电梯正在运行的概率；

（2）在此时刻恰好有一半电梯正在运行的概率；

（3）在此时刻所有电梯都在运行的概率．

35．甲、乙两名运动员在进行乒乓球单打比赛，已知每一局甲胜的概率为 0.6，乙胜的概率为 0.4，比赛时采用三局两胜制或五局三胜制，问：在哪一种比赛制度下，甲获胜的可能性大？

36．将 6 个相同的元件先两两串联成三组，再把这三组并联成一个系统．设每个元件损坏的概率为 p，又各个元件的损坏与否是相互独立的，求该系统不出故障的概率．

37．某实习生用同一台机器连续独立地制造了 3 个同种零件，第 i 个零件是不合格品的概率为 $p_i = \dfrac{1}{i+1}$ $(i=1,2,3)$，以 X 表示 3 个零件中合格品的个数，求 $P\{X=2\}$．

第 2 章　随机变量及其分布

2.1　随　机　变　量

在第 1 章中,我们介绍了随机事件及其概率的概念,为了全面研究随机试验的结果,揭示客观存在的统计规律性,我们引入随机变量的概念. 在许多随机试验中,试验的每一种可能的结果对应着一个数值. 例如,在抽样检验产品时,出现废品的件数;掷骰子出现的点数;考生的卷面成绩;预报天气中的气温,等等. 有些初看起来与数值无关的随机试验结果,也常常能与数值联系起来. 例如,抛掷均匀硬币,每抛一次不是出现正面就是出现反面,虽与数值无关,但我们若以数"1"代表正面,以数"0"代表反面,就将这一试验与数值联系起来了;一次试验中,试验成功记为"1",试验失败记为"0";产品检验中,优质品记为"2",次品记为"1",废品记为"0";等等. 由此可见,对于任何一个试验的各种基本结果,都可以用数值与之对应. 按照我们的习惯,一般会将这些数值与一个变量的取值联系起来,这个与试验结果联系在一起的变量就是随机变量.

例 2.1　掷一颗骰子,观察出现的点数,用随机变量表示.

解　我们用一个随机变量 X 来描述:"$X=1$""$X=2$"…"$X=6$"分别表示出现 1 点、2 点、…、6 点.

另外,出现的点数不超过 4 可用"$X \leqslant 4$"表示;"$X=2k\ (k=1,2,3)$"表示出现偶数点;等等.

例 2.2　从含有 3 件次品的 10 件产品中任取 2 件,观察出现的次品数,用随机变量表示.

解　我们用一个随机变量 X 来描述:"$X=0$""$X=1$""$X=2$""$X=3$"分别表示一件次品也没出现、出现一件次品、出现两件次品和出现三件次品.

另外,至少出现一件次品可表示为"$1 \leqslant X \leqslant 2$";"$X \leqslant 1$"表示最多出现一件次品.

例 2.3　抛一枚硬币,观察出现正、反面的情况,用随机变量表示.

解　引进一个随机变量 X,对于试验的两个结果,将 X 的值分别规定为 1 和 0,即设

$$X = \begin{cases} 1, & \text{出现正面}, \\ 0, & \text{出现反面}. \end{cases}$$

这样,变量 X 的取值就与试验的结果对应起来了.

由上面的例子可见,变量 X 随着试验结果的不同而取不同的值,一旦试验结果确定了,X 的取值也就唯一确定了,因而 X 可以看成定义在样本空间 Ω 上的函数 $X(\omega)$. 由于试验结果的出现是随机的,所以 X 的取值也是随机的,我们称 $X(\omega)$ 为**随机变量**,简记为 X. 通常用 X,Y,Z 或 ξ,η,ζ 等表示随机变量.

例如,一个公共汽车站,每隔 5 min 有一辆汽车通过. 某乘客不知道汽车通过该站

的时间，他到达该站的时刻是随机的，那么该乘客的候车时间 X 就是一个随机变量，显然 X 可以取 $0 \sim 5$ 的任何一个实数值，如"$X \geqslant 2$""$X \leqslant 3$"等都是随机事件.

随机变量是定义在样本空间 Ω 上的样本点的实值函数，它有两个基本特点：一是变异性，即对于不同的试验结果，它可能取不同的值，因此是变量而不是常量；二是随机性，由于试验中究竟出现哪种结果是随机的，所以该变量究竟取何值在试验之前是无法确定的. 直观上，随机变量就是取值具有随机性的变量，并且由于试验出现的各个结果有一定的概率，所以随机变量也以一定的概率取值.

随机变量按其取值情况分为两大类：离散型随机变量和非离散型随机变量. 离散型随机变量的所有可能取值为有限个或无限可列个；非离散型随机变量的情况比较复杂，它的所有可能取值不能一一列举出来，其中的一种对于实际应用很重要，称为连续型随机变量，其值域为一个或若干个有限或无限区间. 今后我们主要研究离散型和连续型这两种随机变量.

2.2　离散型随机变量及其概率分布

2.2.1　离散型随机变量的概率分布

定义 2.1　如果随机变量 X 的可能取值是有限个或是无限可列个，且以确定的概率取这些不同的值，则称 X 为**离散型随机变量**.

要描述出这样的随机变量，关键是列出 X 的所有可能取的值，并求出相应的概率.

定义 2.2　设 X 为离散型随机变量，它的所有可能取值为 $x_k(k=1,2,\cdots,n,\cdots)$，$X$ 取各可能值的概率为

$$P\{X=x_k\}=p_k \quad (k=1,2,\cdots), \tag{2.1}$$

称式（2.1）为 X 的**概率分布或分布律**.

p_k 满足如下条件：

（1）$p_k \geqslant 0 \quad (k=1,2,\cdots)$; $\tag{2.2}$

（2）$\sum\limits_k p_k = 1$. $\tag{2.3}$

作为概率分布，p_k 满足式（2.2）和式（2.3）；反之，如果一组数据满足式（2.2）和式（2.3），就可以看作某个随机变量的概率分布. 对于集合 $\{x_k, k=1,2,\cdots,n,\cdots\}$ 中的任意一个子集 A，事件"X 在 A 中取值"即"$X \in A$"的概率为

$$P\{X \in A\}=\sum\limits_{x_k \in A} p_k.$$

概率分布也可用表格的形式来表示，见表 2.1，称为概率分布表.

表 2.1

X	x_1	x_2	$\cdots$	x_k	$\cdots$
P	p_1	p_2	$\cdots$	p_k	$\cdots$

例 2.4 对于掷一颗均匀骰子的试验，以 X 表示出现的点数，写出随机变量 X 的概率分布.

解 随机变量 X 的可能取值为 $1,2,3,4,5,6$. 因为骰子是由均匀材料制成的正六面体，所以每个点数出现的机会都相同，即有

$$P\{X=k\}=\frac{1}{6}\quad(k=1,2,3,4,5,6).$$

例 2.5 从含有两件次品的 5 件产品中任取两件，求其中次品数的概率分布.

解 设 X 表示取出的次品数，则其可能的取值为 $0,1,2$. 由古典概型的概率计算公式，得

$$P\{X=0\}=\frac{C_3^2}{C_5^2}=\frac{3}{10};$$

$$P\{X=1\}=\frac{C_3^1 C_2^1}{C_5^2}=\frac{3}{5};$$

$$P\{X=2\}=\frac{C_2^2}{C_5^2}=\frac{1}{10}.$$

例 2.6 袋内有 5 张卡片，其中标有数字 1 的卡片有一张，标有数字 2 及数字 3 的卡片各有两张，从袋内一次性随机抽取 3 张卡片，用 X 表示取到的 3 张卡片上的最大数字，求随机变量 X 的概率分布.

解 X 只能取 2 和 3 两个值，由古典概型的概率计算公式，得

$$P\{X=2\}=\frac{1}{C_5^3}=0.1,$$

$$P\{X=3\}=\frac{C_2^1 C_3^2+C_2^2 C_3^1}{C_5^3}=0.9,$$

或者

$$P\{X=3\}=1-P\{X=2\}=0.9.$$

例 2.7 假定一个试验成功的概率为 $p(0<p<1)$，某人不断进行重复试验，直到首次成功为止，用随机变量 X 表示试验的次数，求 X 的概率分布.

解 X 可以取一切正整数值，事件 "$X=1$" 表示仅试验一次就停止了试验，即第一次试验就取得成功，其概率为 p. 当 $n>1$ 时，事件 "$X=n$" 表示一共进行 n 次重复试验，前 $n-1$ 次均失败，第 n 次试验才首次成功. 因为在重复试验中，各次试验的结果是相互独立的，所以 "$X=n$" 的概率为 $pq^{n-1}(q=1-p)$，于是 X 的概率分布为

$$P\{X=n\}=pq^{n-1}\quad(n=1,2,\cdots). \tag{2.4}$$

由于式（2.4）中的概率 $P\{X=n\}$（$n=1,2,\cdots$）恰好是一个几何数列，因此称式（2.4）是参数为 p 的**几何分布**.

2.2.2 常用离散型随机变量的分布

1. (0-1)分布

定义 2.3 设随机变量 X 可能取 0 和 1 两个值，并且

$$P\{X=k\}=p^k q^{1-k} \quad (k=0,1;0<p<1;q=1-p),$$

即 X 的概率分布见表 2.2.

表 2.2

X	1	0
P	p	q

则称 X 服从参数为 p 的 (0-1) 分布或称 X 具有参数为 p 的 (0-1) 分布.

对于一个试验 E，如果 E 的样本空间 $\Omega=\{\omega_1,\omega_2\}$，则可在 Ω 上定义随机变量 X，使

$$X=\begin{cases}0, & \omega=\omega_1,\\ 1, & \omega=\omega_2\end{cases}$$

来描述试验 E. 也就是说，凡是只有两个试验结果的试验，都可以用 (0-1) 分布来描述，如对新生婴儿的性别登记；检查产品是否合格；抽出的次品数是否超过 2 等. 虽然有的试验 E 的样本空间的元素不止两个，但如果感兴趣的只是某个结果发生与否，那么也可用 (0-1) 分布来描述.

2. 超几何分布

定义 2.4 若随机变量 X 的概率分布为

$$P\{X=k\}=\frac{C_M^k C_{N-M}^{n-k}}{C_N^n} \quad (k=0,1,\cdots,n),$$

这里 $M\leqslant N$，$n\leqslant M$，则称 X 服从（或具有）参数为 N,M,n 的超几何分布.

超几何分布的概率分布满足概率分布的以下两个条件（或者说具有以下两条性质）：

（1） $P\{X=k\}=\dfrac{C_M^k C_{N-M}^{n-k}}{C_N^n}>0$；

（2）利用组合公式 $C_{m+l}^n=\sum\limits_{j=0}^n C_m^j C_l^{n-j}$，知

$$C_N^n=\sum_{k=0}^n C_M^k C_{N-M}^{n-k},$$

故

$$\sum_{k=0}^n p_k=\sum_{k=0}^n \frac{C_M^k C_{N-M}^{n-k}}{C_N^n}=\frac{1}{C_N^n}\sum_{k=0}^n C_M^k C_{N-M}^{n-k}=1.$$

超几何分布适用于元素为有限个的不放回抽样模型. 设试验 E 的样本空间 Ω 含有 N 个元素，其中有 M 个元素属于第 I 类，而其余 $N-M$ 个元素属于第 II 类. 从中任取 n 次，每次取 1 个不放回（这相当于从中任取 n 个），取出的这 n 个元素中属于第 I 类的元

素个数为 X ，则 X 服从超几何分布.

例 2.8 从含有 3 件次品的 10 件产品中任取 5 件，求：

（1）次品数的概率分布；

（2）正品数的概率分布.

解 设取出的 5 件产品中的次品数为 X ，正品数为 Y ，则

$$P\{X=k\}=\frac{C_3^k C_7^{5-k}}{C_{10}^5} \quad (k=0,1,2,3);$$

$$P\{X=l\}=\frac{C_7^l C_3^{5-l}}{C_{10}^5} \quad (l=2,3,4,5).$$

3. 二项分布

定义 2.5 若随机变量 X 的概率分布为

$$P\{X=k\}=C_n^k p^k q^{n-k} \quad (k=0,1,2,\cdots,n;0<p<1;q=1-p),$$

则称 X 服从（或具有）参数为 n,p 的二项分布，记作 $X \sim B(n,p)$.

二项分布产生于 n 重伯努利试验，即在 n 重伯努利试验中，事件 A 每次发生的概率为 p ，不发生的概率为 $q=1-p$ ，则 n 次试验中 A 发生的次数 X 服从二项分布.

二项分布的概率分布满足以下两个条件：

（1） $P\{X=k\}=C_n^k p^k q^{n-k}>0$ ；

（2） $\sum_{k=0}^{n}P\{X=k\}=\sum_{k=0}^{n}C_n^k p^k q^{n-k}=(p+q)^n=1$.

二项分布是极其重要的概率分布之一，它适用于以下 3 种情况：

（1）同条件下重复进行 n 次同一试验；

（2）同条件同时独立进行 n 个同一试验；

（3）当取出的元素个数 n 相对于总的元素个数 N 很小时的超几何分布，可用二项分布近似计算，此时， $p=\dfrac{M}{N}$.

例 2.9 10 件产品中含有 3 件次品，从中任取 3 次，每次取 1 件，有放回抽取，求下列事件的概率.

（1）3 件产品中恰有 1 件次品；

（2）3 件产品中至少有 1 件次品；

（3）3 件产品中最多有 1 件次品.

解 设 3 件产品中含有的次品数为 X ，则 $X \sim B(3,0.3)$.

（1） $P\{X=1\}=C_3^1 \times 0.3 \times 0.7^2=0.441$.

（2） $P\{X\geqslant 1\}=P\{X=1\}+P\{X=2\}+P\{X=3\}$

$\qquad = C_3^1 \times 0.3 \times 0.7^2+C_3^2 \times 0.3^2 \times 0.7+C_3^3 \times 0.3^3$

$\qquad = 0.441+0.189+0.027$

$\qquad = 0.657$.

或
$$P\{X \geqslant 1\} = 1 - P\{X < 1\} = 1 - P\{X = 0\}$$
$$= 1 - C_3^0 \times 0.3^0 \times 0.7^3$$
$$= 1 - 0.343$$
$$= 0.657.$$

（3）$P\{X \leqslant 1\} = P\{X = 0\} + P\{X = 1\}$
$$= C_3^0 \times 0.3^0 \times 0.7^3 + C_3^1 \times 0.3 \times 0.7^2$$
$$= 0.343 + 0.441$$
$$= 0.784.$$

4.　泊松分布

定义 2.6　若随机变量 X 的概率分布为
$$P\{X = k\} = \frac{\lambda^k}{k!} e^{-\lambda} \quad (k = 0,1,2,\cdots; \lambda > 0), \tag{2.5}$$
则称 X 服从（或具有）参数为 λ 的泊松分布，记作 $X \sim P(\lambda)$.

泊松分布的概率分布满足以下两个条件：

（1）$P\{X = k\} = \dfrac{\lambda^k}{k!} e^{-\lambda} > 0$；

（2）$\displaystyle\sum_{k=0}^{\infty} \frac{\lambda^k}{k!} e^{-\lambda} = e^{-\lambda} \sum_{k=0}^{\infty} \frac{\lambda^k}{k!} = e^{-\lambda} \cdot e^{\lambda} = 1 \left(e^x \text{ 的幂级数展开式为 } e^x = \sum_{k=0}^{\infty} \frac{x^k}{k!} \right).$

泊松分布是应用较广泛的分布之一. 在实际中，很多"排队"问题都可以近似地用泊松分布来描述，如某段时间内某部电话的来电次数、候车室内旅客人数、放射性分裂落到一个区域内的质点数目、纺纱机上的断头数等都近似地服从泊松分布. 另外，在显微镜下，一个区域内的血球数目或微生物数目及其他随机现象如各种事故、自然灾害、不常见疾病、不幸事件在一定时间内发生的次数等都可以用泊松分布来描述.

泊松分布的方便之处在于，其概率的计算可以利用编好的泊松分布表. 例如，服从参数为 5 的泊松分布的变量 X，从泊松分布表（附表 1）中可以直接查出：$P\{X = 2\} = 0.0842$，$P\{X = 5\} = 0.1755$，以及 $P\{X = 20\} = 0$ 等.

例 2.10　检查10个零件上疵点数，据经验疵点数（10 个零件的）服从参数 $\lambda = 3$ 的泊松分布，求下列事件的概率：

（1）恰有一个疵点；

（2）至少有一个疵点；

（3）最多有一个疵点.

解　设10 个零件上的疵点数为 X，则 $X \sim P(3)$.

（1）$P\{X = 1\} = 0.1494$.

（2）$P\{X \geqslant 1\} = 1 - P\{X < 1\} = 1 - P\{X = 0\} = 1 - 0.0498 = 0.9502$.

（3）$P\{X \leqslant 1\} = P\{X = 0\} + P\{X = 1\} = 0.0498 + 0.1494 = 0.1992$.

例 2.11　某商店出售某种贵重商品，据经验可知，每月该商品的销售量服从参数为

$\lambda = 3$ 的泊松分布，问：月初进货时，要库存多少件该商品才能有 99% 的把握满足顾客当月的需要？

解 设每月顾客需要该商品的数量为 X，则 $X \sim P(3)$. 设月初进货时库存 k 件该商品，则应有

$$P\{X \leqslant k\} = \sum_{i=0}^{k} \frac{3^i}{i!} \mathrm{e}^{-3} \geqslant 0.99,$$

即要求

$$\sum_{i=k+1}^{\infty} \frac{3^i}{i!} \mathrm{e}^{-3} < 0.01.$$

查附表 1，可知 $k+1 = 9$，即月初进货时，要库存 8 件该商品才能有 99% 的把握满足顾客当月的需要.

2.2.3 几种常用离散型随机变量分布的关系

1. 二项分布 $B(n, p)$ 与 $(0-1)$ 分布的关系

$(0-1)$ 分布就是二项分布 $B(1, p)$，即 $(0-1)$ 分布是二项分布当 $n=1$ 时的特例.

2. 超几何分布与二项分布 $B(n, p)$ 的关系

当 n 相对于 N 来说很小（或 N 相对于 n 很大）时，二项分布 $B\left(n, \dfrac{M}{N}\right)$ 为超几何分布的近似（极限）分布. 也就是说，当 $N \to \infty$ 时，

$$\frac{M}{N} \to p > 0, \quad \frac{N-M}{N} \to q = 1-p > 0,$$

于是有

$$\frac{\mathrm{C}_M^k \mathrm{C}_{N-M}^{n-k}}{\mathrm{C}_N^n} \to \mathrm{C}_n^k p^k q^{n-k}.$$

例 2.12 已知一大批种子的发芽率为 0.8，从中任取 10 粒做发芽试验，求：
（1）恰有 5 粒发芽的概率；
（2）至少有 8 粒发芽的概率.

解 设 10 粒种子中的发芽粒数为 X，则 X 服从超几何分布，但是 N 很大，$n=10$ 相对于 N 很小，故可按 X 近似地服从二项分布 $B(10, 0.8)$ 来计算.

（1）$P\{X=5\} = \mathrm{C}_{10}^5 \times 0.8^5 \times 0.2^5 \approx 0.026$.

（2）$P\{X \geqslant 8\} = P\{X=8\} + P\{X=9\} + P\{X=10\}$

$$= \mathrm{C}_{10}^8 \times 0.8^8 \times 0.2^2 + \mathrm{C}_{10}^9 \times 0.8^9 \times 0.2 + \mathrm{C}_{10}^{10} \times 0.8^{10}$$

$$\approx 0.302 + 0.268 + 0.107$$

$$= 0.977.$$

3. 泊松分布与二项分布的关系

定理 2.1（泊松定理）　在 n 重伯努利试验中，成功次数 X 服从二项分布，假设每次试验成功的概率为 $p_n(0 < p_n < 1)$，并且 $\lim_{n \to \infty} np_n = \lambda > 0$，则

$$\lim_{n \to \infty} P\{X = k\} = \lim_{n \to \infty} C_n^k p_n^k (1 - p_n)^{n-k} = \frac{\lambda^k}{k!} \mathrm{e}^{-\lambda} \quad (k = 0, 1, 2, \cdots, n).$$

证明　记 $np_n = \lambda_n$，即 $p_n = \dfrac{\lambda_n}{n}$，我们可得

$$C_n^k p_n^k (1 - p_n)^{n-k} = \frac{n(n-1)\cdots(n-k+1)}{k!} \left(\frac{\lambda_n}{n}\right)^k \left(1 - \frac{\lambda_n}{n}\right)^{n-k}$$

$$= \frac{\lambda_n^k}{k!} \left(1 - \frac{1}{n}\right)\left(1 - \frac{2}{n}\right)\cdots\left(1 - \frac{k-1}{n}\right)\left(1 - \frac{\lambda_n}{n}\right)^{n-k},$$

对固定的 k，有

$$\lim_{n \to \infty} \lambda_n = \lambda \; ; \quad \lim_{n \to \infty}\left(1 - \frac{\lambda_n}{n}\right)^{n-k} = \mathrm{e}^{-\lambda}; \quad \lim_{n \to \infty}\left(1 - \frac{1}{n}\right)\left(1 - \frac{2}{n}\right)\cdots\left(1 - \frac{k-1}{n}\right) = 1.$$

从而，有

$$\lim_{n \to \infty} C_n^k p_n^k (1 - p_n^k)^{n-k} = \frac{\lambda^k}{k!} \mathrm{e}^{-\lambda} \quad (k = 0, 1, 2, \cdots, n).$$

定理得证.

据此定理，对于成功率为 p 的 n 重伯努利试验，只要 n 充分大，而 p 充分小，则其成功次数 X 就近似地服从参数为 $\lambda = np$ 的泊松分布，即对于非负整数 $k(0 \leqslant k \leqslant n)$，有

$$P\{X = k\} = C_n^k p^k (1 - p)^{n-k} \approx \frac{(np)^k}{k!} \mathrm{e}^{-np}.$$

实际应用中，若 $n \geqslant 100$，$p < 0.1$，则近似程度较好；若 $n \geqslant 200$，则近似程度更好.

例 2.13　某人远距离进行射击，每次命中率是 0.02，独立射击 400 次，求至少命中两次的概率.

解　设 400 次射击中的命中次数为 X，则 $X \sim B(400, 0.02)$.

由于 $n = 400$ 很大，$p = 0.02$ 很小，$np = 400 \times 0.02 = 8$，故可用泊松分布 $P(8)$ 来近似计算，于是有

$$P\{X \geqslant 2\} = 1 - P\{X < 2\} = 1 - P\{X = 0\} - P\{X = 1\}$$

$$= 1 - 0.0003 - 0.0027$$

$$= 0.997.$$

例 2.14　为了保证设备正常工作，需配备适量的维修工人. 现有同型号的设备 300 台，各台设备的工作是相互独立的，且发生故障的概率都是 0.01. 假设一台设备的故障可由一人来处理，问：至少需要配备多少工人，才能保证当设备发生故障时得不到及时维修的概率小于 0.01？

解　设需要配备 k 名工人，同时发生故障的设备台数为 X，则 $X \sim B(300, 0.01)$，我们要解决的问题是确定数 k，使得

$$P\{X > k\} < 0.01 .$$

由于 $n = 300$ 很大，$p = 0.01$ 很小，$np = 3$，因此，我们可以用泊松分布 $P(3)$ 近似计算：

$$P\{X > k\} = 1 - P\{X \leqslant k\} \approx 1 - \sum_{i=0}^{k} \frac{3^i}{i!} e^{-3} = \sum_{i=k+1}^{\infty} \frac{3^i}{i!} e^{-3} < 0.01 .$$

查附表 1 可知，最小的 k 应为 8，即至少需要配备 8 名工人，才能保证设备发生故障得不到维修的概率小于 0.01，也就是说，得到及时维修的概率不小于 99%．

2.3　随机变量的分布函数

对于非离散型随机变量，由于其可能取值不能一一列举出来，因而不能像离散型随机变量那样用概率分布来描述，为了在数学上统一对随机变量进行研究，给出分布函数的概念．

2.3.1　随机变量分布函数的定义

定义 2.7　设 X 是一个随机变量，x 是任意实数，则称函数
$$F(x) = P\{X \leqslant x\} \quad (x \in \mathbf{R})$$
为随机变量 X 的**分布函数**，通常记为 $X \sim F(x)$ 或 $F_X(x)$．

分布函数 $F(x)$ 具有下列性质：

（1）$F(x)$ 单调不减，即若 $x_1 < x_2$，则 $F(x_1) \leqslant F(x_2)$；

（2）$0 \leqslant F(x) \leqslant 1 (x \in \mathbf{R})$；

（3）$F(-\infty) = \lim_{x \to -\infty} F(x) = 0$，$F(+\infty) = \lim_{x \to +\infty} F(x) = 1$；

（4）$F(x)$ 最多有可列个间断点，并且在其间断点处是右连续的，即对任意实数 x_0，有
$$F(x_0 + 0) = F(x_0) .$$

若一个普通函数 $F(x)$ 具有以上 4 条性质，则这个函数就可以作为某个随机变量 X 的分布函数．

例 2.15　设一口袋中有依次标有 $-1, 2, 2, 2, 3, 3$ 数字的 6 个球．从中任取一球，记随机变量 X 为取得的球上标有的数字，求随机变量 X 的分布函数．

解　随机变量 X 的可能取值为 $-1, 2, 3$，由古典概型的概率计算公式，可知随机变量 X 取这些值的概率依次为 $\frac{1}{6}, \frac{1}{2}, \frac{1}{3}$．

当 $x < -1$ 时，"$X \leqslant x$" 是不可能事件，因此 $F(x) = 0$；

当 $-1 \leqslant x < 2$ 时，"$X \leqslant x$" 等同于 "$X = -1$"，因此 $F(x) = \frac{1}{6}$；

当 $2 \leqslant x < 3$ 时，"$X \leqslant x$" 等同于 "$X = -1$ 或 $X = 2$"，因此
$$F(x) = \frac{1}{6} + \frac{1}{2} = \frac{2}{3} ;$$

当 $x \geqslant 3$ 时，" $X \leqslant x$ " 为必然事件，因此 $F(x) = 1$.

综合起来，$F(x)$ 的表达式为

$$F(x) = \begin{cases} 0, & x < -1, \\ \dfrac{1}{6}, & -1 \leqslant x < 2, \\ \dfrac{2}{3}, & 2 \leqslant x < 3, \\ 1, & x \geqslant 3. \end{cases}$$

它的图形如图 2.1 所示.

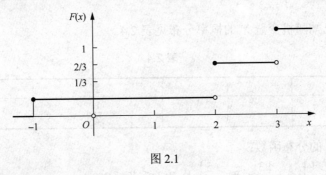

图 2.1

2.3.2 离散型随机变量的分布函数

定义 2.8 设离散型随机变量 X 的概率分布见表 2.3.

表 2.3

X	x_1	x_2	$\cdots$	x_k	$\cdots$
P	p_1	p_2	$\cdots$	p_k	$\cdots$

于是离散型随机变量 X 的分布函数为

$$F(x) = P\{X \leqslant x\} = \sum_{x_k \leqslant x} P\{X = x_k\} = \sum_{x_k \leqslant x} p_k \ .$$

即当 $x < x_1$ 时，$F(x) = 0$；

当 $x_1 \leqslant x < x_2$ 时，$F(x) = p_1$；

当 $x_2 \leqslant x < x_3$ 时，$F(x) = p_1 + p_2$；

当 $x_3 \leqslant x < x_4$ 时，$F(x) = p_1 + p_2 + p_3$；

······

当 $x_{n-1} \leqslant x < x_n$ 时，$F(x) = p_1 + p_2 + p_3 + \cdots + p_{n-1}$；

当 $x \geqslant x_n$ 时，$F(x) = 1$.

$F(x)$ 为分段函数，其图形为 "阶梯" 曲线，如图 2.2 所示，它在点 $x = x_k \ (k = 1, 2, 3, \cdots)$ 处有跳跃，而跳跃度恰好为随机变量 X 在点 $x = x_k$ 处的概率 $p_k = P\{x = x_k\}$.由此，当离散型随机变量的分布函数已知时，就不难写出它的概率分布.

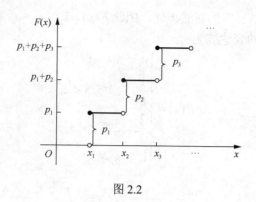

图 2.2

例 2.16 已知随机变量 X 的概率分布见表 2.4.

表 2.4

X	1	2	3
P	$\dfrac{1}{4}$	$\dfrac{1}{2}$	$\dfrac{1}{4}$

求：（1）X 的分布函数；

（2）$P\left\{X \leqslant \dfrac{1}{2}\right\}$，$P\left\{\dfrac{3}{2} < X \leqslant \dfrac{5}{2}\right\}$ 及 $P\{2 \leqslant X \leqslant 3\}$.

解 （1）因为随机变量 X 仅在 $x = 1, 2, 3$ 三点处其概率不为零，而函数 $F(x)$ 的值是 $\{X \leqslant x\}$ 的累积概率值，由概率的有限可加性可知，它即为小于或等于 x 的那些点 x_i 处的概率 p_i 之和. 于是有

$$F(x) = \begin{cases} 0, & x < 1, \\ P\{X = 1\}, & 1 \leqslant x < 2, \\ P\{X = 1\} + P\{X = 2\}, & 2 \leqslant x < 3, \\ 1, & x \geqslant 3. \end{cases}$$

即

$$F(x) = \begin{cases} 0, & x < 1, \\ \dfrac{1}{4}, & 1 \leqslant x < 2, \\ \dfrac{3}{4}, & 2 \leqslant x < 3, \\ 1, & x \geqslant 3. \end{cases}$$

$F(x)$ 的图形如图 2.3 所示，它是一条阶梯形的曲线，在点 $x = 1, 2, 3$ 处有跳跃点，跳跃值分别为 $\dfrac{1}{4}, \dfrac{1}{2}, \dfrac{1}{4}$.

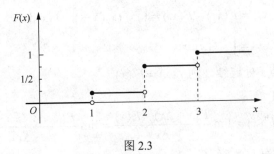

图 2.3

（2）根据分布函数或分布函数图像，可得

$$P\left\{X \leqslant \frac{1}{2}\right\} = F\left(\frac{1}{2}\right) = 0 ;$$

$$P\left\{\frac{3}{2} < X \leqslant \frac{5}{2}\right\} = F\left(\frac{5}{2}\right) - F\left(\frac{3}{2}\right) = \frac{3}{4} - \frac{1}{4} = \frac{1}{2} ;$$

$$P\{2 < X \leqslant 3\} = F(3) - F(2) = 1 - \frac{3}{4} = \frac{1}{4} .$$

2.4　连续型随机变量及其概率密度函数

上节讨论的离散型随机变量只可能取有限多个或可列多个值. 而实际中，还有一些随机变量的可能取值可充满一个区间或若干区间的并，如几何概型等. 这类随机变量不能用离散型随机变量的概率分布来描述它们的统计规律.

2.4.1　概率密度函数及其性质

定义 2.9　如果对于随机变量 X 的分布函数 $F(x)$，存在非负函数 $f(x)$，使对于任意的实数 x，均有

$$F(x) = \int_{-\infty}^{x} f(t)\,\mathrm{d}t ,$$

则称 X 为连续型随机变量，其中，函数 $f(x)$ 称为 X 的概率密度函数（简称概率密度或分布密度），X 具有概率密度函数 $f(x)$，可简记作 $X \sim f(x)$.

概率密度函数具有概率分布相应的性质：

（1）$f(x) \geqslant 0$. 　　　　　　　　　　　　　　　　　　　　　　　　　　　　（2.6）

（2）$\int_{-\infty}^{+\infty} f(x)\mathrm{d}x = 1$. 　　　　　　　　　　　　　　　　　　　　　　　（2.7）

概率密度函数 $f(x)$ 满足式（2.6）和式（2.7）；反之，若函数 $f(x)$ 满足式（2.6）和式（2.7），则 $f(x)$ 可看成某个随机变量的概率密度函数.

此外，概率密度函数还具有如下性质：

（3）$P\{x_1 < X \leqslant x_2\} = F(x_2) - F(x_1) = \int_{-\infty}^{x_2} f(x)\mathrm{d}x - \int_{-\infty}^{x_1} f(x)\mathrm{d}x$

$$= \int_{x_1}^{x_2} f(x)\mathrm{d}x.$$

（4）若 $f(x)$ 在点 x 处连续，则 $f(x) = F'(x)$.

由性质（4），知

$$f(x) = F'(x) = \lim_{\Delta x \to 0} \frac{F(x + \Delta x) - F(x)}{\Delta x} = \lim_{\Delta x \to 0} \frac{P\{x < X \leqslant x + \Delta x\}}{\Delta x},$$

略去高阶无穷小，则有

$$P\{x < X \leqslant x + \Delta x\} \approx f(x)\Delta x.$$

可见，$f(x)$ 反映了随机变量 X 在点 x 附近取值的概率大小，因此，对于连续型随机变量，用概率密度函数来描述它的概率分布比用分布函数更直观.

由性质（3），知

$$\lim_{\Delta x \to \infty} P\{x_0 < X \leqslant x_0 + \Delta x\} = \lim_{\Delta x \to \infty} \int_{x_0}^{x_0 + \Delta x} f(x)\mathrm{d}x = 0.$$

这就是说，连续型随机变量取某个数值 x_0 的概率为零，即

$$P\{X = x_0\} = 0. \tag{2.8}$$

由式（2.8）可知：

（1）$f(x_0) \neq P\{X = x_0\}$，即 $f(x_0)$ 不是 X 取 x_0 值的概率，它表明的是在点 x_0 处概率分布的密集程度.

（2）概率为 0 的事件，不一定是不可能事件；同理，概率为 1 的事件，也不一定是必然事件.

（3）对连续型随机变量 X，有

$$P\{x_1 < X \leqslant x_2\} = P\{x_1 < X < x_2\} = P\{x_1 \leqslant X \leqslant x_2\} = P\{x_1 \leqslant X < x_2\}$$

$$= F(x_2) - F(x_1) = \int_{x_1}^{x_2} f(x)\mathrm{d}x.$$

这就是说，X 落在某区间内的概率，不论该区间是开的或闭的，还是半开半闭的，都是一样的.

例 2.17　设随机变量 X 的概率密度函数为

$$f(x) = \begin{cases} Ax, & 0 \leqslant x < 1, \\ 0, & \text{其他.} \end{cases}$$

求：（1）常数 A；

（2）随机变量 X 的分布函数；

（3）随机变量 X 落在区间 $\left[-\dfrac{1}{2}, \dfrac{1}{2}\right]$ 内的概率.

解　（1）根据概率密度函数的性质，知

$$\int_{-\infty}^{\infty} f(x)\mathrm{d}x = \int_{-\infty}^{0} 0\,\mathrm{d}x + \int_{0}^{1} Ax\,\mathrm{d}x + \int_{1}^{\infty} 0\,\mathrm{d}x = \frac{A}{2} = 1.$$

可得 $A = 2$.

（2）因为 $A = 2$，所以

$$f(x) = \begin{cases} 2x, & 0 \leqslant x < 1, \\ 0, & \text{其他.} \end{cases}$$

于是

$$F(x) = \int_{-\infty}^{x} f(t)\mathrm{d}t = \begin{cases} 0, & x \leqslant 0, \\ \int_{0}^{x} 2t\mathrm{d}t, & 0 < x \leqslant 1, \\ \int_{0}^{1} 2t\mathrm{d}t, & x > 1. \end{cases}$$

即

$$F(x) = \begin{cases} 0, & x \leqslant 0, \\ x^2, & 0 < x \leqslant 1, \\ 1, & x > 1. \end{cases}$$

（3）所求概率为

$$P\left\{-\frac{1}{2} \leqslant X \leqslant \frac{1}{2}\right\} = \int_{-\frac{1}{2}}^{\frac{1}{2}} f(x)\mathrm{d}x = \int_{0}^{\frac{1}{2}} 2x\mathrm{d}x = x^2 \bigg|_{0}^{\frac{1}{2}} = \frac{1}{4}.$$

或者

$$P\left\{-\frac{1}{2} \leqslant X \leqslant \frac{1}{2}\right\} = F\left(\frac{1}{2}\right) - F\left(-\frac{1}{2} - 0\right) = \frac{1}{4}.$$

2.4.2　常用连续型随机变量的分布

1. 均匀分布

定义 2.10　如果随机变量 X 的概率密度函数为

$$f(x) = \begin{cases} \dfrac{1}{b-a}, & a \leqslant x \leqslant b, \\ 0, & \text{其他,} \end{cases}$$

则称 X 服从区间 $[a,b]$ 上的均匀分布，记作 $X \sim U[a,b]$.

若 $X \sim f(x) = \begin{cases} \dfrac{1}{b-a}, & a < x < b, \\ 0, & \text{其他,} \end{cases}$ 则记作 $X \sim U(a,b)$.

服从 $U[a,b]$ 分布的随机变量 X 的分布函数 $F(x) = \int_{-\infty}^{x} f(t)\mathrm{d}t$，当 $x < a$ 时，

$$F(x) = \int_{-\infty}^{x} 0\mathrm{d}x = 0;$$

当 $a \leqslant x \leqslant b$ 时，

$$F(x) = \int_{a}^{x} \frac{\mathrm{d}t}{b-a} = \frac{x-a}{b-a};$$

当 $x > b$ 时，

$$F(x) = \int_a^b \frac{\mathrm{d}x}{b-a} = 1.$$

所以

$$F(x) = \begin{cases} 0, & x < a, \\ \dfrac{x-a}{b-a}, & a \leqslant x \leqslant b, \\ 1, & x > b, \end{cases}$$

对于任意的 $x_1, x_2 \in (a,b)(x_1 < x_2)$，有

$$P\{x_1 < X < x_2\} = F(x_2) - F(x_1) = \frac{x_2 - x_1}{b-a}.$$

也就是说，均匀分布的随机变量 X 落入区间 (a,b) 上任意子区间内的概率与子区间的长度成正比，而与子区间的位置无关.

均匀分布的概率密度函数与分布函数的图形如图 2.4 所示.

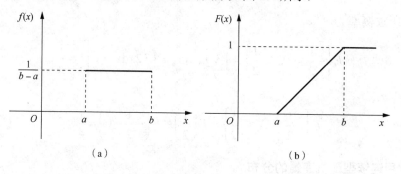

（a）　　　　　　　　　　　　（b）

图 2.4

例 2.18 用均匀分布的知识求解第 1 章的例 1.11.

解 以 7:00 为起点 0，以 min 为单位，设 X 表示该乘客的到达时刻，则 $X \sim U[0,30]$，于是

$$f(x) = \begin{cases} \dfrac{1}{30}, & 0 \leqslant x \leqslant 30, \\ 0, & \text{其他}. \end{cases}$$

（1）若该乘客的候车时间少于 5min，则他必须在 7:10～7:15 或 7:25～7:30 到达车站，故所求概率为

$$P\{10 < X \leqslant 15\} + P\{25 < X \leqslant 30\} = \int_{10}^{15} \frac{1}{30}\mathrm{d}x + \int_{25}^{30} \frac{1}{30}\mathrm{d}x = \frac{1}{3}.$$

所以该乘客等候不到 5min 就乘上车的概率为 $\dfrac{1}{3}$.

（2）若该乘客的候车时间超过 10min，则他必须在 7:00～7:05 或 7:15～7:20 到达车站，故所求概率为

$$P\{0 < X < 5\} + P\{15 < X < 20\} = \int_0^5 \frac{1}{30}\mathrm{d}x + \int_{15}^{20} \frac{1}{30}\mathrm{d}x = \frac{1}{3}.$$

所以该乘客等候超过 10min 才乘上车的概率为 $\frac{1}{3}$.

2. 指数分布

定义 2.11　若随机变量 X 的概率密度函数为

$$f(x)=\begin{cases}\lambda\mathrm{e}^{-\lambda x}, & x>0,\\ 0, & \text{其他},\end{cases}\quad \lambda>0,$$

则称 X 服从参数为 λ 的**指数分布**，记为 $X\sim e(\lambda)$.

根据概率密度函数求得指数分布的分布函数为

$$F(x)=\int_{-\infty}^{x}f(t)\mathrm{d}t=\begin{cases}1-\mathrm{e}^{-\lambda x}, & x>0,\\ 0, & \text{其他},\end{cases}\quad \lambda>0.$$

指数分布在实际中有重要的应用，常用来描述对某一事件发生的等待时间. 例如，在可靠性问题中，电子元件的寿命常常服从指数分布；在排队服务系统中的等候时间及服务时间、电话的通话时间等都被认为是服从指数分布. 参数 λ 常常根据经验数据来估计.

服从指数分布的随机变量 X 具有以下的性质：对于任意 $s,t>0$，有

$$P\{X>s+t\,|\,X>s\}=P\{X>t\}.$$

事实上，

$$P\{X>s+t\,|\,X>s\}=\frac{P\{(X>s+t)\bigcap(X>s)\}}{P\{X>s\}}=\frac{P\{X>s+t\}}{P\{X>s\}}$$

$$=\frac{1-F(s+t)}{1-F(s)}=\frac{\mathrm{e}^{-\lambda(s+t)}}{\mathrm{e}^{-\lambda s}}=\mathrm{e}^{-\lambda t}$$

$$=P\{X>t\}.$$

上式表明，如果 X 是某一元件的寿命，则元件在使用了 $s\,\mathrm{h}$ 的条件下，能使用至少 $(s+t)\mathrm{h}$ 的条件概率，与从开始使用时算起它至少能使用 $t\,\mathrm{h}$ 的概率相等. 也就是说，元件对它已使用过的 $s\,\mathrm{h}$ 没有记忆，称为无记忆性.

指数分布的概率密度函数与分布函数的图形如图 2.5 所示.

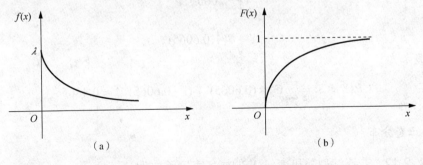

图 2.5

例 2.19　设打一次电话所用的时间（单位：min）服从参数为 0.2 的指数分布，如果有人刚好在小明之前走进公用电话间并开始打电话，假定公用电话间只有一部电话机

可供通话，试求：

（1）小明的等待时间超过 5min 的概率；

（2）小明的等待时间为 5～10min 的概率.

解 设随机变量 X 表示电话间那个人打电话所用的时间，由题意知，随机变量 X 服从参数为 0.2 的指数分布，因此随机变量 X 的概率密度函数为

$$f(x) = \begin{cases} 0.2e^{-0.2x}, & x > 0, \\ 0, & \text{其他.} \end{cases}$$

所以所求概率分别为

$$P\{X > 5\} = \int_5^{+\infty} 0.2e^{-0.2x}dx = -e^{-0.2x}\Big|_5^{+\infty} = e^{-1};$$

$$P\{5 < X < 10\} = \int_5^{10} 0.2e^{-0.2x}dx = -e^{-0.2x}\Big|_5^{10} = e^{-1} - e^{-2}.$$

例 2.20 某种元件的寿命（单位：h）服从 $\lambda = \dfrac{1}{2000}$ 的指数分布，某报警系统内装有 4 个这种元件. 已知它们是独立工作的，并且只要有不少于 3 个元件正常工作，该系统就可正常运行. 求该系统能正常运行 1000h 以上的概率.

解 设随机变量 X 为元件的寿命，Y 为该报警系统中寿命超过 1000h 的元件数，则事件"该系统能正常运行 1000h 以上"可表示为事件"$Y \geq 3$". 由题设知

$$X \sim e\left(\frac{1}{2000}\right), \quad Y \sim B(4, p),$$

其中，$p = P\{X \geq 1000\}$，则随机变量 X 的概率密度函数为

$$f(x) = \begin{cases} \dfrac{1}{2000}e^{\frac{-x}{2000}}, & x > 0, \\ 0, & \text{其他.} \end{cases}$$

于是

$$p = P\{X \geq 1000\} = \int_{1000}^{+\infty} \frac{1}{2000}e^{\frac{-x}{2000}}dx = e^{-\frac{1}{2}} \approx 0.6065,$$

从而

$$Y \sim B(4, 0.6065).$$

故所求概率为

$$P\{Y \geq 3\} = \sum_{k=3}^4 C_4^k \times (0.6065)^k \times (1-0.6065)^{4-k} \approx 0.4865.$$

3. 正态分布

定义 2.12 若连续型随机变量 X 的概率密度函数为

$$f(x) = \frac{1}{\sqrt{2\pi}\sigma}e^{-\frac{(x-\mu)^2}{2\sigma^2}} \quad (x \in \mathbf{R}),$$

则称 X 服从参数为 μ 和 σ^2 的**正态分布**，记为 $X \sim N(\mu, \sigma^2)$，其中 μ 和 $\sigma(\sigma > 0)$ 都是常数.

易知：

（1） $f(x) \geqslant 0$ ；

（2） $\int_{-\infty}^{+\infty} f(x)\mathrm{d}x = \int_{-\infty}^{+\infty} \frac{1}{\sqrt{2\pi}\sigma} \mathrm{e}^{-\frac{(x-\mu)^2}{2\sigma^2}}\mathrm{d}x = \frac{1}{\sqrt{2\pi}} \int_{-\infty}^{+\infty} \mathrm{e}^{-\frac{t^2}{2}}\mathrm{d}t = 1 \quad \left(\frac{x-\mu}{\sigma} = t \right)$ ，其中，利用了

泊松积分 $\int_{-\infty}^{+\infty} \mathrm{e}^{-t^2}\mathrm{d}t = \sqrt{\pi}$ ．

在直角坐标系中，概率密度函数 $f(x)$ 的图形为中间大、两头小的钟形曲线，如图 2.6 所示．

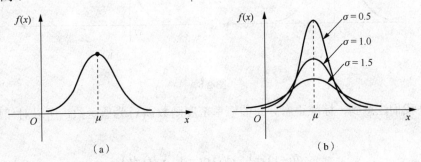

（a）　　　　　　　　　　　　（b）

图 2.6

如图 2.7 所示，正态分布的概率密度函数 $f(x)$ 的图形具有如下特征：

（1）概率密度曲线关于 $x = \mu$ 对称；

（2）曲线在 $x = \mu$ 时达到最大值 $f(x) = \dfrac{1}{\sqrt{2\pi}\sigma}$ ；

（3）曲线在 $x = \mu \pm \sigma$ 处有拐点且以 x 轴为渐近线，$y = 0$ 是 $f(x)$ 的水平渐近线；

（4） μ 确定了曲线的位置，σ 确定了曲线中峰的陡峭程度．

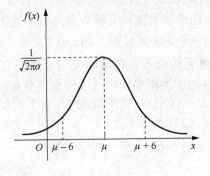

图 2.7

根据概率密度函数求得正态分布的分布函数为

$$F(x) = \int_{-\infty}^{x} f(t)\mathrm{d}t = \frac{1}{\sqrt{2\pi}\sigma} \int_{-\infty}^{x} \mathrm{e}^{-\frac{(x-\mu)^2}{2\sigma^2}}\mathrm{d}t \quad (x \in \mathbf{R}).$$

特别地，当 $\mu = 0$ ， $\sigma = 1$ 时的正态分布称为**标准正态分布**，此时，其概率密度函数和分布函数常用 $\varphi(x)$ 和 $\Phi(x)$ 表示，且

$$\varphi(x) = \frac{1}{\sqrt{2\pi}} e^{-\frac{x^2}{2}}, \quad \Phi(x) = \frac{1}{\sqrt{2\pi}} \int_{-\infty}^{x} e^{-\frac{t^2}{2}} dt \quad (x \in \mathbf{R}),$$

其图形如图 2.8 所示.

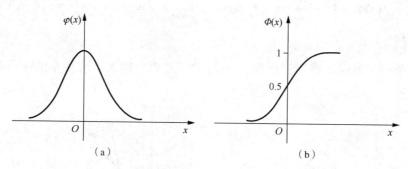

（a） （b）

图 2.8

此外我们注意到，标准正态分布的概率密度函数 $\varphi(x)$ 为偶函数，所以对任意的 x，总有

$$\begin{aligned}
\Phi(-x) &= \int_{-\infty}^{-x} \varphi(t)\, dt = \int_{x}^{+\infty} \varphi(t)\, dt \\
&= \int_{-\infty}^{+\infty} \varphi(t)\, dt - \int_{-\infty}^{x} x\varphi(t)\, dt \\
&= 1 - \Phi(x).
\end{aligned}$$

对于标准正态分布的分布函数 $\Phi(x)$，人们已利用近似计算方法求出其近似值，见附录的附表 2：标准正态分布表. 从附表 2 中可查出服从标准正态分布的随机变量 X 取小于等于指定值 $x(x>0)$ 的概率，即 $P\{X \leqslant x\} = \Phi(x)$.

（1）若 $X \sim N(0,1)$，当 $x>0$ 时，可在附表 2 中直接查阅 $\Phi(x)$ 的数值；当 $x<0$ 时，先利用 $\Phi(x) = 1 - \Phi(-x)$，在附表 2 中直接查阅 $\Phi(-x)$ 的数值，再作差即可.

（2）若 $X \sim N(0,1)$，则由连续型随机变量分布函数的性质，有
$$P\{a < X \leqslant b\} = P\{a \leqslant X \leqslant b\} = P\{a \leqslant X < b\} = \Phi(b) - \Phi(a).$$

正态分布是概率论中重要的分布，在实际应用及理论研究中都占有非常重要的位置，它与二项分布及泊松分布称为概率论中的 3 种重要分布.

例 2.21 设随机变量 $X \sim N(0,1)$，查阅附表 2，求下列概率：

（1）$P\{X < 0\}$； （2）$P\{X \leqslant 2.77\}$；

（3）$P\{X > 1\}$； （4）$P\{-1.80 < X < 2.45\}$；

（5）$P\{|X| \leqslant 1.54\}$.

解 （1）$P\{X < 0\} = \Phi(0) = 0.5000$.

（2）$P\{X \leqslant 2.77\} = \Phi(2.77) = 0.9972$.

（3）$P\{X > 1\} = 1 - P\{X \leqslant 1\} = 1 - \Phi(1) = 1 - 0.8413 = 0.1587$.

（4）$P\{-1.80 < X < 2.45\} = \Phi(2.45) - \Phi(-1.80)$

$$= \Phi(2.45) - [1 - \Phi(1.80)]$$
$$= \Phi(2.45) + \Phi(1.80) - 1$$
$$= 0.9929 + 0.9641 - 1$$
$$= 0.9570.$$

（5）$P\{|X| \leqslant 1.54\} = P\{-1.54 \leqslant X \leqslant 1.54\}$
$$= \Phi(1.54) - \Phi(-1.54)$$
$$= \Phi(1.54) - [1 - \Phi(1.54)]$$
$$= 2\Phi(1.54) - 1$$
$$= 2 \times 0.9382 - 1$$
$$= 0.8764.$$

一般的正态分布和标准正态分布之间有什么关系呢？

定理 2.2　设随机变量 $X \sim N(\mu, \sigma^2)$，随机变量 $Y \sim N(0,1)$，则有
$$F(x) = \Phi\left(\frac{x - \mu}{\sigma}\right),$$
其中，$F(x)$ 与 $\Phi(x)$ 分别是 X 和 Y 的分布函数.

证明　因为
$$F(x) = P\{X \leqslant x\} = \int_{-\infty}^{x} \frac{1}{\sqrt{2\pi}\sigma} e^{-\frac{(t-\mu)_2}{2\sigma^2}} \, dt,$$

令 $y = \dfrac{t - \mu}{\sigma}$，则有 $dt = \sigma dy$，从而
$$F(x) = \int_{-\infty}^{\frac{x-\mu}{\sigma}} \frac{1}{\sqrt{2\pi}} e^{-\frac{y^2}{2}} \, dy = \Phi\left(\frac{x - \mu}{\sigma}\right).$$

定理 2.3　设随机变量 $X \sim N(\mu, \sigma^2)$，$Y = \dfrac{X - \mu}{\sigma}$，则有 $Y \sim N(0,1)$.

证明　要证明 $Y \sim N(0,1)$，只需证明 Y 的概率密度函数为 $\varphi(x)$ 或分布函数为 $\Phi(x)$ 即可. Y 的分布函数为
$$F(x) = P\{Y \leqslant x\} = P\left\{\frac{X - \mu}{\sigma} \leqslant x\right\} = P\{X \leqslant \sigma x + \mu\}$$
$$= \int_{-\infty}^{\sigma x + \mu} \frac{1}{\sqrt{2\pi}\sigma} e^{-\frac{(t-\mu)^2}{2\sigma^2}} \, dt.$$

令 $y = \dfrac{t - \mu}{\sigma}$，则有 $dt = \sigma dy$，从而
$$F(x) = \int_{-\infty}^{x} \frac{1}{\sqrt{2\pi}} e^{-\frac{y^2}{2}} dy = \Phi(x).$$

由定理 2.3，我们可以得到一些在实际中有用的计算公式，即若 $X \sim N(\mu, \sigma^2)$，则

$$P\{X \leqslant c\} = \Phi\left(\frac{c-\mu}{\sigma}\right);$$

$$P\{a < X \leqslant b\} = \Phi\left(\frac{b-\mu}{\sigma}\right) - \Phi\left(\frac{a-\mu}{\sigma}\right).$$

例 2.22 设随机变量 $X \sim N(1,4)$，求 $F(5)$，$P\{0 < X < 1.6\}$ 及 $P\{|X-1| \leqslant 2\}$.

解 因为 $X \sim N(1,4)$，所以 $\mu = 1$，$\sigma = 2$，所以

$$\begin{aligned}
F(5) = P\{X \leqslant 5\} &= P\left\{\frac{X-1}{2} \leqslant \frac{5-1}{2}\right\} \\
&= \Phi\left(\frac{5-1}{2}\right) = \Phi(2) \\
&= 0.9772;
\end{aligned}$$

$$\begin{aligned}
P\{0 < X \leqslant 1.6\} &= \Phi\left(\frac{1.6-1}{2}\right) - \Phi\left(\frac{0-1}{2}\right) = \Phi(0.3) - \Phi(-0.5) \\
&= 0.6179 - [1 - \Phi(0.5)] \\
&= 0.6179 - (1 - 0.6915) \\
&= 0.3094;
\end{aligned}$$

$$\begin{aligned}
P\{|X-1| \leqslant 2\} = P\{-1 < X \leqslant 3\} &= P\left\{\frac{-1-1}{2} \leqslant \frac{X-1}{2} \leqslant \frac{3-1}{2}\right\} \\
&= P\left\{-1 \leqslant \frac{X-1}{2} \leqslant 1\right\} = \Phi(1) - \Phi(-1) \\
&= \Phi(1) - [1 - \Phi(1)] = 2\Phi(1) - 1 \\
&= 0.6826.
\end{aligned}$$

例 2.23 某地抽样调查的结果表明，考生的数学成绩（百分制）X 服从正态分布 $N(72, \sigma^2)$，且 96 分以上的考生占考生总数的 2.3%，试求考生的数学成绩为 60～84 分的概率.

解 因为 $X \sim N(72, \sigma^2)$，其中 $\mu = 72$，σ^2 未知，所以

$$P\{X \geqslant 96\} = 1 - P\{X < 96\} = 1 - \Phi\left(\frac{96-72}{\sigma}\right) = 0.023.$$

解得 $\Phi\left(\dfrac{24}{\sigma}\right) = 0.977$，查附表 2，可得 $\dfrac{24}{\sigma} = 2$，所以 $\sigma = 12$，故 $X \sim N(72, 12^2)$. 于是

$$\begin{aligned}
P\{60 \leqslant X \leqslant 84\} &= \Phi\left(\frac{84-72}{12}\right) - \Phi\left(\frac{60-72}{12}\right) \\
&= \Phi(1) - \Phi(-1) = 2\Phi(1) - 1 \\
&= 2 \times 0.8413 - 1 \\
&= 0.6826.
\end{aligned}$$

2.5　随机变量函数的分布

2.5.1　随机变量的函数

在分析及解决实际问题时, 经常要用到由一些随机变量经过运算或变换而得到的某些新变量——随机变量的函数, 它们也是随机变量.

定义 2.13　如果存在一个函数 $g(X)$, 使得随机变量 X, Y 满足:

$$Y = g(X),$$

则称**随机变量 Y 是随机变量 X 的函数**.

若需要求 Y 的概率分布, 我们考虑能否用自变量 X 的概率分布来描述随机变量函数 $Y = g(X)$ 的概率分布. 下面我们分两种情形加以研究.

2.5.2　离散型随机变量函数的分布

离散型随机变量的函数必然还是离散型随机变量, 我们要研究的问题是, 如何根据 X 的概率分布求出 $Y = g(X)$ 的概率分布.

例 2.24　已知随机变量 X 的概率分布见表 2.5.

表 2.5

X	−1	0	1	2
P	0.2	0.1	0.3	0.4

设随机变量 $Y = 4X + 1$, $Z = X^2$, 分别求 Y, Z 的概率分布.

解　依题意, 随机变量 Y 可以取 −3,1,5,9 共 4 个值, 由于事件 "$Y = y_n$" 与 "$4X + 1 = y_n$" 即 "$X = \dfrac{1}{4}(y_n - 1)$" 相等, 所以有

$$P\{Y = -3\} = P\{4X + 1 = -3\} = P\{X = -1\} = 0.2.$$

利用同样方法可以计算出 Y 取其他 3 个值的概率, 于是可得 Y 的概率分布见表 2.6.

表 2.6

Y	−3	1	5	9
P	0.2	0.1	0.3	0.4

随机变量 Z 可以取 0,1,4 共 3 个值, 并且有

$$P\{Z = 0\} = P\{X^2 = 0\} = P\{X = 0\} = 0.1;$$
$$P\{Z = 1\} = P\{X^2 = 1\} = P\{X = -1\} + P\{X = 1\} = 0.2 + 0.3 = 0.5;$$
$$P\{Z = 4\} = P\{X^2 = 4\} = P\{X = 2\} = 0.4.$$

所以 Z 的概率分布见表 2.7.

表 2.7

Z	0	1	4
P	0.1	0.5	0.4

在这里，由于 Z 的取值 1 对应 X 的两个不同的值 -1 与 1，因此事件"$Z=1$"等于两个互不相容事件"$X=1$"与"$X=-1$"的和，由概率的可加性，知

$$P\{Z=1\} = P\{X=-1\} + P\{X=1\} = 0.5 .$$

对于离散型随机变量 X，设其概率分布为

$$P\{X=x_i\} = p_i \quad (i=1,2,\cdots) .$$

当 $X=x_i$ 时，$Y=g(X)=g(x_i)$，且也以概率 p_i 取 $g(x_i)$ 值。因此，很容易由 $P\{X=x_i\}=p_i$，求出 $Y=g(X)$ 的概率分布。一般有以下两种情况：

（1）若 $x_i \neq x_j$，有 $g(x_i) \neq g(x_j)$，则 Y 的概率分布为

$$P\{Y=g(x_i)\} = p_i \quad (i=1,2,\cdots) ;$$

（2）若 $x_i = x_j$，有 $g(x_i) = g(x_j)$，则必须将 X 取 x_i 和 x_j 的概率作相应的合并。

2.5.3 连续型随机变量函数的分布

设连续型随机变量 X 的概率密度函数为 $f_X(x)$，分布函数为 $F_X(x)$，如果函数 $g(X)$ 是连续函数，那么随机变量 $Y=g(X)$ 就是连续型随机变量。连续型随机变量 Y 的分布函数为

$$F_Y(y) = P\{Y \leqslant y\} = P\{g(X) \leqslant y\} = P\{X \in C_y\} = \int_{C_y} f_X(x)\,\mathrm{d}x ,$$

其中，$C_y = \{x \mid g(x) \leqslant y\}$。

利用连续型随机变量 Y 的分布函数 $F_Y(y)$，可求出连续型随机变量 Y 的概率密度函数 $f_Y(y)$，即

$$f_Y(y) = F_Y'(y) .$$

例 2.25 设随机变量 $X \sim f(x)$，$Y=2X+5$，求随机变量 Y 的概率密度函数 $f_Y(y)$，其中，

$$f_X(x) = \frac{1}{\pi(1+x^2)} \quad (x \in \mathbf{R}) .$$

解 首先，将 Y 的分布函数 $F_Y(y)$ 用 X 的分布函数 $F_X(x)$ 表示出来：

$$F_Y(y) = P\{Y \leqslant y\} = P\{2X+5 \leqslant y\} = P\left\{X \leqslant \frac{y-5}{2}\right\} = F_X\left(\frac{y-5}{2}\right) .$$

进一步求出 Y 的概率密度函数为

$$f_Y(y) = \frac{\mathrm{d}}{\mathrm{d}y} F_Y(y) = \frac{\mathrm{d}}{\mathrm{d}y} F_X\left(\frac{y-5}{2}\right) = \frac{\mathrm{d}F_X\left(\frac{y-5}{2}\right)}{\mathrm{d}\left(\frac{y-5}{2}\right)} \cdot \frac{\mathrm{d}\left(\frac{y-5}{2}\right)}{\mathrm{d}y}$$

$$= \frac{1}{2} f_X\left(\frac{y-5}{2}\right) = \frac{2}{\pi[4 + (y-5)^2]} \quad (y \in \mathbf{R}).$$

对于 $y = g(x)$ 为单调可导函数的情况，有下面结论：

定理 2.4 设连续型随机变量 X 的概率密度函数为 $f_X(x)$，$y = g(x)$ 是一个严格单调的函数，且具有一阶连续导数，$x = h(y)$ 是 $y = g(x)$ 的反函数，则 $Y = g(X)$ 的概率密度函数为

$$f_Y(y) = \begin{cases} f_X[h(y)] \cdot |h'(y)|, & a < y < \beta, \\ 0, & \text{其他.} \end{cases}$$

其中，$\alpha = \min\{g(-\infty), g(+\infty)\}$，$\beta = \max\{g(-\infty), g(+\infty)\}$.

证明 由定理 2.4 的条件可知，$y = g(x)$ 的一阶连续导数恒大于零或恒小于零，我们只证 $g'(x) > 0$ 的情况.

设 $y = g(x)$ 在 $(-\infty, +\infty)$ 内是一个严格单调增加的函数，即它的反函数 $x = h(y)$ 存在，且在 (α, β) 内严格单调增加、可导. 记 X, Y 的分布函数分别为 $F_X(x), F_Y(y)$. 我们先求 Y 的分布函数 $F_Y(y)$.

因为 $Y = g(X)$ 在 (α, β) 上取值，故当 $y \leqslant \alpha$ 时，

$$F_Y(y) = P\{Y \leqslant y\} = 0;$$

当 $y \geqslant \beta$ 时，

$$F_Y(y) = P\{Y \leqslant y\} = 1.$$

而当 $\alpha < y < \beta$ 时，

$$F_Y(y) = P\{Y \leqslant y\} = P\{X \leqslant h(y)\} = F_X[h(y)].$$

将 $F_Y(y)$ 关于 y 求导，即得 Y 的概率密度函数为

$$f_Y(y) = \begin{cases} f_X[h(y)] \cdot |h'(y)|, & \alpha < y < \beta, \\ 0, & \text{其他.} \end{cases}$$

对于 $g(x) < 0$ 的情况同样可以证明. 因此得 Y 的概率密度函数为

$$f_Y(y) = \begin{cases} f_X[h(y)] \cdot |h'(y)|, & \alpha < y < \beta, \\ 0, & \text{其他.} \end{cases}$$

例 2.26 已知 $X \sim f_X(x) (x \in \mathbf{R})$，求 $Y = X^2$ 的概率密度函数.

解 对于随机变量 Y，$y = x^2$ 不是单调函数，我们用分布函数法求其概率密度函数. 因为 $Y = X^2 \geqslant 0$，所以当 $y \leqslant 0$ 时，其分布函数为

$$F_Y(y) = 0;$$

当 $y > 0$ 时，其分布函数

$$\begin{aligned} F_Y(y) &= P\{Y \leqslant y\} = P\{X^2 \leqslant y\} \\ &= P\{-\sqrt{y} \leqslant X \leqslant \sqrt{y}\} \\ &= \int_{-\sqrt{y}}^{\sqrt{y}} f_X(x)\mathrm{d}x. \end{aligned}$$

将 $F_Y(y)$ 对变量 y 求导，这是变限的定积分问题，结合复合函数的求导法则，有

$$f_Y(y) = F_Y'(y) = f_X(\sqrt{y})(\sqrt{y})' - f_X(-\sqrt{y})(-\sqrt{y})'$$
$$= \frac{1}{2\sqrt{y}}\left[f_X(\sqrt{y}) + f_X(-\sqrt{y})\right].$$

故 $Y = X^2$ 的概率密度函数为

$$f_Y(y) = \begin{cases} \dfrac{1}{2\sqrt{y}}\left[f_X(\sqrt{y}) + f_X(-\sqrt{y})\right], & y > 0, \\ 0, & y \leqslant 0. \end{cases}$$

例 2.27 已知 $X \sim f_X(x)$，$Y = \ln X$，其中，

$$f_X(x) = \begin{cases} \dfrac{1}{3}(4x+1), & 0 < x < 1, \\ 0, & \text{其他}. \end{cases}$$

求随机变量 Y 的概率密度函数 $f_Y(y)$.

解 在区间 $(0,1)$ 内，$y = \ln x$ 是单调增加函数，其值域为 $y < 0$，反函数 $x = \mathrm{e}^y$，且 $(\mathrm{e}^y)_y' = \mathrm{e}^y > 0$，于是有

$$f_Y(y) = \begin{cases} \dfrac{1}{3}\mathrm{e}^y(4\mathrm{e}^y + 1), & y < 0, \\ 0, & y \geqslant 0. \end{cases}$$

在这里，当 $y \geqslant 0$ 时，$F_Y(y) = P\{\ln X \leqslant y\} = 1$，因此有 $f_Y(y) = 0$.

习题 2

1. 下列 4 个函数，可以作为随机变量 X 的分布函数的是（　　　）.

A. $F(x) = \begin{cases} 0, & x < -2 \\ \dfrac{1}{2}, & -2 \leqslant x < 0 \\ 2, & x \geqslant 0 \end{cases}$ 　 B. $F(x) = \begin{cases} 0, & x < 0 \\ \sin x, & 0 \leqslant x < \pi \\ 1, & x \geqslant \pi \end{cases}$

C. $F(x) = \begin{cases} 0, & x < 0 \\ \sin x, & 0 \leqslant x < \pi/2 \\ 1, & x \geqslant \pi/2 \end{cases}$ 　 D. $F(x) = \begin{cases} 0, & x < 0 \\ x - \dfrac{1}{3}, & 0 \leqslant x < \dfrac{1}{2} \\ 1, & x \geqslant \dfrac{1}{2} \end{cases}$

2. 设 $F_1(x)$ 与 $F_2(x)$ 分别为随机变量 X_1 与 X_2 的分布函数，若 $F(x) = aF_1(x) - bF_2(x)$ 是某一随机变量的分布函数，则在下列给定的各组数值中应取（　　　）.

A. $a = \dfrac{3}{5}$，$b = -\dfrac{2}{5}$ 　　　　　　　 B. $a = \dfrac{2}{3}$，$b = \dfrac{2}{3}$

C.　$a=-\dfrac{1}{2}$，$b=\dfrac{3}{2}$　　　　D.　$a=\dfrac{1}{2}$，$b=-\dfrac{3}{2}$

3．假设随机变量 X 的分布函数为 $F(x)$，密度函数为 $f(x)$．若 X 与 $-X$ 有相同的分布函数，则下列各式中正确的是（　　）.

A.　$F(x)=F(-x)$　　　　B.　$F(x)=-F(-x)$

C.　$f(x)=f(-x)$　　　　D.　$f(x)=-f(-x)$

4．已知随机变量 X 的概率密度函数为

$$f(x)=\begin{cases}A\mathrm{e}^{-x} & x\geqslant\lambda,\\ 0, & x<\lambda,\end{cases}\quad \lambda>0，A\text{ 为常数,}$$

则概率 $P\{\lambda<X<\lambda+a\}(a>0)$ 的值（　　）.

A.　与 a 无关，随 λ 的增大而增大　　B.　与 a 无关，随 λ 的增大而减小

C.　与 λ 无关，随 a 的增大而增大　　D.　与 λ 无关，随 a 的增大而减小

5．已知 10 件产品中有 3 件次品，从中任取两件，用随机变量 X 表示取到的次品数，试写出 X 的概率分布.

6．设随机变量 X 的概率分布为 $P\{X=k\}=\dfrac{k}{6}(k=1,2,3)$，试求：

（1）$P\{X>2\}$；　　　　　（2）$P\{X\leqslant 3\}$；

（3）$P\{1.5\leqslant X\leqslant 5\}$；　　（4）$P\{X>\sqrt{2}\}$.

7．已知随机变量 X 的概率分布见表 2.8.

表 2.8

X	1	2	3	4
P	$\dfrac{1}{2}$	$\dfrac{1}{4}$	a	$\dfrac{1}{8}$

试求：（1）常数 a；

（2）$P\{2<X\leqslant 4\}$；

（3）$P\{X>1\}$.

8．有 1000 件产品，其中 900 件是正品，其余是次品．现从中每次任取一件，有放回地取 5 件，试求这 5 件产品所含次品数 X 的概率分布.

9．随机变量 X 的分布函数为

$$F(x)=P\{X\leqslant x\}=\begin{cases}0, & x<-1,\\ 0.4, & -1\leqslant x<1,\\ 0.8, & 1\leqslant x<3,\\ 1, & x\geqslant 3.\end{cases}$$

求 X 的概率分布.

10．某试验成功的概率为 0.75，失败的概率为 0.25，若以 X 表示试验者获得首次成功所进行的试验次数，写出 X 的概率分布.

11．罐中有 5 个红球，3 个白球，无放回地每次取一球，直到取得红球为止，用 X

表示抽取次数，求 X 的概率分布，并计算 $P\{1 < X \leqslant 3\}$.

12．设 X 服从泊松分布，且已知 $P\{X=1\}=P\{X=2\}$，求 $P\{X=4\}$.

13．抛一枚均匀硬币 4 次，设随机变量 X 表示出现反面的次数，求 X 的分布函数.

14．设随机变量 X 的概率密度函数为

$$f(x)=\begin{cases}2x, & 0 \leqslant x \leqslant 1, \\ 0, & \text{其他}.\end{cases}$$

求：（1） $P\left\{X \leqslant \dfrac{1}{2}\right\}$；　　　（2） $P\left\{\dfrac{1}{4} < X \leqslant 2\right\}$.

15．设随机变量 X 的概率密度函数为

$$f(x)=\begin{cases}a\mathrm{e}^{-2x}, & x \geqslant 0, \\ 0, & x < 0.\end{cases}$$

求：（1）常数 a；　　　（2） $P\{X>3\}$.

16．若随机变量 ξ 在区间 $(1,6)$ 内服从均匀分布，求方程 $x^2+\xi x+1=0$ 有实根的概率.

17．设随机变量 ξ 服从 $N(5,3^2)$，求 $P\{\xi<10\}$ 和 $P\{2<\xi\leqslant10\}$.

18．设随机变量 X 的概率密度函数为

$$f(x)=\begin{cases}0.5\mathrm{e}^{x}, & x \leqslant 0, \\ 0.25, & 0 < x \leqslant 2, \\ 0, & x > 2.\end{cases}$$

求对应的分布函数 $F(x)$.

19．设随机变量 X 的分布函数为 $F(x)=A+B\arctan x \quad (x \in \mathbf{R})$. 求：

（1）系数 A 与 B；

（2） X 落在区间 $(-1,1)$ 内的概率；

（3） X 的分布密度函数.

20．设随机变量 X 的概率密度函数为

$$f(x)=\begin{cases}A\cos x, & |x| \leqslant \dfrac{\pi}{2}, \\ 0, & \text{其他}.\end{cases}$$

求：（1）系数 A；

（2） X 落在区间 $\left(0,\dfrac{\pi}{4}\right)$ 内的概率；

（3） X 的分布函数 $F(x)$.

21．设顾客在银行窗口等待服务的时间（单位：min）服从 $\lambda=\dfrac{1}{5}$ 的指数分布，其概率密度函数为

$$f(x)=\begin{cases}\dfrac{1}{5}\mathrm{e}^{-\frac{1}{5}x}, & x > 0, \\ 0, & \text{其他}.\end{cases}$$

已知某顾客在窗口等待服务，若超过 10min 他就离开.

（1）设该顾客某天去银行，求他未等到服务就离开的概率；

（2）设该顾客一个月需要去银行 5 次，求他 5 次中至多有一次未等到服务而离开的概率.

22．某人上班所需的时间 X 服从 $N(30,100)$（单位：min），已知上班时间是 8:30，他每天出门的时间是 7:50. 求：

（1）此人某天迟到的概率；

（2）一周内（以 5 天计）此人最多迟到一次的概率.

23．已知随机变量 X 的概率分布见表 2.9.

表 2.9

X	-2	-0.5	0	2	4
p	$\frac{1}{8}$	$\frac{1}{4}$	$\frac{1}{8}$	$\frac{1}{6}$	$\frac{1}{3}$

求以下随机变量的概率分布：

（1）$Y_1 = X + 2$；　　　（2）$Y_2 = -X + 1$；　　　（3）$Y_3 = X^2$.

24．已知随机变量 X 的概率密度函数为

$$f(x) = \begin{cases} 2x, & 0 < x < 1, \\ 0, & \text{其他}. \end{cases}$$

求以下随机变量的概率密度函数：

（1）$Y_1 = 2X$；　　　（2）$Y_2 = X^2$.

25．设随机变量 X 服从 $N(0,1)$，试求随机变量的函数 $Y = X^2$ 的概率密度函数 $f_Y(y)$.

第3章　多维随机变量及其分布

在实际生活中，观测某些随机现象，观测结果往往表现为向量的形式. 例如，考察一名射击运动员在某次射击中弹着点的位置时，就要同时考察弹着点的横坐标和纵坐标；为了给服装标准的制定提供依据，需要研究某一地区居民的体形特征，这时应该同时考察身长、胸围、肩宽、腰围等多项指标，每观测一个人，就得到一组体形特征的数据，即观测结果表现为一个多维向量. 又如，要全面反映一个人的健康情况，需要血压、各种化验数据、X 光透视或摄片、B 超等检查结果；要反映温室内的环境条件，也要有温度、湿度、CO_2 浓度、光照强度等测量数据. 这样，当我们对类似的随机现象进行研究测量时，每个样本点所包含的将不再只是一个数字，而是一组数字，它们组成一个向量. 其中每个数字有它特定的实际意义，而且每个数字均带有测量时不可避免的随机误差，因此这些都是随机变量. 把这些变量组合在一起形成的向量就称为多维随机变量. 引入多维随机变量的概念主要是为了把它们作为一个整体来进行研究. 在这样一个整体中，我们不仅能研究每个分量本身固有的性质，还可以研究各分量之间的关系，这在某些情况下是非常有用的. 本章我们将着重讨论二维随机变量的分布及其性质，在此基础上得到的结果大多可以平行地推广到一般的多维随机变量的情形.

3.1　二维随机变量及其分布

3.1.1　二维随机变量及其分布函数

定义 3.1　如果 $X_1, X_2, \cdots, X_n$ 是定义在同一个样本空间 Ω 上的 n 个随机变量，则称 $X = (X_1, X_2, \cdots, X_n)$ 为 **n 维（或 n 元）随机变量**（或随机向量），称 n 元函数

$$F(x_1, x_2, \cdots, x_n) = P\{X_1 \leqslant x_1, X_2 \leqslant x_2, \cdots, X_n \leqslant x_n\} \quad (x_1, x_2, \cdots, x_n) \in \mathbf{R}^n$$

为 n 维随机变量 $(X_1, X_2, \cdots, X_n)$ 的**分布函数**或称为随机变量 $X_1, X_2, \cdots, X_n$ 的**联合分布函数**.

当 $n = 2$ 时，以随机变量 X 和 Y 为分量的向量 (X, Y) 称为**二维随机变量**（或二维随机向量），其联合分布函数为

$$F(x, y) = P\{X \leqslant x, Y \leqslant y\} \quad (x, y) \in \mathbf{R}^2 . \tag{3.1}$$

联合分布函数 $F(x, y)$ 具有以下基本性质：

（1）$F(x, y)$ 分别关于 x 和 y 单调不减；

（2）$0 \leqslant F(x, y) \leqslant 1$，且 $F(x, -\infty) = 0$，$F(-\infty, y) = 0$，$F(-\infty, -\infty) = 0$，$F(+\infty, +\infty) = 1$；

（3）$F(x, y)$ 关于每个变量是右连续的，即

$$F(x+0,y) = F(x,y)，\quad F(x,y+0) = F(x,y)；$$

（4）对任意实数 $x_1 \leqslant x_2, y_1 \leqslant y_2$，都有

$$F(x_2,y_2) - F(x_2,y_1) - F(x_1,y_2) + F(x_1,y_1) \geqslant 0.$$

如果一个普通的二元函数具有以上 4 条性质，则此函数就可作为某个二维随机变量的联合分布函数.

3.1.2　二维离散型随机变量及其概率分布

与一维随机变量的情形类似，我们对多维随机变量的情形仍分成离散型与连续型两种情况加以研究. 本节主要研究二维离散型随机变量的相关知识.

定义 3.2　如果二维随机变量 (X,Y) 的可能取值数组只有有限个或无限可列个，则称 (X,Y) 为**二维离散型随机变量**.

显然，如果 (X,Y) 是二维离散型随机变量，那么 X,Y 都是一维离散型随机变量，反之也成立. 和一维随机变量的情形一样，(X,Y) 也以一定的概率取值.

记 (X,Y) 的取值集合为 $E = \{(x_i, y_j), i, j = 1, 2, \cdots\}$，并记

$$p_{ij} = P\{X = x_i, Y = y_j\} \quad (i, j = 1, 2, \cdots), \tag{3.2}$$

称式(3.2)为二维离散型随机变量 (X,Y) 的**概率分布**，也称为 X 与 Y 的**联合概率分布**. 易知式（3.2）中的 p_{ij} 有如下两个性质：

（1）$p_{ij} \geqslant 0 \quad (i, j = 1, 2, \cdots)$；

（2）$\sum_i \sum_j p_{ij} = 1$.

为了直观，有时用概率分布表（表 3.1）表示.

表 3.1

X	Y				
	y_1	y_2	$\cdots$	y_j	$\cdots$
x_1	p_{11}	p_{12}	$\cdots$	p_{1j}	$\cdots$
x_2	p_{21}	p_{22}	$\cdots$	p_{2j}	$\cdots$
$\vdots$	$\vdots$	$\vdots$		$\vdots$	
x_i	p_{i1}	p_{i2}	$\cdots$	p_{ij}	$\cdots$
$\vdots$	$\vdots$	$\vdots$		$\vdots$	

对于集合 $E = \{(x_i, y_j), i, j = 1, 2, \cdots\}$ 的任意一个子集 A，事件"$(X,Y) \in A$"的概率为

$$P\{(X,Y) \in A\} = \sum_i \sum_{\substack{j \\ (x_i, y_j) \in A}} p_{ij}.$$

由上式可得，二维随机变量 (X,Y) 的分布函数为

$$F(x,y) = \sum_{x_i \leqslant x} \sum_{y_j \leqslant y} p_{ij}，$$

其中，$\sum\limits_{x_i \leqslant x} \sum\limits_{y_j \leqslant y} p_{ij}$ 表示不大于 x 的一切 x_i 同时不大于 y 的一切 y_j 所对应的 p_{ij} 的和.

例 3.1　已知 10 件产品中有 3 件次品，7 件正品，每次任取一件，连续取两次，记

$$X_i = \begin{cases} 1, & \text{第 } i \text{ 次取到次品,} \\ 0, & \text{第 } i \text{ 次取到正品,} \end{cases} \quad i = 1, 2.$$

分别对不放回抽取与有放回抽取两种情况，写出随机变量 (X_1, X_2) 的概率分布.

解　随机变量 (X_1, X_2) 可以取 $(0,0),(0,1),(1,0),(1,1)$ 共 4 个数组.

（1）不放回抽取：

$$P\{X_1 = 0, X_2 = 0\} = P\{X_1 = 0\} \cdot P\{X_2 = 0 \mid X_1 = 0\} = \frac{7}{10} \times \frac{6}{9} = \frac{7}{15}.$$

同样方法，可以计算出 $P\{X_1 = i, X_2 = j\}(i, j = 0,1)$，具体结果见表 3.2.

表 3.2

X_1	X_2	
	0	1
0	$\frac{7}{15}$	$\frac{7}{30}$
1	$\frac{7}{30}$	$\frac{1}{15}$

（2）有放回抽取：

因为事件 "$X_1 = i$" 与 "$X_2 = j$" 相互独立，所以有

$$P\{X_1 = 0, X_2 = 0\} = P\{X_1 = 0\} \cdot P\{X_2 = 0\} = \left(\frac{7}{10}\right)^2 = 0.49,$$

$$P\{X_1 = 0, X_2 = 1\} = P\{X_1 = 1, X_2 = 0\} = \frac{7}{10} \times \frac{3}{10} = 0.21,$$

$$P\{X_1 = 1, X_2 = 1\} = \frac{3}{10} \times \frac{3}{10} = 0.09.$$

所以 (X_1, X_2) 的概率分布见表 3.3.

表 3.3

X_1	X_2	
	0	1
0	0.49	0.21
1	0.21	0.09

例 3.2　已知二维随机变量 (X, Y) 的概率分布见表 3.4，求 $P\{X \leqslant 0, Y \geqslant 0\}$ 及 $F(0,0)$.

表 3.4

X	Y		
	-2	0	1
-1	0.3	0.1	0.1
1	0.05	0.2	0
2	0.2	0	0.05

解　由表 3.4 可得
$$P\{X \leqslant 0, Y \geqslant 0\} = P\{X = -1, Y = 0\} + P\{X = -1, Y = 1\}$$
$$= 0.1 + 0.1 = 0.2;$$
$$F(0,0) = P\{X \leqslant 0, Y \leqslant 0\}$$
$$= P\{X = -1, Y = -2\} + P\{X = -1, Y = 0\}$$
$$= 0.3 + 0.1 = 0.4.$$

例 3.3　已知 6 个乒乓球中有 4 个是新球，第一次取出两个，用完后放回去，第二次又取出两个，X, Y 分别表示第一次与第二次取到的新球个数，求 (X, Y) 的概率分布.

解　二维随机变量 (X, Y) 可以取 $(0,0), (0,1), (0,2), (1,0), \cdots, (2,2)$ 共 9 个数组.
$$P\{X = i, Y = j\} = P\{X = i\} \cdot P\{Y = j \mid X = i\}$$
$$= \frac{C_4^i C_2^{2-i} C_{4-i}^j C_{2+i}^{2-j}}{(C_6^2)^2} \quad (i, j = 0, 1, 2).$$

计算，得 (X, Y) 的概率分布见表 3.5.

表 3.5

X	Y		
	0	1	2
0	$\frac{1}{225}$	$\frac{8}{225}$	$\frac{2}{75}$
1	$\frac{8}{75}$	$\frac{8}{25}$	$\frac{8}{75}$
2	$\frac{4}{25}$	$\frac{16}{75}$	$\frac{2}{75}$

3.1.3　二维连续型随机变量及其概率密度

定义 3.3　对于二维随机变量 (X, Y)，如果存在非负可积函数 $f(x, y)$，使对任意实数 x, y，有
$$P\{X \leqslant x, Y \leqslant y\} = \int_{-\infty}^{x} \int_{-\infty}^{y} f(u, v) \mathrm{d}u\mathrm{d}v,$$
则称随机变量 (X, Y) 为**二维连续型随机变量**，并称 $f(x, y)$ 为 (X, Y) 的**概率密度**，也称 $f(x, y)$ 为 X, Y 的**联合概率密度**（简称联合密度），简记为 $(X, Y) \sim f(x, y)$.

容易看出，(X, Y) 的概率密度 $f(x, y)$ 满足下面两条性质：

（1）$f(x, y) \geqslant 0$；　　　　　　　　　　　　　　　　　　　　　　　　（3.3）

（2）$\int_{-\infty}^{+\infty} \int_{-\infty}^{+\infty} f(x, y) \mathrm{d}x\mathrm{d}y = 1$.　　　　　　　　　　　　　　　　（3.4）

满足以上两条性质的任何一个二元函数 $f(x, y)$，都可作为某个二维随机变量的联合概率密度.

对于二维连续型随机变量 (X,Y)，可以证明：对于平面上的任意可度量的区域 D，均有

$$P\{(X,Y)\in D\}=\iint\limits_{D}f(x,y)\mathrm{d}x\mathrm{d}y .$$

$f(x,y)$ 的几何意义为如下：点 (X,Y) 落在任意可度量的区域 D 内的概率等于以曲面 $z=f(x,y)$ 为顶，以区域 D 为底的曲顶柱面体的体积.

例 3.4 设二维随机变量 $(X,Y)\sim f(x,y)$，且

$$f(x,y)=\begin{cases}\lambda, & (x,y)\in D,\\ 0, & (x,y)\notin D.\end{cases}$$

其中，D 为平面上一个可度量的有界区域，试确定 λ 的值.

解 由式（3.4），得

$$\int_{-\infty}^{+\infty}\int_{-\infty}^{+\infty}f(x,y)\mathrm{d}x\mathrm{d}y=\iint\limits_{D}\lambda\mathrm{d}x\mathrm{d}y=\lambda S_{D}=1 .$$

因此，$\lambda=\dfrac{1}{S_{D}}$，其中，S_{D} 为区域 D 的面积.

例如，若 $D=\{(x,y),x^{2}+y^{2}\leqslant 9\}$，则 $S_{D}=9\pi$，$\lambda=\dfrac{1}{9\pi}$；若 $D=\{(x,y),0\leqslant x\leqslant 2,0\leqslant y\leqslant 5\}$，则 $S_{D}=10$，$\lambda=\dfrac{1}{10}$.

下面介绍两种常见的二维连续型随机变量的分布.

（1）均匀分布.

如果二维随机变量 (X,Y) 的概率密度为

$$f(x,y)=\begin{cases}\dfrac{1}{S_{D}}, & (x,y)\in D,\\[2mm] 0, & (x,y)\notin D,\end{cases}$$

其中，D 为平面上一个可度量的有界区域，S_{D} 是区域 D 的面积，则称 (X,Y) 服从区域 D 上的均匀分布，记为 $(X,Y)\sim U(D)$.

（2）正态分布.

若二维随机变量 (X,Y) 的概率密度为

$$f(x,y)=\frac{1}{2\pi\sigma_{1}\sigma_{2}\sqrt{1-\rho^{2}}}\exp\left\{-\frac{1}{2(1-\rho^{2})}\left[\left(\frac{x-\mu_{1}}{\sigma_{1}}\right)^{2}-2\rho\left(\frac{x-\mu_{1}}{\sigma_{1}}\right)\left(\frac{y-\mu_{2}}{\sigma_{2}}\right)+\left(\frac{y-\mu_{2}}{\sigma_{2}}\right)^{2}\right]\right\}$$

其中，$\mu_{1},\mu_{2},\sigma_{1},\sigma_{2},\rho$ 均为常数，且 $\sigma_{1}>0$，$\sigma_{2}>0$，$|\rho|<1$，则称 (X,Y) 服从参数为 $\mu_{1},\mu_{2},\sigma_{1},\sigma_{2},\rho$ 的二维正态分布，记为 $(X,Y)\sim N(\mu_{1},\mu_{2},\sigma_{1}^{2},\sigma_{2}^{2},\rho)$.

服从二维正态分布的随机变量 (X,Y) 的概率密度函数的图形（图 3.1）如同一个古钟或草帽.

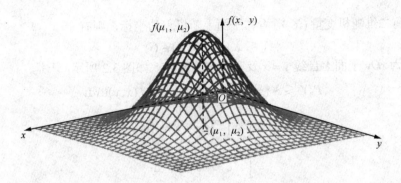

图 3.1

例 3.5 设二维随机变量 (X,Y) 的概率密度为

$$f(x,y) = \begin{cases} ce^{-(x+y)}, & x \geqslant 0, y \geqslant 0, \\ 0, & \text{其他}. \end{cases}$$

求：（1）常数 c；

（2）$P\{0 < X < 1, 0 < Y < 1\}$.

解 （1）因为 $\int_{-\infty}^{+\infty} \int_{-\infty}^{+\infty} f(x,y)\mathrm{d}x\mathrm{d}y = 1$，故

$$1 = \int_0^{+\infty} \int_0^{+\infty} ce^{-(x+y)}\mathrm{d}x\mathrm{d}y = c\int_0^{+\infty} e^{-x}\mathrm{d}x \int_0^{+\infty} e^{-y}\mathrm{d}y = c.$$

于是

$$c = 1.$$

（2）记 $D = \{(x,y) \mid 0 < x < 1, 0 < y < 1\}$，则有

$$P\{0 < X < 1, 0 < Y < 1\}$$

$$= P\{(X,Y) \in D\} = \iint\limits_{D} f(x,y)\mathrm{d}x\mathrm{d}y$$

$$= \iint\limits_{D} e^{-x-y}\mathrm{d}x\mathrm{d}y = \int_0^1 e^{-x}\mathrm{d}x \int_0^1 e^{-y}\mathrm{d}y = \left(1 - \frac{1}{e}\right)^2.$$

例 3.6 设二维随机变量 (X,Y) 的概率密度为

$$f(x,y) = \begin{cases} 2e^{-(2x+y)}, & x > 0, y > 0, \\ 0, & \text{其他}. \end{cases}$$

求：（1）分布函数 $F(x,y)$；

（2）概率 $P\{Y \leqslant X\}$.

解 （1）$F(x,y) = \int_{-\infty}^{y} \int_{-\infty}^{x} f(s,t)\mathrm{d}s\mathrm{d}t$

$$= \begin{cases} \int_0^y \int_0^x 2e^{-(2s+t)}\mathrm{d}s\mathrm{d}t, & x > 0, y > 0, \\ 0, & \text{其他}. \end{cases}$$

于是有

$$F(x,y) = \begin{cases} (1 - e^{-2x})(1 - e^{-y}), & x > 0, y > 0, \\ 0, & \text{其他}. \end{cases}$$

（2）将二维随机变量 (X,Y) 看作平面上随机点的坐标，则有
$$\{Y \leqslant X\} = \{(X,Y) \in G\},$$
其中，G 为 xOy 平面上直线 $y=x$ 及其下方的部分，如图 3.2 所示. 于是，
$$P\{Y \leqslant X\} = P\{(X,Y) \in G\} = \iint\limits_{G} f(x,y)\mathrm{d}x\mathrm{d}y$$
$$= \int_0^{+\infty} \int_y^{+\infty} 2\mathrm{e}^{-(2x+y)}\mathrm{d}x\mathrm{d}y$$
$$= \int_0^{+\infty} \mathrm{e}^{-y}(-\mathrm{e}^{-2x})\bigg|_y^{+\infty} \mathrm{d}y$$
$$= \int_0^{+\infty} \mathrm{e}^{-3y}\mathrm{d}y$$
$$= \frac{1}{3}.$$

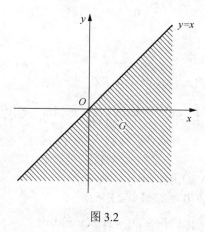

图 3.2

3.1.4 边缘分布

定义 3.4 对于二维随机变量 (X,Y)，其每一个坐标分量 X 和 Y 都是一维随机变量，它们自身也有着概率分布，称随机变量 X 或 Y 的分布为 (X,Y) 的**边缘分布**.

1. 离散型随机变量的边缘概率分布

定义 3.5 对于二维离散型随机变量 (X,Y)，分量 X 的概率分布称为 (X,Y) 的关于 X 的**边缘概率分布**，分量 Y 的概率分布称为 (X,Y) 的关于 Y 的**边缘概率分布**.

因为 X,Y 的联合概率分布全面反映了 (X,Y) 的取值情况，所以可以通过 (X,Y) 的概率分布求得关于 X 的或关于 Y 的边缘概率分布. 具体来说，若 (X,Y) 的概率分布为
$$p_{ij} = P\{X = x_i, Y = y_j\} \quad (i,j = 1,2,\cdots),$$
则关于 X 的边缘概率分布为
$$p_{i \cdot} = P\{X = x_i\} = \sum_j p_{ij} \ (i = 1,2,\cdots). \tag{3.5}$$
类似可得，关于 Y 的边缘概率分布为

$$p_{.j} = P\{Y = y_j\} = \sum_i p_{ij} \ (j = 1, 2, \cdots).$$ (3.6)

证明　先证式（3.5）：

$$p_{i.} = P\{X = x_i\} = P\{``X = x_i" \cdot \sum_j ``Y = y_j"\}$$

$$= \sum_j P\{X = x_i, Y = y_j\} = \sum_j p_{ij},$$

并且 $p_{i.} \geqslant 0$，$\sum_i p_{i.} = \sum_i \sum_j p_{ij} = 1$．因此 $\{p_{i.}, i = 1, 2, \cdots\}$ 是概率分布．类似地可以证明式（3.6），此处省略．

有时通过 X, Y 的联合概率分布来表示边缘概率分布，见表 3.6.

表 3.6

X	Y					$P\{X = x_i\}$
	y_1	y_2	$\cdots$	y_j	$\cdots$	
x_1	p_{11}	p_{12}	$\cdots$	p_{1j}	$\cdots$	$\sum_j p_{1j}$
x_2	p_{21}	p_{22}	$\cdots$	p_{2j}	$\cdots$	$\sum_j p_{2j}$
$\vdots$	$\vdots$	$\vdots$		$\vdots$		$\vdots$
x_i	p_{i1}	p_{i2}	$\cdots$	p_{ij}	$\cdots$	$\sum_j p_{ij}$
$\vdots$	$\vdots$	$\vdots$		$\vdots$		$\vdots$
$P\{Y = y_j\}$	$\sum_i p_{i1}$	$\sum_i p_{i2}$	$\cdots$	$\sum_i p_{ij}$	$\cdots$	1

由表 3.6 可以看到，在表的最右边增加的一列，是对每一行的 p_{ij} 关于 j 相加得到的 $p_{i.}$，即为随机变量 X 的边缘概率分布；相应地，在表的最下方增加的一行，是对每一列的 p_{ij} 关于 i 相加得到的 $p_{.j}$，即为随机变量 Y 的边缘概率分布．

注：$p_{i.}$ 和 $p_{.j}$ 分别等于联合概率分布表的行和与列和．

例 3.7　二维随机变量 (X, Y) 的概率分布由例 3.1 中的表 3.2 给出．

（1）求关于 X_2 的边缘概率分布；

（2）计算条件概率 $P\{X_2 = 0 \mid X_1 = 0\}$ 及 $P\{X_2 = 1 \mid X_1 = 0\}$．

解　（1）由表 3.2 可知，X_2 只取 0 及 1 两个值，于是有

$$P\{X_2 = 0\} = P\{X_1 = 0, X_2 = 0\} + P\{X_1 = 1, X_2 = 0\}$$

$$= \frac{7}{15} + \frac{7}{30} = 0.7;$$

$$P\{X_2 = 1\} = \sum_{i=0}^1 P\{X_1 = i, X_2 = 1\} = \frac{7}{30} + \frac{1}{15} = 0.3.$$

注：实际上，关于 X_2 的边缘概率分布分别是表 3.2 中每一列的和．类似地，对表 3.2 各行求和，可以得出，X_1 也服从 $p = 0.3$ 的 $(0-1)$ 分布．

（2）由表 3.2 得

$$P\{X_2 = 0 \mid X_1 = 0\} = \frac{P\{X_1 = 0, X_2 = 0\}}{P\{X_1 = 0\}} = \frac{2}{3},$$

$$P\{X_2 = 1 \mid X_1 = 0\} = \frac{1}{3}.$$

2. 连续型随机变量的边缘概率密度

定义 3.6 对于二维随机变量 (X,Y)，作为其分量的随机变量 X（或 Y）的概率密度 $f_X(x)$ [或 $f_Y(y)$] 称为 (X,Y) 关于 X（或 Y）的**边缘概率密度**（简称边缘密度）.

当 X,Y 的联合概率密度 $f(x,y)$ 已知时，X 和 Y 的边缘概率密度为

$$f_X(x) = \int_{-\infty}^{+\infty} f(x,y)\mathrm{d}y, \tag{3.7}$$

$$f_Y(y) = \int_{-\infty}^{+\infty} f(x,y)\mathrm{d}x. \tag{3.8}$$

有时为了方便，我们也把 $f_X(x), f_Y(y)$ 简记为 $f_1(x), f_2(y)$.

例 3.8 设二维随机变量 (X,Y) 服从区域 D 上的均匀分布，$D = \{(x,y), -1 \leqslant x, y \leqslant 1\}$，求关于 X 的边缘概率密度 $f_X(x)$ 及关于 Y 的边缘概率密度 $f_Y(y)$.

解 由题意，(X,Y) 的概率密度为

$$f(x,y) = \begin{cases} \dfrac{1}{4}, & -1 \leqslant x, y \leqslant 1, \\ 0, & \text{其他}. \end{cases}$$

由式（3.7）知，当 $|x| > 1$ 时，$f_X(x) = 0$；当 $|x| \leqslant 1$ 时，$f_X(x) = \int_{-1}^{1} \dfrac{1}{4}\mathrm{d}y = \dfrac{1}{2}$.

因此，关于 X 的边缘概率密度为

$$f_X(x) = \begin{cases} \dfrac{1}{2}, & -1 \leqslant x \leqslant 1, \\ 0, & \text{其他}. \end{cases}$$

类似地，

$$f_Y(y) = \begin{cases} \dfrac{1}{2}, & -1 \leqslant y \leqslant 1, \\ 0, & \text{其他}. \end{cases}$$

例 3.8 表明，随机变量 X, Y 都服从区间 $[-1,1]$ 上的均匀分布.

例 3.9 设区域 G 为抛物线 $y = x^2$ 和直线 $y = x$ 所围成的区域，如图 3.3 所示，二维随机变量 (X,Y) 服从区域 G 上的均匀分布. 求 X, Y 的联合概率密度和两个边缘概率密度.

解 由于区域 G 的面积为

$$S = \int_0^1 (x - x^2)\mathrm{d}x = \frac{1}{6},$$

所以 X, Y 的联合概率密度为

$$f(x,y)=\begin{cases}6, & (x,y)\in G,\\ 0, & \text{其他}.\end{cases}$$

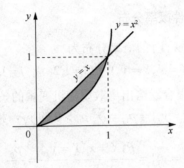

图 3.3

因为当 $0\leqslant x\leqslant 1$ 时，

$$f_X(x)=\int_{-\infty}^{+\infty}f(x,y)\mathrm{d}y=\int_{x^2}^{x}6\mathrm{d}y=6(x-x^2),$$

所以 (X,Y) 关于 X 的边缘概率密度为

$$f_X(x)=\begin{cases}6(x-x^2), & 0\leqslant x\leqslant 1,\\ 0, & \text{其他}.\end{cases}$$

因为当 $0\leqslant y\leqslant 1$ 时，

$$f_Y(y)=\int_{-\infty}^{+\infty}f(x,y)\mathrm{d}x=\int_{y}^{\sqrt{y}}6\mathrm{d}x=6\left(\sqrt{y}-y\right),$$

所以 (X,Y) 关于 Y 的边缘概率密度为

$$f_Y(y)=\begin{cases}6\left(\sqrt{y}-y\right), & 0\leqslant y\leqslant 1,\\ 0, & \text{其他}.\end{cases}$$

例 3.9 表明，虽然 (X,Y) 服从均匀分布，但它的两个边缘分布却不是一维均匀分布.

3.2　条 件 分 布

3.2.1　条件分布函数

在第 1 章中，我们介绍了随机事件的条件概率的概念，本节要通过随机事件的条件概率引入随机变量的条件概率分布的概念. 顾名思义，随机变量的条件分布是指二维随机变量中一个分量取某个定值的条件下，另一个分量的概率分布.

定义 3.7　设 X 是一个随机变量，其分布函数为

$$F_X(x)=P\{X\leqslant x\}(x\in \mathbf{R}),$$

若另外有一个事件 A 已经发生，并且 A 的发生可能会对事件"$X\leqslant x$"发生的概率产生影响，则对任一给定的实数 x，记

$$F(x \mid A) = P\{X \leqslant x \mid A\},$$

并称 $F(x \mid A)$ 为在事件 A 发生的条件下，X 的**条件分布函数**.

3.2.2 离散型随机变量的条件概率分布

设二维离散型随机变量 (X,Y) 的概率分布为

$$p_{ij} = P\{X = x_i, Y = y_j\} \quad (i = 1,2,\cdots;\ j = 1,2,\cdots).$$

仿照条件概率的定义，我们很容易给出离散型随机变量的条件概率分布的定义.

定义 3.8 对一切使 $P\{Y = y_j\} = p_{\cdot j} = \sum\limits_{i} p_{ij} > 0$ 的 y_j，称

$$P\{X = x_i \mid Y = y_j\} = \frac{P\{X = x_i, Y = y_j\}}{P\{Y = y_j\}} = \frac{p_{ij}}{p_{\cdot j}} \quad (i = 1,2,\cdots)$$

为在给定 $Y = y_j$ 的条件下 X 的条件概率分布.

同理，对一切使 $P\{X = x_i\} = p_{i\cdot} = \sum\limits_{j} p_{ij} > 0$ 的 x_i，称

$$P\{Y = y_j \mid X = x_i\} = \frac{P\{X = x_i, Y = y_j\}}{P\{X = x_i\}} = \frac{p_{ij}}{p_{i\cdot}} \quad (j = 1,2,\cdots)$$

为在给定 $X = x_i$ 的条件下 Y 的条件概率分布.

例 3.10 已知 (X,Y) 的概率分布见表 3.7，求 X 及 Y 的条件概率分布.

表 3.7

X	Y		
	-1	1	2
0	$\dfrac{1}{12}$	0	$\dfrac{1}{4}$
$\dfrac{3}{2}$	$\dfrac{1}{6}$	$\dfrac{1}{12}$	$\dfrac{1}{12}$
2	$\dfrac{1}{4}$	$\dfrac{1}{12}$	0

解 因为

$$P\{Y = -1\} = \frac{1}{2}, \quad P\{Y = 1\} = \frac{1}{6}, \quad P\{Y = 2\} = \frac{1}{3},$$

所以 X 的条件概率分布依次为

$$P\{X = 0 \mid Y = -1\} = \frac{1}{6}, \quad P\left\{X = \frac{3}{2} \middle| Y = -1\right\} = \frac{1}{3}, \quad P\{X = 2 \mid Y = -1\} = \frac{1}{2};$$

$$P\{X = 0 \mid Y = 1\} = 0, \quad P\left\{X = \frac{3}{2} \middle| Y = 1\right\} = \frac{1}{2}, \quad P\{X = 2 \mid Y = 1\} = \frac{1}{2};$$

$$P\{X = 0 \mid Y = 2\} = \frac{3}{4}, \quad P\left\{X = \frac{3}{2} \middle| Y = 2\right\} = \frac{1}{4}, \quad P\{X = 2 \mid Y = 2\} = 0.$$

又因为

$$P\{X=0\}=\frac{1}{3}, \quad P\left\{X=\frac{3}{2}\right\}=\frac{1}{3}, \quad P\{X=2\}=\frac{1}{3},$$

所以 Y 的条件概率分布依次为

$$P\{Y=-1\,|\,X=0\}=\frac{1}{4}, \quad P\{Y=1\,|\,X=0\}=0, \quad P\{Y=2\,|\,X=0\}=\frac{3}{4};$$

$$P\left\{Y=-1\,\middle|\,X=\frac{3}{2}\right\}=\frac{1}{2}, \quad P\left\{Y=1\,\middle|\,X=\frac{3}{2}\right\}=\frac{1}{4}, \quad P\left\{Y=2\,\middle|\,X=\frac{3}{2}\right\}=\frac{1}{4};$$

$$P\{Y=-1\,|\,X=2\}=\frac{3}{4}, \quad P\{Y=1\,|\,X=2\}=\frac{1}{4}, \quad P\{Y=2\,|\,X=2\}=0.$$

3.2.3 连续型随机变量的条件概率密度

定义 3.9 设 (X,Y) 为二维连续型随机变量,它的概率密度为 $f(x,y)$. 对一切使 $f_Y(y)=\int_{-\infty}^{+\infty} f(x,y)\mathrm{d}x>0$ 的 y,称

$$f_{X|Y}(x\,|\,y)=\frac{f(x,y)}{f_Y(y)} \tag{3.9}$$

为在 $Y=y$ 的条件下随机变量 X 的条件概率密度.

同理,对一切使 $f_X(x)=\int_{-\infty}^{+\infty} f(x,y)\mathrm{d}y>0$ 的 x,称

$$f_{Y|X}(y\,|\,x)=\frac{f(x,y)}{f_X(x)} \tag{3.10}$$

为在 $X=x$ 的条件下随机变量 Y 的条件概率密度.

例 3.11 设二维随机变量 (X,Y) 服从二维标准正态分布,其概率密度为

$$f(x,y)=\frac{1}{2\pi\sqrt{1-\rho^2}}\mathrm{e}^{-\frac{1}{2(1-\rho^2)}(x^2-2\rho xy+y^2)} \qquad (x,y\in\mathbf{R}). \tag{3.11}$$

且关于 X 及 Y 的边缘概率密度分别为

$$f_X(x)=\frac{1}{\sqrt{2\pi}}\mathrm{e}^{-\frac{x^2}{2}} \quad (x\in\mathbf{R}), \tag{3.12}$$

$$f_Y(y)=\frac{1}{\sqrt{2\pi}}\mathrm{e}^{-\frac{y^2}{2}} \quad (y\in\mathbf{R}). \tag{3.13}$$

求 X 及 Y 的条件概率密度.

解 由式 (3.9)、式 (3.11) 和式 (3.13),得 X 的条件概率密度为

$$f_{X|Y}(x\,|\,y)=\frac{f(x,y)}{f_Y(y)}=\frac{\dfrac{1}{2\pi\sqrt{1-\rho^2}}\mathrm{e}^{-\frac{1}{2(1-\rho^2)}(x^2-2\rho xy+y^2)}}{\dfrac{1}{\sqrt{2\pi}}\mathrm{e}^{-\frac{y^2}{2}}}$$

$$=\frac{1}{\sqrt{2\pi}\sqrt{1-\rho^2}}\mathrm{e}^{-\frac{(x-\rho y)^2}{2(1-\rho^2)}} \quad (x,y\in\mathbf{R}),$$

即条件分布为 $N(\rho y, 1-\rho^2)$.

同理，按式（3.10）～式（3.12），可得 Y 的条件概率密度为

$$f_{Y|X}(y \mid x) = \frac{1}{\sqrt{2\pi}\sqrt{1-\rho^2}} e^{-\frac{(y-\rho x)^2}{2(1-\rho^2)}} \quad (x, y \in \mathbf{R}),$$

即条件分布为 $N(\rho x, 1-\rho^2)$.

3.3 随机变量的独立性

定义 3.10 设二维随机变量 (X, Y) 的联合分布函数为 $F(x, y)$，边缘分布函数为 $F_X(x)$ 和 $F_Y(y)$，若对任意实数 x, y，有

$$P\{X \leqslant x, Y \leqslant y\} = P\{X \leqslant x\}P\{Y \leqslant y\},$$

即

$$F(x, y) = F_X(x)F_Y(y),$$

则称随机变量 X 和 Y 相互独立.

也就是说，若随机变量 X 与 Y 相互独立，则 X 和 Y 的联合分布可由边缘分布唯一确定.

（1）设离散型随机变量 (X, Y) 的联合概率分布为 $P\{X = x_i, Y = y_i\} = p_{ij}$，则

$$X, Y \text{ 相互独立} \Leftrightarrow P\{X = x_i, Y = y_i\} = P\{X = x_i\}P\{Y = y_j\},$$

即

$$p_{ij} = p_{i\cdot}p_{\cdot j} \quad (i, j = 1, 2, \cdots).$$

（2）设连续型随机变量 (X, Y) 的联合概率密度为 $f(x, y)$，则

$$X, Y \text{ 相互独立} \Leftrightarrow f(x, y) = f_X(x)f_Y(y) \quad (x, y \in \mathbf{R}).$$

（3）若 X, Y 相互独立，则 $f(X)$ 与 $g(Y)$ 也相互独立，其中，$f(\cdot)$ 与 $g(\cdot)$ 均为连续函数.

注：这一结果的证明已超出本书范围，在此不做论述，但该结果很重要，它可用于判定两个随机变量是否相互独立. 特别地，两个独立随机变量的线性函数 $Y_1 = aX + b$ 与 $Y_2 = cY + d(ac \neq 0)$ 也是独立的. 这个结论今后会经常用到. 显然，关于两个随机变量独立的充分必要条件均可以推广到多个随机变量独立的情况.

（4）n 个离散型随机变量 $X_1, X_2, \cdots, X_n$ 相互独立的充分必要条件是，对于任何 $x_1, x_2, \cdots, x_n$，有

$$P\{X_1 = x_1, X_2 = x_2, \cdots, X_n = x_n\} = P\{X_1 = x_1\}P\{X_2 = x_2\}\cdots P\{X_n = x_n\}.$$

（5）n 个连续型随机变量 $X_1, X_2, \cdots, X_n$ 相互独立的充分必要条件是，它们的联合概率密度等于边缘概率密度的乘积，即对于任何 $x_1, x_2, \cdots, x_n$，有

$$f(x_1, x_2, \cdots, x_n) = f_{X_1}(x_1)f_{X_2}(x_2)\cdots f_{X_n}(x_n).$$

不难证明，如果随机变量 $X_1, X_2, \cdots, X_n$ 相互独立，则它们中的任意 m $(1 < m \leqslant n)$ 个

随机变量 $X_{i_1}, X_{i_2}, \cdots, X_{i_m}$ 也是相互独立的.

例 3.12 二维随机变量 (X_1, X_2) 的概率分布见表 3.8.

表 3.8

X_1	X_2	
	0	3
1	0.2	0.3
2	0.4	0.1

试判断 X_1 与 X_2 是否独立?

解 先求边缘概率分布:

$$p_{1\cdot} = P\{X_1 = 1\} = 0.2 + 0.3 = 0.5 ,$$

类似地, 有

$$p_{2\cdot} = P\{X_1 = 2\} = 0.4 + 0.1 = 0.5 ,$$
$$p_{\cdot 1} = P\{X_2 = 0\} = 0.2 + 0.4 = 0.6 ,$$
$$p_{\cdot 2} = P\{X_2 = 3\} = 0.3 + 0.1 = 0.4 .$$

由于

$$p_{1\cdot} p_{\cdot 1} = P\{X_1 = 1\} P\{X_2 = 0\} = 0.5 \times 0.6 = 0.3 ,$$

而

$$p_{11} = P\{X_1 = 1, X_2 = 0\} = 0.2 ,$$
$$p_{1\cdot} p_{\cdot 1} \neq p_{11} ,$$

所以 X_1 与 X_2 不独立.

例 3.13 设随机变量 X 与 Y 相互独立, 其概率分布分别见表 3.9 和表 3.10.

表 3.9

X	1	2	3
P	0.1	0.4	0.5

表 3.10

Y	2	4	5
P	0.2	0.3	0.5

求 (X, Y) 的概率分布.

解 由 X 与 Y 相互独立知, 对所有的 i, j, 有

$$p_{ij} = p_{i\cdot} p_{\cdot j} .$$

于是有 $p_{11} = p_{1\cdot} p_{\cdot 1} = 0.1 \times 0.2 = 0.02$, $p_{12} = p_{1\cdot} p_{\cdot 2} = 0.1 \times 0.3 = 0.03$ 等.

从而得到 (X, Y) 的概率分布见表 3.11.

表 3.11

X	Y		
	2	4	5
1	0.02	0.03	0.05
2	0.08	0.12	0.2
3	0.1	0.15	0.25

例 3.14 设二维随机变量 (X, Y) 服从区域 D 上的均匀分布, 试在下列条件下判断 X 与 Y 是否独立:

(1) $D = \{(x, y), |x| \leqslant 1, |y| \leqslant 1\}$;

(2) $D = \{(x, y), x^2 + y^2 \leqslant 1\}$.

解 (1) 由例 3.8 的计算结果, X, Y 的边缘概率密度分别是

$$f_X(x) = \begin{cases} \dfrac{1}{2}, & |x| \leqslant 1, \\ 0, & \text{其他}. \end{cases} \qquad f_Y(y) = \begin{cases} \dfrac{1}{2}, & |y| \leqslant 1, \\ 0, & \text{其他}. \end{cases}$$

而 X, Y 的联合概率密度为

$$f(x, y) = \begin{cases} \dfrac{1}{4}, & |x| \leqslant 1, |y| \leqslant 1, \\ 0, & \text{其他}. \end{cases}$$

可见, 对于任意的 x, y, 有

$$f(x, y) = f_X(x) f_Y(y).$$

所以 X 与 Y 独立.

(2) 因为

$$f(x, y) = \begin{cases} \dfrac{1}{\pi}, & x^2 + y^2 \leqslant 1, \\ 0, & \text{其他}. \end{cases}$$

所以 X, Y 的边缘概率密度分别是

$$f_X(x) = \begin{cases} \dfrac{2}{\pi} \sqrt{1 - x^2}, & -1 \leqslant x \leqslant 1, \\ 0, & \text{其他}. \end{cases}$$

$$f_Y(y) \begin{cases} \dfrac{2}{\pi} \sqrt{1 - y^2}, & -1 \leqslant y \leqslant 1, \\ 0, & \text{其他}. \end{cases}$$

易知, 当 $x = 0$, $y = 0$ 时, $f(x, y) \neq f_X(x) f_Y(y)$, 因此 X 与 Y 不独立.

例 3.15 若随机变量 X, Y 的联合概率密度为

$$f(x, y) = \begin{cases} 8xy, & 0 \leqslant x \leqslant y \leqslant 1, \\ 0, & \text{其他}. \end{cases}$$

试判断 X 与 Y 是否独立.

解 为判断 X 与 Y 是否独立, 只需看边缘概率密度 $f_X(x)$ 与 $f_Y(y)$ 的乘积是否等于

联合概率密度，为此先求边缘概率密度.

当 $x < 0$ 或 $x > 1$ 时，

$$f_X(x) = 0 ;$$

当 $0 \leqslant x \leqslant 1$ 时，有

$$f_X(x) = \int_x^1 8xy\mathrm{d}y = 8x\left(\frac{1}{2} - \frac{x^2}{2}\right) = 4x(1-x^2) .$$

因此

$$f_X(x) = \begin{cases} 4x(1-x^2), & 0 \leqslant x \leqslant 1, \\ 0, & \text{其他.} \end{cases}$$

同样，当 $y < 0$ 或 $y > 1$ 时，

$$f_Y(y) = 0 ;$$

当 $0 \leqslant y \leqslant 1$ 时，有

$$f_Y(y) = \int_0^y 8xy\mathrm{d}x = 4y^3 .$$

因此

$$f_Y(y) = \begin{cases} 4y^3, & 0 \leqslant y \leqslant 1, \\ 0, & \text{其他.} \end{cases}$$

由此得

$$f(x,y) \neq f_X(x)f_Y(y) ,$$

所以 X 与 Y 不独立.

3.4　二维随机变量函数的分布

在第 2 章我们讨论了一维随机变量函数的分布问题. 本节主要讨论对于一个二维随机变量，当已知 (X,Y) 的联合分布时，如何求一维随机变量 $Z = g(X,Y)$ 的分布.

3.4.1　离散型随机变量函数的分布

对于二维离散型随机变量函数的分布，这里通过举例说明其求法.

例 3.16　已知随机变量 (X,Y) 的概率分布见表 3.12.

表 3.12

X	Y			
	−1	0	1	2
−1	0.2	0.15	0.1	0.3
2	0.1	0	0.1	0.05

求二维随机变量的函数 Z 的分布：

（1）$Z = X + Y$；　　　（2）$Z = XY$.

解 由 (X,Y) 的概率分布，把 Z 值相同项对应的概率值合并可得：

（1） $Z=X+Y$ 的概率分布见表 3.13.

表 3.13

Z	-2	-1	0	1	2	3	4
P	0.2	0.15	0.1	0.4	0	0.1	0.05

（2） $Z=XY$ 的概率分布见表 3.14.

表 3.14

Z	-2	-1	0	1	2	4
P	0.4	0.1	0.15	0.2	0.1	0.05

定义 3.11 设 (X,Y) 是二维离散型随机变量，$g(x,y)$ 是一个二元函数，则 $g(X,Y)$ 作为 (X,Y) 的函数是一个随机变量. 如果 (X,Y) 的概率分布为

$$P\{X=x_i,Y=y_j\}=P_{ij} \quad (i,j=1,2,\cdots),$$

设 $Z=g(X,Y)$ 的所有可能取值为 $z_k(k=1,2,\cdots)$，则 Z 的概率分布为

$$P\{Z=z_k\}=P\{g(X,Y)=z_k\}$$
$$=\sum_{g(X,Y)=z_k}P\{X=x_i,Y=y_j\}$$
$$=\sum_{g(X,Y)=z_k}P_{ij} \quad (k=1,2,\cdots).$$

例如，若 X，Y 相互独立，且 $P\{X=k\}=a_k$，$P\{Y=k\}=b_k$（$k=0,1,2,\cdots$），则 $Z=X+Y$ 的概率分布为

$$P\{Z=r\}=P\{X+Y=r\}$$
$$=\sum_{i=0}^{r}P\{X=i,Y=r-i\}$$
$$=\sum_{i=0}^{r}P\{X=i\}P\{Y=r-i\}$$
$$=a_0b_r+a_1b_{r-1}+\cdots+a_rb_0.$$

即

$$P\{Z=r\}=\sum_{i=0}^{r}a_ib_{r-i}.$$

这个公式称为**离散型卷积公式**.

例 3.17 若 X 和 Y 相互独立，它们分别服从参数为 λ_1,λ_2 的泊松分布，证明：$Z=X+Y$ 服从参数为 $\lambda_1+\lambda_2$ 的泊松分布.

证明 依题意，有

$$P\{X=i\}=\frac{e^{-\lambda_1}\lambda_1^i}{i!} \quad (i=0,1,2,\cdots),$$

$$P\{Y=j\}=\frac{e^{-\lambda_2}\lambda_2^j}{j!} \quad (j=0,1,2,\cdots).$$

由离散型卷积公式，得

$$P\{Z=r\} = \sum_{i=0}^{r} P\{X=i, Y=r-i\}$$

$$= \sum_{i=0}^{r} \frac{\mathrm{e}^{-\lambda_1}\lambda_1^i}{i!} \cdot \frac{\mathrm{e}^{-\lambda_2}\lambda_2^{r-i}}{(r-i)!}$$

$$= \frac{\mathrm{e}^{-(\lambda_1+\lambda_2)}}{r!} \sum_{i=0}^{r} \frac{r!}{i!(r-i)!} \cdot \lambda_1^i \lambda_2^{r-i}$$

$$= \frac{\mathrm{e}^{-(\lambda_1+\lambda_2)}}{r!} (\lambda_1+\lambda_2)^r \quad (r=0,1,2\cdots).$$

所以 Z 服从参数为 $\lambda_1+\lambda_2$ 的泊松分布.

例 3.17 表明，两个相互独立的泊松随机变量之和仍然服从泊松分布，且其参数恰好为原有两个泊松分布的参数之和，这是泊松分布的一个重要特性. 对于其他离散型随机变量函数 $Z=g(X,Y)$ 的分布，都是先利用函数表达式直接求出新的随机变量的取值，再利用等价事件概率相等这个原理直接求出新的随机变量取所有值的概率.

3.4.2　连续型随机变量函数的分布

相对于离散型随机变量的情形，多维连续型随机变量函数的求法就比较复杂，这里仅讨论下面的几种情形.

1. 和的分布

设 X 与 Y 是相互独立的随机变量，且 X 与 Y 的边缘概率密度分别为 $f_X(x)$ 和 $f_Y(y)$，则 (X,Y) 的概率密度为 $f(x,y)=f_X(x)\cdot f_Y(y)$. 令 $Z=X+Y$，于是对于任意 $a<b$，都有

$$P\{a<Z<b\} = P\{a<X+Y<b\}$$

$$= \iint\limits_{a<x+y<b} f_X(x)f_Y(y)\mathrm{d}x\mathrm{d}y$$

$$= \int_{-\infty}^{+\infty} \mathrm{d}y \int_{a-y}^{b-y} f_X(x)f_Y(y)\mathrm{d}x$$

$$= \int_{-\infty}^{+\infty} f_Y(y)\left[\int_a^b f_X(z-y)\mathrm{d}z\right]\mathrm{d}y \quad (\diamondsuit\, z=x+y)$$

$$= \int_a^b \left[\int_{-\infty}^{+\infty} f_X(z-y)f_Y(y)\mathrm{d}y\right]\mathrm{d}z,$$

则 Z 的概率密度为

$$f_Z(z) = \int_{-\infty}^{+\infty} f_X(z-y)f_Y(y)\mathrm{d}y. \tag{3.14}$$

类似可得

$$f_Z(z) = \int_{-\infty}^{+\infty} f_X(x)f_Y(z-x)\mathrm{d}x. \tag{3.15}$$

上述表明，两个独立的连续型随机变量之和仍是连续型随机变量，其概率密度由式（3.14）或式（3.15）计算，这两个公式称为**连续型卷积公式**.

例 3.18　设随机变量 X 和 Y 相互独立，且均服从标准正态分布，求 $Z=X+Y$ 的概

率密度.

解　由卷积公式，得

$$f_Z(z) = F_Z'(z) = \int_{-\infty}^{+\infty} f_X(x) f_Y(z-x) \mathrm{d}x$$

$$= \frac{1}{2\pi} \int_{-\infty}^{+\infty} \mathrm{e}^{-\frac{x^2}{2}} \cdot \mathrm{e}^{-\frac{(z-x)^2}{2}} \mathrm{d}x$$

$$= \frac{1}{2\pi} \mathrm{e}^{-\frac{z^2}{4}} \int_{-\infty}^{+\infty} \mathrm{e}^{-\left(x-\frac{z}{2}\right)^2} \mathrm{d}x.$$

令 $t = x - \dfrac{z}{2}$，得

$$f_Z(z) = \frac{1}{2\pi} \mathrm{e}^{-\frac{z^2}{4}} \int_{-\infty}^{+\infty} \mathrm{e}^{-t^2} \mathrm{d}t = \frac{1}{2\pi} \mathrm{e}^{-\frac{z^2}{4}} \sqrt{\pi} = \frac{1}{2\sqrt{\pi}} \mathrm{e}^{-\frac{z^2}{4}}.$$

所以 $Z \sim N(0,2)$.

利用卷积公式可以得到下列定理：

定理 3.1　设随机变量 X 与 Y 相互独立，且 $X \sim N(\mu_1, \sigma_1^2)$，$Y \sim N(\mu_2, \sigma_2^2)$，则
$$Z = X + Y \sim N(\mu_1 + \mu_2, \sigma_1^2 + \sigma_2^2).$$

证明　首先指出 $Z = X + Y$ 在 $(-\infty, +\infty)$ 内取值，利用式（3.14），可得

$$f_Z(z) = \frac{1}{2\pi \sigma_1 \sigma_2} \int_{-\infty}^{+\infty} \exp\left\{ -\frac{1}{2}\left[\frac{(z-y-\mu_1)^2}{\sigma_1^2} + \frac{(y-\mu_2)^2}{\sigma_2^2} \right] \right\} \mathrm{d}y,$$

对上式被积函数中的指数部分按 y 的幂次展开，再合并同类项，不难得到

$$\frac{(z-y-\mu_1)^2}{\sigma_1^2} + \frac{(y-\mu_2)^2}{\sigma_2^2} = A\left(y - \frac{B}{A}\right)^2 + \frac{(z-\mu_1-\mu_2)^2}{\sigma_1^2 + \sigma_2^2},$$

其中，

$$A = \frac{1}{\sigma_1^2} + \frac{1}{\sigma_2^2}, \quad B = \frac{z-\mu_1}{\sigma_1^2} + \frac{\mu_2}{\sigma_2^2}.$$

代回原式，可得

$$f_Z(z) = \frac{1}{2\pi \sigma_1 \sigma_2} \exp\left[-\frac{1}{2} \frac{(z-\mu_1-\mu_2)^2}{\sigma_1^2 + \sigma_2^2} \right] \cdot \int_{-\infty}^{+\infty} \exp\left\{ -\frac{A}{2}\left(y - \frac{B}{A} \right)^2 \right\} \mathrm{d}y$$

利用正态概率密度的性质，上式中的积分应为 $\dfrac{\sqrt{2\pi}}{\sqrt{A}}$，于是

$$f_Z(z) = \frac{1}{\sqrt{2\pi(\sigma_1^2 + \sigma_2^2)}} \exp\left[-\frac{1}{2} \frac{(z-\mu_1-\mu_2)^2}{\sigma_1^2 + \sigma_2^2} \right].$$

这正是参数为 $\mu_1 + \mu_2$，$\sigma_1^2 + \sigma_2^2$ 的正态分布的概率密度.

在上述定理的基础上，用数学归纳法，可得如下推论：

推论 3.1　有限个相互独立且均服从正态分布的随机变量，其和也服从正态分布. 也就是说，如果随机变量 $X_i \sim N(\mu_i, \sigma_i^2)$（$i = 1, 2, \cdots, n$），且 $X_1, X_2, \cdots, X_n$ 相互独立，则有
$$X_1 + X_2 + \cdots + X_n \sim N(\mu_1 + \mu_2 + \cdots + \mu_n, \sigma_1^2 + \sigma_2^2 + \cdots + \sigma_n^2).$$

我们还有更一般的结论：

推论 3.2　有限个相互独立且均服从正态分布的随机变量，其任何线性组合也服从正态分布. 也就是说，如果随机变量 $X_i \sim N(\mu_i, \sigma_i^2)$ $(i=1,2,\cdots,n)$，且 $X_1, X_2, \cdots, X_n$ 相互独立，任意常数 $a_1, a_2, \cdots, a_n$ 不全为零，则有

$$\sum_{i=1}^{n} a_i X_i \sim N\left(\sum_{i=1}^{n} a_i \mu_i, \sum_{i=1}^{n} a_i^2 \sigma_i^2 \right).$$

2. $M = \max\{X, Y\}$ 及 $N = \min\{X, Y\}$ 的分布

设随机变量 X, Y 相互独立，其分布函数分别为 $F_X(x)$ 和 $F_Y(y)$，由于 $M = \max\{X, Y\}$ 不大于 z 等价于 X 和 Y 都不大于 z，所以有

$$\begin{aligned} F_M(z) &= P\{M \leqslant z\} = P\{X \leqslant z, Y \leqslant z\} \\ &= P\{X \leqslant z\} P\{Y \leqslant z\} \\ &= F_X(z) F_Y(z). \end{aligned}$$

用同样的方法，可以得到 $N = \min\{X, Y\}$ 的分布函数：

$$\begin{aligned} F_N(z) &= P\{N \leqslant z\} = 1 - P\{N > z\} \\ &= 1 - P\{X > z, Y > z\} = 1 - P\{X > z\} P\{Y > z\} \\ &= 1 - [1 - F_X(z)][1 - F_Y(z)]. \end{aligned}$$

例 3.19　设随机变量 X_1, X_2 相互独立，并且有相同的几何分布：

$$P\{X_i = k\} = pq^{k-1} \quad (k=1,2,\cdots; i=1,2; q=1-p),$$

求 $Y = \max\{X_1, X_2\}$ 的分布.

解　$\begin{aligned}[t] P\{X = n\} &= P\{\max\{X_1, X_2\} = n\} \\ &= P\{X_1 = n, X_2 \leqslant n\} + P\{X_2 = n, X_1 \leqslant n\} \\ &= pq^{n-1} \sum_{k=1}^{n} pq^{k-1} + pq^{n-1} \sum_{k=1}^{n-1} pq^{k-1} \\ &= pq^{n-1}(2 - q^n - q^{n-1}). \end{aligned}$

习题 3

1. 已知某位同学计算得 (X, Y) 的概率分布见表 3.15.

表 3.15

X	Y		
	0	$\frac{1}{3}$	1
-1	0	$\frac{1}{12}$	$\frac{1}{6}$
0	$\frac{1}{6}$	$\frac{1}{6}$	0
2	$\frac{1}{12}$	$\frac{1}{4}$	$\frac{1}{6}$

试说明该同学的计算结果是否正确.

2. 设盒内装有 3 个球，其中有两个球标号为 0，另一个球标号为 1，现从盒中任取一球，记下它的号码后再放回盒中，第二次又任取一球，用 X 表示第一次取得的球的号码，用 Y 表示第二次取得的球的号码，求 (X,Y) 的概率分布.

3. 设二维随机变量 (X,Y) 的概率密度为

$$f(x,y) = \begin{cases} k, & 0 < x^2 < y < x < 1, \\ 0, & \text{其他}. \end{cases}$$

求：（1）常数 k；
（2）$P\{X < 0.5\}$ 和 $P\{X \geqslant 0.5\}$.

4. 设二维随机变量 (X,Y) 的概率密度为

$$f(x,y) = \begin{cases} e^{-y}, & 0 < x < y, \\ 0, & \text{其他}. \end{cases}$$

求 $P\{X+Y \leqslant 1\}$.

5. 求在 D 上服从均匀分布的二维随机变量 (X,Y) 的概率密度及分布函数，其中，D 为 x 轴、y 轴及 $y = 2x+1$ 围成的三角形区域.

6. 设二维随机变量 (X,Y) 的概率密度为

$$f(x,y) = \begin{cases} Ay(1-x), & 0 \leqslant x \leqslant 1, 0 \leqslant y \leqslant x, \\ 0, & \text{其他}. \end{cases}$$

求：（1）系数 A；
（2）X,Y 的边缘概率密度.

7. 设 X 与 Y 是相互独立的随机变量，X 服从 $[0,0.2]$ 上的均匀分布，Y 服从参数为 5 的指数分布，求 (X,Y) 的概率密度及 $P\{X \geqslant Y\}$.

8. 设二维随机变量 (X,Y) 的概率密度为

$$f\{x,y\} = \begin{cases} k, & 0 < x < 1, 0 < y < x^2, \\ 0, & \text{其他}. \end{cases}$$

求：（1）k 的值；
（2）X,Y 的边缘概率密度.

9. 已知二维随机变量 (X,Y) 的概率密度为

$$f(x,y) = \begin{cases} A\sin(x+y), & 0 < x < \dfrac{\pi}{2}, 0 < y < \dfrac{\pi}{2}, \\ 0, & \text{其他}. \end{cases}$$

求：（1）系数 A；
（2）X,Y 的边缘概率密度.

10. 在 10 件产品中有两件一等品，7 件二等品和一件次品. 现从 10 件产品中无放回地抽取 3 件，用 X 表示其中的一等品数，Y 表示其中的二等品数.
（1）求 (X,Y) 的概率分布；
（2）求 X,Y 的边缘概率分布；
（3）判断 X 与 Y 是否相互独立.

11. 设二维随机变量 (X,Y) 在矩形区域 $\{(x,y)\,|\,a<x<b,c<y<d\}$ 内服从均匀分布.

（1）求 (X,Y) 的概率密度与 X,Y 的边缘概率密度；

（2）判断 X 与 Y 是否相互独立？

12. 设二维随机变量 (X,Y) 的概率密度为

$$f(x,y)=\begin{cases}k\mathrm{e}^{-(3x+4y)}, & x>0,y>0,\\ 0, & \text{其他.}\end{cases}$$

（1）求系数 k；

（2）求 $P\{0\leqslant X\leqslant1,0\leqslant Y\leqslant2\}$；

（3）证明 X 与 Y 相互独立.

13. 设二维连续型随机变量 (X,Y) 的分布函数为

$$F(x,y)=A\left(B+\arctan\frac{x}{2}\right)\left(C+\arctan\frac{y}{3}\right).$$

（1）求 A,B,C 的值；

（2）求 (X,Y) 的概率密度；

（3）判断 X,Y 的独立性.

14. 已知 X 和 Y 是两个相互独立的随机变量，X 在 $(0,1)$ 上服从均匀分布，Y 的边缘概率密度为

$$f_Y(y)=\begin{cases}\dfrac{1}{2}\mathrm{e}^{-\frac{y}{2}}, & y>0,\\ 0, & \text{其他.}\end{cases}$$

（1）求 X 和 Y 的联合概率密度；

（2）设关于 a 的二次方程为 $a^2+2Xa+Y=0$，试求此方程有实根的概率（用标准正态的分布函数表示）.

15. 设随机变量 X,Y 相互独立，且

$$f_X(x)=\begin{cases}\lambda\mathrm{e}^{-\lambda x}, & x>0,\\ 0, & x\leqslant0,\end{cases}\quad f_Y(y)=\begin{cases}\mu\mathrm{e}^{-\mu y}, & y>0,\\ 0, & y\leqslant0.\end{cases}$$

求 $Z=X+Y$ 的概率密度.

16. 设随机变量 X,Y 相互独立，且 $X\sim B(1,0.25),Y\sim B(1,0.25)$.

（1）记随机变量 $Z=X+Y$，求 Z 的概率分布；

（2）记随机变量 $U=2X$，求 U 的概率分布.

17. 设二维随机变量 (X,Y) 服从在 D 上的均匀分布，其中，D 为直线 $x=0,y=0,x=2,y=2$ 所围成的正方形区域，求 $Z=X-Y$ 的分布函数及概率密度.

18. 已知二维随机变量 (X,Y) 的概率分布见表 3.16.

表 3.16

X	Y		
	1	2	3
1	$\frac{1}{9}$	0	0
2	$\frac{2}{9}$	$\frac{1}{9}$	0
3	$\frac{2}{9}$	$\frac{2}{9}$	$\frac{1}{9}$

求：（1）$U = \max\{X, Y\}$ 的概率分布；

（2）$V = \min\{X, Y\}$ 的概率分布.

19．设随机变量 X 与 Y 相互独立，若 X 与 Y 分别服从区间 $(0,1)$ 与 $(0,2)$ 上的均匀分布，求 $M = \max\{X, Y\}$ 及 $N = \min\{X, Y\}$ 的概率密度.

第 4 章　随机变量的数字特征

前面我们讨论的随机变量的分布函数，能够完整地描述随机变量的统计规律性，但是在许多实际问题中，人们并不需要全面考察随机变量的变化情况，而只需要知道它的某些特征即可.

例如，评定射击运动员的射击水平时，感兴趣的往往是他命中的环数的平均值，以及命中点的集中程度. 命中环数的平均值越大，说明运动员的水平越高；命中点越集中，说明运动员射击水平越稳定. 这些与随机变量有关的数值，我们称为随机变量的数字特征，这些数字特征在概率论与数理统计中起着重要的作用. 本章主要介绍随机变量的数学期望和方差、随机变量的矩及两个随机变量的协方差和相关系数.

4.1　数　学　期　望

平均值是日常生活中最重要的数字特征之一，已经广泛应用于社会生活和生产实践的各个领域，对于评判事物、做出决策等具有重要的作用.

例如，有甲、乙两个射手，他们的射击成绩见表 4.1，试问谁的射击水平更高.

表 4.1

击中环数	甲的概率	乙的概率
8	0.3	0.2
9	0.1	0.5
10	0.6	0.3

甲和乙谁的水平更高？我们并不能一眼看出来，因此需要计算他们射击的平均环数，即击中环数的平均值.

若让甲、乙二人各射击 10 次，那么根据其射击的概率可知，甲击中 8 环 3 次，9 环 1 次，10 环 6 次，乙击中 8 环 2 次、9 环 5 次，10 环 3 次. 因此，甲击中环数的平均值为

$$\frac{8\times3+9\times1+10\times6}{10}$$

$$=8\times\frac{3}{10}+9\times\frac{1}{10}+10\times\frac{6}{10}$$

$$=8\times0.3+9\times0.1+10\times0.6$$

$$=9.3（环）;$$

乙击中环数的平均值为

$$\frac{8 \times 2 + 9 \times 5 + 10 \times 3}{10}$$

$$= 8 \times \frac{2}{10} + 9 \times \frac{5}{10} + 10 \times \frac{3}{10}$$

$$= 8 \times 0.2 + 9 \times 0.5 + 10 \times 0.3$$

$$= 9.1 （环）.$$

通过甲、乙二人的平均击中的环数，可以判定甲的水平略高于乙. 在以上求平均值的方法中，若把每一次射击比赛击中的环数视为一个随机变量，则这一随机变量的每一个取值与其概率的乘积之和即为击中环数的平均值，这种求平均值的方法我们常称为以概率为权重的加权平均. 经以上分析，我们就可以给出数学期望的定义.

4.1.1 数学期望的定义

定义 4.1 离散型随机变量 X 的概率分布见表 4.2.

表 4.2

X	x_1	x_2	$\cdots$	x_n	$\cdots$
P	p_1	p_2	$\cdots$	p_n	$\cdots$

也就是说，$P\{X = x_i\} = p_i (i = 1, 2, \cdots)$，若级数 $\sum\limits_{i=1}^{\infty} x_i p_i = x_1 p_1 + x_2 p_2 + \cdots + x_n p_n + \cdots$ 绝对收敛，则称其和为 X 的**数学期望**，简称**期望**，也称**均值**，记作 $E(X)$，即

$$E(X) = \sum_{i=1}^{\infty} x_i p_i \tag{4.1}$$

否则，则称 X 的数学期望不存在.

注：离散型随机变量的均值是一种加权平均，为什么又称为期望呢？这是因为概率论最初的研究工作与赌博密切相关. 公元 1657 年，荷兰的惠更斯在概率方面做出了重要的贡献，在一篇题为《论赌博中的推理》的文章中解决了许多新问题，特别是引进了"数学期望"这一重要的概念. 给出的结论相当于：如果 p 是一个赌徒获得赌金 a 的概率，q 是他获得赌金 b 的概率，则他期望获得的金额数是 $ap + bq$.

例 4.1 设随机变量 X 服从参数为 p 的 $(0-1)$ 分布，求 $E(X)$.

解 由题设知，X 的概率分布见表 4.3.

表 4.3

X	0	1
P	$1-p$	p

于是

$$E(X) = 0 \times (1-p) + 1 \times p = p .$$

例 4.2 一批产品中有一、二、三等品及废品四种，相对应的比例分别为 60%、20%、10% 和 10%，若各等级产品对应的产值分别为 6 元、4.8 元、4 元和 0 元，求这批产品的平均产值.

解　设这批产品的产值为 X 元，根据题意，得 X 的概率分布见表 4.4.

表 4.4

X	0	4	4.8	6
P	0.1	0.1	0.2	0.6

于是

$$E(X) = 4 \times 0.1 + 4.8 \times 0.2 + 6 \times 0.6 = 4.96 \text{（元）}.$$

例 4.3　设随机变量 $X \sim B(n,p)$，求 $E(X)$.

解　因为 $X \sim B(n,p)$，所以 X 的概率分布为

$$P\{X = k\} = \mathrm{C}_n^k p^k (1-p)^{n-k} \quad (k = 0,1,2,\cdots,n).$$

于是

$$\begin{aligned}
E(X) &= \sum_{k=0}^{n} k \mathrm{C}_n^k p^k (1-p)^{n-k} \\
&= \sum_{k=0}^{n} \frac{kn!}{k!(n-k)!} p^k (1-p)^{n-k} \\
&= \sum_{k=1}^{n} \frac{np(n-1)! \, p^{k-1} (1-p)^{(n-1)-(k-1)}}{(k-1)![(n-1)-(k-1)]!} \\
&= np[p + (1-p)]^{n-1} \\
&= np.
\end{aligned}$$

例 4.4　设随机变量 X 服从参数为 λ 的泊松分布，即 $X \sim P(\lambda)$，求 $E(X)$.

解　因为 $X \sim P(\lambda)$，所以 X 的概率分布为

$$p_i = P\{X = i\} = \frac{\lambda^i}{i!} \mathrm{e}^{-\lambda} \quad (i = 0,1,2,\cdots).$$

于是

$$\begin{aligned}
E(X) &= \sum_{i=0}^{\infty} i p_i = \sum_{i=0}^{\infty} i \frac{\lambda^i}{i!} \mathrm{e}^{-\lambda} \\
&= \sum_{i=1}^{\infty} \frac{\lambda^i}{(i-1)!} \mathrm{e}^{-\lambda} \\
&= \lambda \sum_{i=1}^{\infty} \frac{\lambda^{i-1}}{(i-1)!} \mathrm{e}^{-\lambda} \\
&= \lambda.
\end{aligned}$$

定义 4.2　设连续型随机变量 X 的概率密度为 $f(x)$，若 $\int_{-\infty}^{+\infty} x f(x) \mathrm{d}x$ 绝对收敛，则称 $\int_{-\infty}^{+\infty} x f(x) \mathrm{d}x$ 为 X 的**数学期望**（同样简称期望或均值），记作 $E(X)$，即

$$E(X) = \int_{-\infty}^{+\infty} x f(x) \mathrm{d}x. \tag{4.2}$$

否则，则称 X 的数学期望不存在.

例 4.5　设随机变量 X 服从区间 $[a,b]$ 上的均匀分布，求 $E(X)$.

解　随机变量 X 的概率密度为

$$f(x) = \begin{cases} \dfrac{1}{b-a}, & a \leqslant x \leqslant b, \\ 0, & 其他. \end{cases}$$

于是

$$E(X) = \int_a^b x \frac{1}{b-a} \mathrm{d}x = \frac{b+a}{2}.$$

例 4.6 设随机变量 X 服从参数为 λ 的指数分布，即 X 的概率密度为

$$f(x) = \begin{cases} \lambda \mathrm{e}^{-\lambda x}, & x > 0, \\ 0, & x \leqslant 0. \end{cases}$$

求 $E(X)$.

解 $E(X) = \displaystyle\int_0^\infty \lambda x \mathrm{e}^{-\lambda x} \mathrm{d}x = -\int_0^\infty x \mathrm{d}(\mathrm{e}^{-\lambda x}) = -x\mathrm{e}^{-\lambda x}\Big|_0^\infty + \int_0^\infty \mathrm{e}^{-\lambda x} \mathrm{d}x = \frac{1}{\lambda}.$

定义 4.3 n 维随机变量 $(X_1, X_2, \cdots, X_n)^{\mathrm{T}}$，若每个 $E(X_i) \, (i = 1, 2, \cdots, n)$ 都存在，则称 $(EX_1, EX_2, \cdots, EX_n)^{\mathrm{T}}$ 为 **n 维随机变量 $(X_1, X_2, \cdots, X_n)^{\mathrm{T}}$ 的数学期望**（或称为**期望**或**均值**）.

当已知随机变量 X 与它的概率分布时，如果我们不是要计算 X 的数学期望，而要计算 X 的某一函数[如 $g(X)$]的数学期望，那么该如何计算呢？一种常见方法如下：因为 $g(X)$ 本身也是一个随机变量，也有概率分布，所以可先由 X 的概率分布得到 $g(X)$ 的概率分布，然后根据数学期望的定义，计算 $E[g(X)]$.

理论上，利用上述方法，由 X 的概率分布我们能够计算 X 的任一函数的数学期望. 但利用下面定理的结果，可以先不计算 $g(X)$ 的概率分布，而是直接计算 $g(X)$ 的数学期望，这是一种很简单的计算数学期望的方法.

定理 4.1 设 $Y = g(X)$ 是随机变量 X 的函数.

（1）若 X 是离散型随机变量，它的概率分布为 $P\{X = x_i\} = p_i (i = 1, 2, \cdots)$，则有

$$E(Y) = E[g(X)] = \sum_{i=1}^\infty g(x_i) p_i.$$

（2）若 X 是连续型随机变量，它的概率密度为 $f(x)$，则有

$$E(Y) = E[g(X)] = \int_{-\infty}^{+\infty} g(x) f(x) \mathrm{d}x.$$

关于二维随机变量函数的数学期望，也有如下类似的定理.

定理 4.2 设 $Z = g(X, Y)$ 是随机变量 X, Y 的函数.

（1）若 (X, Y) 是离散型随机变量，其概率分布为 $P\{X = x_i, Y = y_j\} = p_{ij} \, (i, j = 1, 2, \cdots)$，则有

$$E(Z) = E[g(X, Y)] = \sum_{i=1}^\infty \sum_{j=1}^\infty g(x_i, y_j) p_{ij}.$$

（2）若 (X, Y) 是连续型随机变量，其概率密度为 $f(x, y)$，则有

$$E(Z) = E[g(X, Y)] = \int_{-\infty}^{+\infty} \int_{-\infty}^{+\infty} g(x, y) f(x, y) \mathrm{d}x\mathrm{d}y.$$

以上定理的严格数学证明已经超出本书的范围，在此不做叙述.

例 4.7 已知二维随机变量 (X, Y) 的概率分布见表 4.5.

表 4.5

X	Y			
	0	1	2	3
1	0	$\frac{3}{8}$	$\frac{3}{8}$	0
3	$\frac{1}{8}$	0	0	$\frac{1}{8}$

求 $E(X)$，$E(Y)$，$E(X^2)$ 和 $E(XY)$.

解　关于 X 和 Y 的边缘概率分布见表 4.6 和表 4.7.

表 4.6

X	1	3
P	$\frac{3}{4}$	$\frac{1}{4}$

表 4.7

Y	0	1	2	3
P	$\frac{1}{8}$	$\frac{3}{8}$	$\frac{3}{8}$	$\frac{1}{8}$

于是

$$E(X)=1\times\frac{3}{4}+3\times\frac{1}{4}=\frac{3}{2};$$

$$E(Y)=0\times\frac{1}{8}+1\times\frac{3}{8}+2\times\frac{3}{8}+3\times\frac{1}{8}=\frac{3}{2};$$

$$E(X^2)=1^2\times\frac{3}{4}+3^2\times\frac{1}{4}=3;$$

$$E(XY)=(1\times0)\times0+(1\times1)\times\frac{3}{8}+(1\times2)\times\frac{3}{8}+(1\times3)\times0+(3\times0)\times\frac{1}{8}$$

$$+(3\times1)\times0+(3\times2)\times0+(3\times3)\times\frac{1}{8}=\frac{9}{4}.$$

例 4.8　设随机变量 X 服从区间 $[0,\pi]$ 上的均匀分布，求 $E(X)$，$E(X^2)$，$E(\sin X)$ 和 $E[X-E(X)]^2$.

解　$E(X)=\int_{-\infty}^{+\infty}xf(x)\mathrm{d}x=\int_0^\pi x\cdot\frac{1}{\pi}\mathrm{d}x=\frac{\pi}{2};$

$E(X^2)=\int_{-\infty}^{+\infty}x^2f(x)\mathrm{d}x=\int_0^\pi x^2\cdot\frac{1}{\pi}\mathrm{d}x=\frac{\pi^2}{3};$

$E(\sin X)=\int_{-\infty}^{+\infty}\sin xf(x)\mathrm{d}x=\int_0^\pi\sin x\cdot\frac{1}{\pi}\mathrm{d}x=\frac{1}{\pi}(-\cos x)\Big|_0^\pi=\frac{2}{\pi};$

$E[X-E(X)]^2=E\left(X-\frac{\pi}{2}\right)^2=\int_0^\pi\left(x-\frac{\pi}{2}\right)^2\cdot\frac{1}{\pi}\mathrm{d}x=\frac{\pi^2}{12}.$

例4.9 设二维随机变量 (X,Y) 的概率密度为

$$f(x,y) = \begin{cases} 15x^2 y, & 0 < x < y < 1, \\ 0, & \text{其他}. \end{cases}$$

设 $Z = XY$，试求 Z 的数学期望.

解 $E(Z) = E(XY)$

$$= \int_{-\infty}^{+\infty} \int_{-\infty}^{+\infty} xy f(x,y) \mathrm{d}x \mathrm{d}y$$

$$= \int_0^1 \mathrm{d}y \int_0^y xy \cdot 15x^2 y \, \mathrm{d}x$$

$$= \frac{15}{28}.$$

4.1.2 数学期望的几个重要性质

性质 4.1 设 C 是常数，则 $E(C) = C$.

性质 4.2 对于任何的常数 λ 及随机变量 X，有
$$E(\lambda X) = \lambda E(X).$$

性质 4.3 对于随机变量 X,Y，有
$$E(X + Y) = E(X) + E(Y).$$

性质 4.3 可以推广到任意有限个随机变量的和的情况，即对于 n 个随机变量 $X_1, X_2, \cdots, X_n$，有

$$E(X_1 + X_2 + \cdots + X_n) = E(X_1) + E(X_2) + \cdots + E(X_n). \tag{4.3}$$

性质 4.4 设随机变量 X,Y 相互独立，则
$$E(XY) = E(X)E(Y).$$

证明 （仅证 X,Y 为连续型随机变量的情形）设 X,Y 为连续型随机变量，其概率密度分别为 $f(x)$ 和 $g(x)$，由于 X 与 Y 相互独立，则二维随机变量 (X,Y) 的概率密度 $f(x,y) = f(x)g(y)$ 在平面上几乎处处成立. 于是

$$E(XY) = \int_{-\infty}^{+\infty} \int_{-\infty}^{+\infty} xy f(x,y) \mathrm{d}x \mathrm{d}y$$

$$= \int_{-\infty}^{+\infty} \int_{-\infty}^{+\infty} xy f(x)g(y) \mathrm{d}x \mathrm{d}y$$

$$= \int_{-\infty}^{+\infty} x f(x) \mathrm{d}x \int_{-\infty}^{+\infty} y g(y) \mathrm{d}y$$

$$= E(X)E(Y).$$

性质 4.4 也可以推广到任意有限个随机变量的积的情况，即设随机变量 $X_1, X_2, \cdots, X_n$ 相互独立，则必有

$$E(X_1 X_2 \cdots X_n) = E(X_1)E(X_2) \cdots E(X_n). \tag{4.4}$$

例4.10 载有 20 名乘客的民航机场送客大巴车从机场开出，中途有 10 个车站可以下车，如到达一个车站无旅客下车就不停车，假设每位旅客在各个车站下车是等可能的，且旅客之间在哪一个车站下车相互独立. 设 X 表示停车的次数，求平均停车次数.

解 这个问题中，显然 X 的可能取值是 $1, 2, 3, \cdots, 10$. 但由于没有直接给出随机变量 X 的概率分布，且 X 的概率分布也不易求出. 因此，我们需设法将 X 分解成一些比较

容易求得数学期望的随机变量的和，再利用性质 4.3 求得 X 的数学期望.

可以将 X 分解成 X_i 的和. 这里引入随机变量 X_i，X_i 的概率分布为

$$X_i = \begin{cases} 1, & \text{第 } i \text{ 站有人下车,} \\ 0, & \text{第 } i \text{ 站无人下车,} \end{cases} \quad i = 1, 2, \cdots, 10.$$

则 $X = X_1 + X_2 + \cdots + X_n$.

因为旅客在每一个车站下车都是等可能的，且下车与否相互独立，所以

$$P\{X_i = 0\} = \left(\frac{9}{10}\right)^{20},$$

于是得到 X_i 的概率分布，见表 4.8.

表 4.8

X_i	0	1
P	$\left(\dfrac{9}{10}\right)^{20}$	$1 - \left(\dfrac{9}{10}\right)^{20}$

所以

$$E(X_i) = 1 \times \left[1 - \left(\frac{9}{10}\right)^{20}\right] + 0 \times \left(\frac{9}{10}\right)^{20} = 1 - \left(\frac{9}{10}\right)^{20} \quad (i = 1, 2, \cdots, 10).$$

所以

$$E(X) = E(X_1 + X_2 + \cdots + X_n) = E(X_1) + E(X_2) + \cdots + E(X_n)$$
$$= 10 \times \left[1 - \left(\frac{9}{10}\right)^{20}\right]$$
$$\approx 8.784.$$

即平均停车次数为 8.784.

注：在随机变量的数学期望的定义中，为什么要求无穷级数或无穷积分绝对收敛？我们仅就离散型随机变量来回答这个问题. 若级数绝对收敛，则其和与它的项的排列次序无关. 因为随机变量的数学期望反映它的取值的集中位置，自然不应随排序的主观性而改变，所以要求级数绝对收敛. 对于连续型随机变量可进行类似解释.

4.2　方　差

在上一节中，我们知道数学期望刻画了随机变量取值的平均水平，那么 $[X - E(X)]^2$ 可以用来度量 X 与其平均水平 $E(X)$ 的偏离程度的大小. 由于它是一个随机变量，对 X 的不同取值，它取不同的数，故对它再取数学期望（求平均）$E\{[X - E(X)]^2\}$ 就可以来刻画 X 的所有可能取值对它的数学期望 $E(X)$ 的偏离程度. 这就是我们将引入的方差.

4.2.1　方差的定义

定义 4.4　设 X 是一个随机变量，若 $E\{[X - E(X)]^2\}$ 存在，则称 $E\{[X - E(X)]^2\}$ 为 X

的**方差**,记为 $D(X)$ 或 $\text{Var}(X)$. 称其算术平方根 $\sqrt{D(X)}$ 或 $\sqrt{\text{Var}(X)}$ 为**标准差**,记为 $\sigma(X)$.

我们称 $\dfrac{X - E(X)}{\sqrt{D(X)}}$ 为 X 的标准化变量.

当 X 为离散型随机变量, 概率分布为 $P\{X = x_i\} = p_i (i = 1, 2, \cdots)$, 则

$$D(X) = \sum_{i=1}^{+\infty} [x_i - E(X)]^2 p_i .$$

当 X 为连续型随机变量, 概率密度为 $f(x)$, 则

$$D(X) = \int_{-\infty}^{+\infty} [x - E(X)]^2 f(x) \mathrm{d}x .$$

由于

$$D(X) = E\{[X - E(X)]^2\}$$
$$= E\{X^2 - 2XE(X) + [E(X)]^2\}$$
$$= E(X^2) - 2[E(X)]^2 + [E(X)]^2$$
$$= E(X^2) - [E(X)]^2 .$$

即有

$$D(X) = E(X^2) - [E(X)]^2 \tag{4.5}$$

4.2.2 方差的几个重要性质

性质 4.5 设 C 是常数, 则 $D(C) = 0$, 且
$$D(X + C) = D(X) .$$

性质 4.6 设 X 是随机变量, C 是常数, 则
$$D(CX) = C^2 D(X) .$$

性质 4.7 设 X, Y 是随机变量, 则
$$D(X + Y) = D(X) + D(Y) + 2E\{[X - E(X)][Y - E(Y)]\} . \tag{4.6}$$
证明 $D(X + Y) = E\{[(X + Y) - E(X + Y)]^2\}$
$$= E(\{[X - E(X)] + [Y - E(Y)]\}^2)$$
$$= E\{[X - E(X)]^2\} + E\{[Y - E(Y)]^2\} + 2E\{[X - E(X)][Y - E(Y)]\}$$
$$= D(X) + D(Y) + 2E\{[X - E(X)][Y - E(Y)]\} .$$

性质 4.8 若 X 与 Y 相互独立, 则
$$D(X + Y) = D(X) + D(Y) .$$

证明 由于 X 与 Y 相互独立, 故
$$E(XY) = E(X)E(Y) .$$
于是有
$$E\{[X - E(X)][Y - E(Y)]\}$$
$$= E[XY - XE(Y) - YE(X) + E(X)E(Y)]$$
$$= E(XY) - E(X)E(Y)$$
$$= 0 .$$
所以
$$D(X + Y) = D(X) + D(Y) .$$

可以将性质 4.8 推广到有限个相互独立的随机变量的和的情形,即设 $X_1, X_2, \cdots, X_n$ 是 n 个相互独立的随机变量，则

$$D(X_1 + X_2 + \cdots + X_n) = D(X_1) + D(X_2) + \cdots + D(X_n). \tag{4.7}$$

性质 4.9　$D(X) = 0$ 的充分必要条件是 X 为某一常数的概率是 1.

例 4.11　设随机变量 X 具有概率密度:

$$f(x) = \begin{cases} x, & 0 < x < 1, \\ 2 - x, & 1 \leqslant x \leqslant 2, \\ 0, & 其他. \end{cases}$$

求 $E(X)$ 和 $D(X)$.

解　因为

$$E(X) = \int_{-\infty}^{+\infty} x f(x) \mathrm{d}x = \int_0^1 x \cdot x \mathrm{d}x + \int_1^2 x \cdot (2-x)\mathrm{d}x = 1,$$

$$E(X^2) = \int_{-\infty}^{+\infty} x^2 f(x) \mathrm{d}x = \int_0^1 x^2 \cdot x \mathrm{d}x + \int_1^2 x^2 \cdot (2-x)\mathrm{d}x = \frac{7}{6},$$

所以

$$D(X) = E(X^2) - [E(X)]^2 = \frac{7}{6} - 1^2 = \frac{1}{6}.$$

下面给出几种常见的随机变量的方差.

例 4.12　设随机变量 X 服从参数为 p 的 $(0-1)$ 分布，即 $X \sim B(1, p)$，求 $D(X)$.

解　由题知，X 的概率分布见表 4.9.

表 4.9

X	0	1
P	$1-p$	p

令 $q = 1 - p$，则有

$$\begin{aligned}
D(X) &= E(X^2) - [E(X)]^2 \\
&= 0^2 \times (1-p) + 1^2 \times p - [0 \times (1-p) + 1 \times p]^2 \\
&= p - p^2 = p(1-p) \\
&= pq.
\end{aligned}$$

例 4.13　设随机变量 X 服从参数为 n, p 的二项分布，即 $X \sim B(n, p)$，求 $D(X)$.

解　由例 4.3，知 $E(X) = np$. 又因为

$$\begin{aligned}
E(X^2) &= E[X(X-1)] + E(X) \\
&= \sum_{i=2}^n i(i-1) \mathrm{C}_n^i p^i (1-p)^{n-i} + np \\
&= n(n-1)p^2 \sum_{i=2}^n \frac{(n-2)!}{(i-2)!(n-i)!} p^i (1-p)^{n-i} + np \\
&= n(n-1)p^2 [p + (1-p)]^{n-2} + np \\
&= np + n(n-1)p^2,
\end{aligned}$$

所以

$$D(X) = E(X^2) - [E(X)]^2$$
$$= np + n(n-1)p^2 - (np)^2$$
$$= npq.$$

其中，$q = 1 - p$.

例 4.14 设随机变量 X 服从参数为 λ 的泊松分布，即 $X \sim P(\lambda)$，求 $D(X)$.

解 因为

$$P\{X = i\} = \frac{\lambda^i}{i!} e^{-\lambda} \quad (i = 0,1,2,\cdots),$$

又由例 4.4，知 $E(X) = \lambda$，所以

$$E[X(X-1)] = \sum_{i=0}^{\infty} \frac{i(i-1)}{i!} \lambda^i e^{-\lambda} = \left[\sum_{i=2}^{\infty} \frac{\lambda^{i-2}}{(i-2)!} \right] e^{-\lambda} \cdot \lambda^2 = e^{\lambda} e^{-\lambda} \lambda^2 = \lambda^2,$$

$$E(X^2) = E[X(X-1)] + E(X) = E[X(X-1)] + \lambda = \lambda^2 + \lambda.$$

于是有

$$D(X) = E(X^2) - [E(X)]^2 = \lambda^2 + \lambda - \lambda^2 = \lambda.$$

例 4.15 设随机变量 X 服从参数为 λ 的指数分布，即 $X \sim e(\lambda)$，求 $D(X)$.

解 由例 4.6，知 $E(X) = \dfrac{1}{\lambda}$，又有

$$E(X^2) = \int_0^{+\infty} \lambda x^2 e^{-\lambda x} dx$$
$$= -\int_0^{+\infty} x^2 d(e^{-\lambda x})$$
$$= -x^2 e^{-\lambda x} \Big|_0^{+\infty} + \int_0^{+\infty} e^{-\lambda x} dx^2,$$
$$= \int_0^{+\infty} 2x e^{-\lambda x} dx$$
$$= \frac{2}{\lambda^2},$$

所以

$$D(X) = E(X^2) - [E(X)]^2 = \frac{2}{\lambda^2} - \left(\frac{1}{\lambda}\right)^2 = \frac{1}{\lambda^2}.$$

例 4.16 设随机变量 X 服从参数为 μ 和 σ^2 的正态分布，即 $X \sim N(\mu, \sigma^2)$，求 $E(X)$ 和 $D(X)$.

解 随机变量 X 的概率密度为

$$f(x) = \frac{1}{\sqrt{2\pi}\sigma} e^{-\frac{(x-\mu)^2}{2\sigma^2}} \quad (x \in \mathbf{R}),$$

所以

$$E(X) = \int_{-\infty}^{+\infty} x f(x) dx = \frac{1}{\sqrt{2\pi}\sigma} \int_{-\infty}^{+\infty} x e^{-\frac{(x-\mu)^2}{2\sigma^2}} dx.$$

令 $t = \dfrac{x - \mu}{\sigma}$ ，则

$$E(X) = \frac{1}{\sqrt{2\pi}} \int_{-\infty}^{+\infty} (\sigma t + \mu) \mathrm{e}^{-\frac{t^2}{2}} \mathrm{d}t$$

$$= \frac{\sigma}{\sqrt{2\pi}} \int_{-\infty}^{+\infty} t \mathrm{e}^{-\frac{t^2}{2}} \mathrm{d}t + \frac{\mu}{\sqrt{2\pi}} \int_{-\infty}^{+\infty} \mathrm{e}^{-\frac{t^2}{2}} \mathrm{d}t$$

$$= \frac{\mu}{\sqrt{2\pi}} \cdot \sqrt{2\pi}$$

$$= \mu.$$

$$D(X) = E\{[X - E(X)]^2\}$$

$$= \frac{1}{\sqrt{2\pi}\sigma} \int_{-\infty}^{+\infty} (x - \mu)^2 \mathrm{e}^{-\frac{(x-\mu)^2}{2\sigma^2}} \mathrm{d}x$$

$$= \frac{\sigma^2}{\sqrt{2\pi}} \int_{-\infty}^{+\infty} t^2 \cdot \mathrm{e}^{-\frac{t^2}{2}} \mathrm{d}t$$

$$= -\frac{\sigma^2}{\sqrt{2\pi}} \int_{-\infty}^{+\infty} t \cdot \mathrm{d}\left(\mathrm{e}^{-\frac{t^2}{2}} \right)$$

$$= \frac{\sigma^2}{\sqrt{2\pi}} \int_{-\infty}^{+\infty} \mathrm{e}^{-\frac{t^2}{2}} \mathrm{d}t$$

$$= \sigma^2.$$

综上，一些常见的随机变量的数学期望与方差见表 4.10.

表 4.10

分布名称	概率分布/概率密度	数学期望	方差
两点分布	$\begin{array}{c\|c\|c} X & 0 & 1 \\ \hline P & q & p \end{array}$ 　其中，$p + q = 1$	p	pq
二项分布 $B(n,p)$	$\begin{array}{c\|c\|c\|c\|c} X & 0 & 1 & \cdots & n \\ \hline P & p_0 & p_1 & \cdots & p_n \end{array}$ 　其中，$p_k = C_n^k p^k q^{n-k}$ $(k = 0,1,\cdots,n)$	np	npq
泊松分布 $P(\lambda)$	$P\{X = k\} = \dfrac{\lambda^k}{k!} \mathrm{e}^{-\lambda}(\lambda > 0; k = 0,1,2,\cdots)$	λ	λ
均匀分布 $U[a,b]$	$f(x) = \begin{cases} \dfrac{1}{b-a}, & a \leqslant x \leqslant b \\ 0, & \text{其他} \end{cases}$	$\dfrac{a+b}{2}$	$\dfrac{(b-a)^2}{12}$
指数分布 $e(\lambda)$	$f(x) = \begin{cases} \lambda \mathrm{e}^{-\lambda x}, & x > 0 \\ 0, & \text{其他} \end{cases}$	$\dfrac{1}{\lambda}$	$\dfrac{1}{\lambda^2}$
正态分布 $N(\mu, \sigma^2)$	$f(x) = \dfrac{1}{\sqrt{2\pi}\sigma} \mathrm{e}^{-\frac{(x-\mu)^2}{2\sigma^2}}$ $(x \in \mathbf{R})$	μ	σ^2

4.3　协方差与相关系数

设 (X,Y) 是定义在样本空间上的二维随机变量，现在我们讨论描述 X 与 Y 之间相互关系的数字特征——协方差和相关系数.

在上一节中我们讨论过，若 X 与 Y 相互独立，则必有 $E\{[X-E(X)]\cdot[Y-E(Y)]\}=0$. 因此，若 $E\{[X-E(X)]\cdot[Y-E(Y)]\}\neq 0$，则 X 与 Y 一定不相互独立.

4.3.1　协方差和相关系数的定义

定义 4.5　称 $\mathrm{cov}(X,Y)=E\{[X-E(X)][Y-E(Y)]\}$ 为随机变量 X 与 Y 的**协方差**. 并称 $\rho_{XY}=\dfrac{\mathrm{cov}(X,Y)}{\sqrt{D(X)}\sqrt{D(Y)}}$ 为 X 与 Y 的**相关系数**，也可简记为 ρ.

不难推出计算协方差的另一公式：

$$\mathrm{cov}(X,Y)=E(XY)-E(X)E(Y) \tag{4.8}$$

证明
$$\begin{aligned}
\mathrm{cov}(X,Y)&=E\{[X-E(X)]\cdot[Y-E(Y)]\}\\
&=E[XY-XE(Y)-YE(X)+E(X)E(Y)]\\
&=E(XY)-E(X)E(Y).
\end{aligned}$$

也就是说，协方差等于乘积的期望减去期望的乘积. 由协方差的定义以及上节的展开式（4.6），得

$$D(X+Y)=D(X)+D(Y)+2\mathrm{cov}(X,Y)\,;$$
$$D(X-Y)=D(X)+D(Y)-2\mathrm{cov}(X,Y).$$

当 $\mathrm{cov}(X,Y)=0$ 时，有

$$D(X+Y)=D(X)+D(Y),$$

反之亦成立.

4.3.2　协方差和相关系数的重要性质

性质 4.10　$\mathrm{cov}(X,Y)=\mathrm{cov}(Y,X)$.

性质 4.11　$\mathrm{cov}(aX,bY)=ab\,\mathrm{cov}(X,Y)$（$a,b$ 为常数）.

性质 4.12　$\mathrm{cov}(X+Y,Z)=\mathrm{cov}(X,Z)+\mathrm{cov}(Y,Z)$.

性质 4.13　$\rho_{XY}=\mathrm{cov}\left[\dfrac{X-E(X)}{\sqrt{D(X)}},\dfrac{Y-E(Y)}{\sqrt{D(Y)}}\right]$.

定理 4.3　设 X 与 Y 是两个随机变量，并且 ρ_{XY} 存在，则有 $|\rho_{XY}|\leqslant 1$.

关于定理 4.3 的证明，在此省略.

定理 4.4　设 Y 是随机变量 X 的线性函数：$Y=aX+b$，则当 $a>0$ 时，$\rho_{XY}=1$；当 $a<0$ 时，$\rho_{XY}=-1$.

证明　由定义，得

$$
\begin{aligned}
\operatorname{cov}(X,Y) &= E\{[X-E(X)][Y-E(Y)]\} \\
&= E\{[X-E(X)][(aX+b)-E(aX+b)]\} \\
&= aE\{[X-E(X)]^2\} \\
&= aD(X).
\end{aligned}
$$

因为 $D(Y)=D(aX+b)=a^2 D(X)$，所以

$$
\rho_{XY} = \frac{\operatorname{cov}(X,Y)}{\sqrt{D(X)}\sqrt{D(Y)}} = \frac{aD(X)}{|a|D(X)} = \frac{a}{|a|}.
$$

所以当 $a>0$ 时，$\rho_{XY}=1$；当 $a<0$ 时，$\rho_{XY}=-1$.

以上两个定理表明，当 $Y=aX+b$ 时，ρ_{XY} 的绝对值达到最大值 1. 事实上，还可以证明定理 4.4 的逆命题也是成立的. 因此，X 与 Y 的相关系数 ρ_{XY} 反映了 X 与 Y 线性关系的密切程度.

定义 4.6 设 ρ_{XY} 为 X 与 Y 的相关系数.

（1）若 $\rho_{XY}\neq 0$，则称 X 与 Y 是**相关的**（实为一定程度的**线性相关**）. 其中，当 $|\rho_{XY}|=1$ 时，称 X 与 Y 是**完全相关的**；当 $\rho_{XY}>0$ 时，称 X 与 Y **正相关**；当 $\rho_{XY}<0$ 时，称 X 与 Y **负相关**.

（2）如果 $\rho_{XY}=0$，则称 X 与 Y **不相关**（实为线性无关）.

显然，若 X 与 Y 相互独立，则 $\rho_{XY}=0$.

例 4.17 已知二维随机变量 (X,Y) 的概率分布见表 4.11.

表 4.11

X	Y	
	0	1
-1	$\frac{1}{3}$	0
0	0	$\frac{1}{3}$
1	$\frac{1}{3}$	0

（1）求 X 与 Y 的协方差；

（2）判断 X 与 Y 的相关性，并说明 X,Y 是否独立.

解 （1）由表 4.11 可得，X,Y 及 XY 的概率分布分别见表 4.12～表 4.14.

表 4.12

X	-1	0	1
P_k	$\frac{1}{3}$	$\frac{1}{3}$	$\frac{1}{3}$

表 4.13

Y	0	1
P_k	$\frac{2}{3}$	$\frac{1}{3}$

表 4.14

XY	0
P_k	1

从而

$$E(X)=0,\quad E(Y)=\frac{1}{3},\quad E(XY)=0,$$
$$\mathrm{cov}(X,Y)=E(XY)-E(X)E(Y)=0.$$

（2）由（1）可知 $\rho_{XY}=0$，即 X 与 Y 不相关. 但由于

$$P\{X=0,\ Y=0\}=0\neq P\{X=0\}\cdot P\{Y=0\}=\frac{2}{9},$$

所以 X 与 Y 并不相互独立.

例 4.18 设二维随机变量 (X,Y) 在单位圆 $x^2+y^2\leqslant 1$ 内均匀分布，其概率密度为

$$f(x,y)=\begin{cases}\dfrac{1}{\pi}, & x^2+y^2\leqslant 1,\\ 0, & \text{其他}.\end{cases}$$

试判断 X 与 Y 的相关性，并说明 X 与 Y 是否相互独立.

解 因为 $E(X)=0$，$E(Y)=0$，$E(XY)=\iint\limits_{x^2+y^2\leqslant 1}xy\cdot\dfrac{1}{\pi}\mathrm{d}x\mathrm{d}y=0$，所以 $\mathrm{cov}(X,Y)=0$，所以 $\rho_{XY}=0$，即 X 与 Y 不相关. 但 X 与 Y 并不相互独立. 由例 3.14（2）可知，X 与 Y 的边缘概率密度为

$$f_X(x)=\begin{cases}\dfrac{2}{\pi}\sqrt{1-x^2}, & -1\leqslant x\leqslant 1,\\ 0, & \text{其他};\end{cases}\quad f_Y(y)=\begin{cases}\dfrac{2}{\pi}\sqrt{1-y^2}, & -1\leqslant y\leqslant 1,\\ 0, & \text{其他}.\end{cases}$$

显然，X 与 Y 的联合概率密度 $f(x,y)$ 与边缘概率密度的乘积 $f_X(x)f_Y(y)$ 在平面上并不处处相等，所以 X 与 Y 并不相互独立.

一般来说，没有相关性并不能推出独立性. 但对于二维正态随机变量来说，不相关与独立是等价的，这也是二维正态随机变量的一个重要性质.

例 4.19 设 (X,Y) 为二维正态随机变量，$(X,Y)\sim N(\mu_1,\mu_2,\sigma_1^2,\sigma_2^2,\rho)$，其概率密度为

$$f(x,y)=\frac{1}{2\pi\sigma_1\sigma_2\sqrt{1-\rho^2}}\exp\left\{-\frac{1}{2(1-\rho^2)}\left[\frac{(x-\mu_1)^2}{\sigma_1^2}-2\rho\frac{(x-\mu_1)(y-\mu_2)}{\sigma_1\sigma_2}+\frac{(y-\mu_2)^2}{\sigma_2^2}\right]\right\}$$

$(x,y\in\mathbf{R})$.

求 X 与 Y 的相关系数.

解 由题意可得

$$E(X)=\mu_1,\quad D(X)=\sigma_1^2;$$
$$E(Y)=\mu_2,\quad D(Y)=\sigma_2^2.$$
$$\mathrm{cov}(X,Y)=\int_{-\infty}^{+\infty}\int_{-\infty}^{+\infty}(x-\mu_1)(y-\mu_2)f(x,y)\mathrm{d}x\mathrm{d}y$$
$$=\int_{-\infty}^{+\infty}\int_{-\infty}^{+\infty}(x-\mu_1)(y-\mu_2)\frac{1}{2\pi\sigma_1\sigma_2\sqrt{1-\rho^2}}$$

$$\exp\left\{-\frac{1}{2(1-\rho^2)}\left[\frac{(x-\mu_1)^2}{\sigma_1^2}-2\rho\frac{(x-\mu_1)(y-\mu_2)}{\sigma_1\sigma_2}+\frac{(y-\mu_2)^2}{\sigma_2^2}\right]\right\}\mathrm{d}x\mathrm{d}y$$

令 $u=\dfrac{1}{\sqrt{1-\rho^2}}\left(\dfrac{y-\mu_2}{\sigma_2}-\rho\dfrac{x-\mu_1}{\sigma_1}\right)$，$v=\dfrac{x-\mu_1}{\sigma_1}$，有

$$\begin{aligned}
\mathrm{cov}(X,Y)&=\frac{1}{2\pi}\int_{-\infty}^{+\infty}\int_{-\infty}^{+\infty}(\sigma_1\sigma_2\sqrt{1-\rho^2}\,uv+\rho\sigma_1\sigma_2v^2)\mathrm{e}^{-\frac{u^2}{2}-\frac{v^2}{2}}\mathrm{d}u\mathrm{d}v\\
&=\frac{\rho\sigma_1\sigma_2}{2\pi}\left(\int_{-\infty}^{+\infty}v^2\mathrm{e}^{-\frac{v^2}{2}}\mathrm{d}v\right)\cdot\left(\int_{-\infty}^{+\infty}\mathrm{e}^{-\frac{u^2}{2}}\mathrm{d}u\right)+\frac{\sigma_1\sigma_2\sqrt{1-\rho^2}}{2\pi}\left(\int_{-\infty}^{+\infty}v\mathrm{e}^{-\frac{v^2}{2}}\mathrm{d}v\right)\cdot\left(\int_{-\infty}^{+\infty}u\mathrm{e}^{-\frac{u^2}{2}}\mathrm{d}u\right)\\
&=\frac{\rho\sigma_1\sigma_2}{2\pi}\cdot\sqrt{2\pi}\cdot\sqrt{2\pi}\\
&=\rho\sigma_1\sigma_2,
\end{aligned}$$

于是

$$\rho_{XY}=\frac{\mathrm{cov}(X,Y)}{\sigma_1\sigma_2}=\rho.$$

　　也就是说，对二维正态随机变量而言，参数 ρ 正是 X 与 Y 的相关系数. 在第 3 章中我们已经证明，对于二维正态随机变量 (X,Y)，X 与 Y 相互独立的充分必要条件是 $\rho=0$. 因此，对于二维正态随机变量 (X,Y)，X 与 Y 相互独立和 X 与 Y 不相关是等价的.

4.4　矩、协方差矩阵和相关矩阵

　　本节在推广随机变量的数学期望、方差和两个随机变量的协方差、相关系数等数字特征的基础上，引入矩、协方差矩阵和相关矩阵的概念.

4.4.1　矩

　　定义 4.7　设 X 为随机变量，若

$$E(X^k)\quad(k=1,2,\cdots)$$

存在，则称其为 X 的 **k 阶原点矩**，简称 k 阶矩，也记作 v_k. 若

$$E\{[X-E(X)]^k\}\quad(k=2,3,\cdots)$$

存在，则称其为 X 的 **k 阶中心矩**，也记作 μ_k. 若

$$E[|X-E(X)|^k]\quad(k=2,3,\cdots)$$

存在，则称其为 X 的 **k 阶绝对中心矩**.

　　对于二维随机变量 (X,Y)，若

$$E(X^kY^l)\quad(k,l=1,2,\cdots)$$

存在，则称其为 X 和 Y 的 **$(k+l)$ 阶混合矩**. 若

$$E\{[X-E(X)]^k\}[Y-E(Y)]^l\}\quad(k,l=1,2,\cdots)$$

存在，则称其为 X 和 Y 的 $(k+l)$ 阶混合中心矩.

注：（1）随机变量 X 的数学期望 $E(X)$ 是 X 的一阶原点矩.

（2）随机变量 X 的方差 $D(X)$ 是 X 的二阶中心矩.

4.4.2　协方差矩阵和相关矩阵

定义 4.8　设 $(X_1, X_2, \cdots, X_n)$ 是 n 维随机变量，并且 $D(X_i)(i=1,2,\cdots,n)$ 存在，则以 $\mathrm{cov}(X_i, X_j)$ $(i,j=1,2,\cdots,n)$ 为元素的 n 阶矩阵

$$V = \begin{bmatrix} v_{11} & v_{12} & \cdots & v_{1n} \\ v_{21} & v_{22} & \cdots & v_{2n} \\ \vdots & \vdots & & \vdots \\ v_{n1} & v_{n2} & \cdots & v_{nn} \end{bmatrix}$$

称为该 n 维随机变量的**协方差矩阵**，记作 V，其中，$v_{ii} = D(X_i)$，$v_{ij} = \mathrm{cov}(X_i, X_j)$.

显然，协方差矩阵 V 是对称矩阵，即 $v_{ij} = v_{ji}$　$(i,j=1,2,\cdots,n)$.

定义 4.9　设 $(X_1, X_2, \cdots, X_n)$ 是 n 维随机变量，其任意两个分量 X_i 与 X_j 的相关系数 ρ_{ij} $(i,j=1,2,\cdots,n)$ 都存在，则以 ρ_{ij} 为元素的 n 阶矩阵

$$R = \begin{bmatrix} \rho_{11} & \rho_{12} & \cdots & \rho_{1n} \\ \rho_{21} & \rho_{22} & \cdots & \rho_{2n} \\ \vdots & \vdots & & \vdots \\ \rho_{n1} & \rho_{n2} & \cdots & \rho_{nn} \end{bmatrix}$$

称为该 n 维随机变量的**相关矩阵**，记作 R.

由于 $\mathrm{cov}(X_i, X_i) = D(X_i)$　$(i=1,2,\cdots,n)$，因此

$$\rho_{ii} = \frac{\mathrm{cov}(X_i, X_i)}{\sqrt{D(X_i)}\sqrt{D(X_i)}} = 1 \quad (i=1,2,\cdots,n),$$

$$\rho_{ij} = \frac{\mathrm{cov}(X_i, X_j)}{\sqrt{D(X_i)}\sqrt{D(X_j)}} = \frac{v_{ij}}{\sqrt{v_{ii}}\sqrt{v_{jj}}} \quad (i,j=1,2,\cdots,n).$$

对于协方差矩阵和相关矩阵，我们主要讨论 $n=2$ 的情况.

例 4.20　已知二维随机变量 (X,Y) 的协方差矩阵为

$$V = \begin{bmatrix} 25 & a \\ 12 & 36 \end{bmatrix},$$

求参数 a 及相关矩阵 R.

解　根据题意，知

$$\rho_{11} = \rho_{22} = 1，\quad \rho_{12} = \rho_{21} = \frac{v_{12}}{\sqrt{v_{11}}\sqrt{v_{22}}} = \frac{12}{5 \times 6} = 0.4.$$

又由对称性，知 $a=12$，因此

$$R = \begin{bmatrix} 1 & 0.4 \\ 0.4 & 1 \end{bmatrix}.$$

例 4.21　已知随机变量 X 的方差 $D(X)=\sigma^2$，并且 $Y=3-2X$，求 (X,Y) 的协方差矩阵及相关矩阵.

解　$v_{11}=D(X)=\sigma^2$，$v_{22}=D(Y)=D(3-2X)=4\sigma^2$.

由于 $Y=3-2X$ 为线性函数，所以 $\rho_{XY}=-1$，即 $\rho_{12}=\rho_{21}=-1$. 于是有

$$v_{12}=v_{21}=\mathrm{cov}(X,Y)=\rho_{XY}\sqrt{D(X)}\sqrt{D(Y)}=\rho_{12}\sqrt{v_{11}}\sqrt{v_{22}}=-2\sigma^2.$$

因此 (X,Y) 的协方差矩阵及相关矩阵分别为

$$V=\begin{bmatrix}\sigma^2 & -2\sigma^2 \\ -2\sigma^2 & 4\sigma^2\end{bmatrix}=\sigma^2\begin{bmatrix}1 & -2 \\ -2 & 4\end{bmatrix},\quad R=\begin{bmatrix}1 & -1 \\ -1 & 1\end{bmatrix}.$$

习题 4

1．已知离散型随机变量 X 的概率分布见表 4.15.

表 4.15

X	−2	−1	0	1	2	3
P	0.1	0.2	0.2	0.3	0.1	0.1

试求 $E(X),E(X^2+5)$ 和 $E(|X|)$.

2．设一个袋中有 1 号球 1 只，2 号球 2 只，$\cdots$，n 号球 n 只. 若从袋中任取一只球，记 X 为所取球的号码，试求 X 的数学期望.

3．设在 N 张彩票中有 a 张是中奖的，求购买的 n 张彩票中中奖张数 X 的数学期望.

4．设随机变量 X 的概率密度为

$$f(x)=\begin{cases}0, & x\leqslant 0, \\ x, & 0<x<1, \\ a\mathrm{e}^{-x}, & x\geqslant 1.\end{cases}$$

试求：（1）常数 a；　　　（2）$E(X)$.

5．已知随机变量 X 的分布函数为

$$F(x)=\begin{cases}0, & x<-1, \\ 0.25, & -1\leqslant x<0, \\ 0.75, & 0\leqslant x<1, \\ 1, & x\geqslant 1.\end{cases}$$

试求 $E(X)$，$E(X^2+1)$ 和 $E\left[\left(\dfrac{X}{1+X^2}\right)^2\right]$.

6．设随机变量 X 的概率密度为

$$f(x)=\begin{cases}6x(1-x), & 0\leqslant x\leqslant 1, \\ 0, & \text{其他}.\end{cases}$$

试求 $E(X)$ 和 $D(X)$.

7. 将 n 只球随机地放入编号为 $1,2,\cdots,k$ 的 k 个盒子中，试求没有球的盒子的个数的数学期望.

8. 已知二维离散型随机变量 (X,Y) 的概率分布见表 4.16.

表 4.16

X	Y			
	1	2	3	4
−2	0.10	0.05	0.05	0.10
0	0.05	0	0.10	0.20
2	0.10	0.15	0.05	0.05

试求 $E(X)$，$E(Y)$，$E(XY)$.

9. 已知二维随机变量 (X,Y) 的概率分布见表 4.17.

表 4.17

X	Y	
	−1	1
1	0	$\frac{1}{4}$
2	$\frac{1}{4}$	$\frac{1}{2}$

求：（1）$E(X)$；　　　（2）$D(X)$；　　　（3）$E(Y)$；
（4）$D(Y)$；　　　（5）$\mathrm{cov}(X,Y)$；　　　（6）ρ_{XY}.

10. 已知随机变量 X 和 Y 的联合概率分布见表 4.18.

表 4.18

X	Y		
	0	1	2
0	0.28	0.04	0.08
1	0	0.54	0.06

试求：（1）$D(X)$ 和 $D(Y)$；　　　（2）ρ_{XY}；　　　（3）$\mathrm{cov}(X,XY)$.

11. 已知随机变量 X 和 Y 相互独立且同正态分布 $N(\mu,\sigma^2)$，求 $U=\alpha X+\beta Y$ 和 $V=\alpha X-\beta Y$ 的相关系数 ρ_{UV}.

12. 设二维连续型随机变量 (X,Y) 的概率密度为

$$f(x,y)=\begin{cases} 2, & 0<x<1,2x<y<3x, \\ 0, & \text{其他}. \end{cases}$$

试求：（1）$E(X)$；　　　（2）$E(Y)$；　　　（3）$D(X)$；
（4）$D(Y)$；　　　（5）$\mathrm{cov}(X,Y)$；　　　（6）ρ_{XY}.

13. 设随机变量 X 和 Y 相互独立且同服从参数为 0.7 的 $(0-1)$ 分布,证明：$U=X+Y$ 和 $V=X-Y$ 不相关也不独立.

第5章 大数定律和中心极限定理

任何随机现象出现时都表现出随机性，然而当一种随机现象大量反复出现或大量随机现象共同作用时，所产生的平均结果就可能是稳定的，几乎是非随机的. 例如，各个家庭甚至各个村庄或居民小区的男女比例会有差异，这是随机性的表现. 然而在较大范围（如省、市或国家）中，男女比例则是稳定的. 再如，在分析天平上称量一件物品时，少数几次的称量结果会有所波动，但是多次重复称量结果的平均水平会稳定在被称量物品的质量上. 这些都是众所周知的事实.

大数定律是说明"大量随机现象的平均水平的稳定性"的一系列数学定理的总称. 中心极限定理是在一定条件下关于"大量随机变量之和的极限分布是正态分布"的一系列定理.

本章主要介绍大数定律和中心极限定理中一些基本而重要的结论.

5.1 大 数 定 律

大数定律是关于频率稳定性和大量观测结果平均水平稳定性的数学定理，大数定律有多种形式，最简单的是伯努利大数定律，而切比雪夫大数定律是大数定律比较一般的形式.

5.1.1 切比雪夫不等式

首先介绍一个简单而重要的不等式，即切比雪夫不等式.

定理 5.1（切比雪夫不等式） 设 $E(X) = \mu$，$D(X) = \sigma^2$ 存在，则对 $\forall \varepsilon > 0$，有

$$P\{|X - \mu| \geqslant \varepsilon\} \leqslant \frac{\sigma^2}{\varepsilon^2}. \tag{5.1}$$

现在仅对连续型随机变量的情况进行证明.

证明 设 X 的概率密度为 $f(x)$，因为 $\sigma^2 = D(X) = \int_{-\infty}^{+\infty} (x - \mu)^2 f(x) \mathrm{d}x$，所以

$$P\{|X - \mu| \geqslant \varepsilon\} = \int_{|x-\mu| \geqslant \varepsilon} f(x) \mathrm{d}x$$

$$\leqslant \frac{1}{\varepsilon^2} \int_{|x-\mu| \geqslant \varepsilon} |x - \mu|^2 f(x) \mathrm{d}x$$

$$\leqslant \frac{1}{\varepsilon^2} \int_{-\infty}^{+\infty} (x - \mu)^2 f(x) \mathrm{d}x$$

$$= \frac{\sigma^2}{\varepsilon^2}.$$

切比雪夫不等式的等价形式为

$$P\{|X - \mu| < \varepsilon\} \geqslant 1 - \frac{\sigma^2}{\varepsilon^2}.$$

切比雪夫不等式给出了随机变量有大偏差的概率的上界. 它的应用是非常广泛的, 在本节大数定律的证明中会多次用到切比雪夫不等式.

例 5.1 设随机变量 X 的数学期望为 μ, 方差为 σ^2, 试由切比雪夫不等式估计 $P\{\mu - 3\sigma < X < \mu + 3\sigma\}$ 的最小值.

解 由切比雪夫不等式, 得

$$P\{\mu - 3\sigma < X < \mu + 3\sigma\} = P\{|X - \mu| < 3\sigma\} \geqslant 1 - \frac{1}{9} \approx 0.89.$$

5.1.2 大数定律

首先介绍随机变量序列依概率收敛的概念.

定义 5.1 设 $X_1, X_2, \cdots, X_n, \cdots$ 是一个随机变量序列, X 是一个随机变量. 如果对任意的正数 ε, 都有

$$\lim_{n \to \infty} P\{|X_n - X| \geqslant \varepsilon\} = 0,$$

则称 $X_1, X_2, \cdots, X_n, \cdots$ 依概率收敛于 X, 记作 $X_n \xrightarrow{P} X$.

定理 5.2（伯努利大数定律） 设 v_n 是 n 次伯努利试验中事件 A 发生的次数, p 是每次试验中事件 A 发生的概率, $f_n = v_n / n$ 是 n 次伯努利试验中事件 A 发生的频率, 则

$$f_n \xrightarrow{P} p. \tag{5.2}$$

即当 n 充分大时, 可以用事件发生的频率近似地代替事件的概率.

证明 v_n 作为 n 次伯努利试验中事件 A 发生的次数服从参数为 n, p 的二项分布, 因此, 由不等式 $p(1-p) \leqslant 1/4$, 有

$$E(f_n) = E\left(\frac{v_n}{n}\right) = p, \quad D(f_n) = D\left(\frac{v_n}{n}\right) = \frac{p(1-p)}{n} \leqslant \frac{1}{4n}.$$

根据切比雪夫不等式, 对于任意 $\varepsilon > 0$, 有

$$P\{|f_n - p| \geqslant \varepsilon\} \leqslant \frac{D(f_n)}{\varepsilon^2} = \frac{p(1-p)}{n\varepsilon^2} \leqslant \frac{1}{4n\varepsilon^2} \to 0 (n \to +\infty).$$

从而证明了伯努利大数定律.

定理 5.3（切比雪夫大数定律） 设随机变量 $X_1, X_2, \cdots, X_n, \cdots$ 相互独立, 且数学期望和方差存在. 若存在常数 $C > 0$, 使 $D(X_i) \leqslant C(i = 1, 2, \cdots, n, \cdots)$, 则对任意的正数 ε, 有

$$\lim_{n \to \infty} P\left\{\left|\frac{1}{n}\sum_{i=1}^{n} X_i - \frac{1}{n}\sum_{i=1}^{n} E(X_i)\right| \geqslant \varepsilon\right\} = 0.$$

特别地, 若 $X_1, X_2, \cdots, X_n \cdots$ 同分布, 且数学期望和方差存在: $E(X_i) = \mu$, $D(X_i) = \sigma^2 (i = 1, 2, \cdots, n, \cdots)$, 则

$$\overline{X} = \frac{1}{n}\sum_{i=1}^{n} X_i \xrightarrow{\ P\ } \mu. \qquad (5.3)$$

即 n 个随机变量的算术平均值 $\overline{X}$ 依概率收敛于（各个变量共同的）数学期望 μ.

证明　对任意 $n \geqslant 1$，由切比雪夫不等式（5.1）可得，对任意 $\varepsilon > 0$，有

$$P\left\{ \left| \frac{1}{n}\sum_{i=1}^{n} X_i - \frac{1}{n}\sum_{i=1}^{n} E(X_i) \right| \geqslant \varepsilon \right\} \leqslant \frac{1}{n^2 \varepsilon^2}\sum_{i=1}^{n} D(X_i) \leqslant \frac{C}{n\varepsilon^2} \to 0 (n \to +\infty).$$

于是，切比雪夫大数定律得证.

例 5.2（泊松大数定律）　设 v_n 是 n 次独立试验中事件 A 发生的次数，$f_n = v_n / n$ 是 n 次独立试验中事件 A 发生的频率，$p_i(i = 1,2,\cdots,n)$ 是第 i 次试验中事件 A 发生的概率. 证明：对任意 $\varepsilon > 0$，有

$$\lim_{n \to \infty} P\left\{ \left| f_n - \frac{1}{n}\sum_{i=1}^{n} p_i \right| \geqslant \varepsilon \right\} = 0.$$

证明　考虑相互独立的服从 $(0-1)$ 分布的随机变量序列 $X_i(i = 1,2,\cdots,n,\cdots)$，有

$$P\{X_i = 1\} = p_i, \quad P\{X_i = 0\} = q_i = 1 - p_i;$$
$$E(X_i) = p_i, \quad D(X_i) = p_i q_i.$$

由于 X_i 相互独立，且 $D(X_i) = p_i q_i \leqslant 1/4$，所以随机变量序列 $X_1, X_2, \cdots, X_n, \cdots$ 满足切比雪夫大数定律的条件，因此对任意 $\varepsilon > 0$，有

$$\lim_{n \to \infty} P\left\{ \left| f_n - \frac{1}{n}\sum_{i=1}^{n} p_i \right| \geqslant \varepsilon \right\} = 0.$$

定理 5.4（辛钦大数定律）　设随机变量序列 $X_1, X_2, \cdots, X_n, \cdots$ 独立同分布，数学期望 $E(X_i) = \mu(i = 1,\cdots,n)$，则

$$\frac{1}{n}\sum_{i=1}^{n} X_i \xrightarrow{\ P\ } \mu. \qquad (5.4)$$

关于定理 5.4 的证明，此处省略.

辛钦大数定律表明，对于独立同分布的随机变量序列，只要各个变量共同的数学期望 μ 存在，那么对于充分大的 n，n 个变量的算术平均值就近似地等于每个变量的数学期望 μ.

在同分布条件下，辛钦大数定律与切比雪夫大数定律二者的结论是相同的，不过前者只要求数学期望存在，后者还要求方差也存在. 在许多统计推断问题中，辛钦大数定律用起来更为方便. 伯努利大数定律也可以视为辛钦大数定律的特殊情形.

例 5.3　利用切比雪夫大数定律证明伯努利大数定律.

证明　记 X_i 为第 i 次试验中事件 A 发生的次数，则 $X_1, X_2, \cdots, X_n, \cdots$ 独立同分布，

$$v_n = \sum_{i=1}^{n} X_i \text{ 且}$$

$$E(X_i) = p, \quad D(X_i) = p(1-p).$$

根据切比雪夫大数定律，对任意 $\varepsilon > 0$，有

$$\lim_{n \to \infty} P\left\{ |f_n - p| \geqslant \varepsilon \right\} = 0.$$

于是，$f_n = v_n / n$ 依概率收敛于 p，这正是伯努利大数定律的结论.

例 5.4　利用辛钦大数定律证明伯努利大数定律.

证明　记 X_i 为第 i 次试验中事件 A 发生的次数，则 $v_n = X_1 + \cdots + X_n$ 是 n 次独立重复试验中事件 A 发生的次数，则 $X_1, X_2, \cdots, X_n, \cdots$ 独立同分布，且 $E(X_i) = p$，则 $X_1, X_2, \cdots, X_n, \cdots$ 满足辛钦大数定律的条件. 由辛钦大数定律，有

$$f_n = \frac{v_n}{n} \xrightarrow{P} p .$$

例 5.5　假设随机变量 $X_1, X_2, \cdots, X_n, \cdots$ 独立同分布，且都服从 $(0,1)$ 上的均匀分布. 证明：

$$\frac{1}{n}\sum_{i=1}^{n} \cos\frac{\pi X_i}{2} \xrightarrow{P} \frac{2}{\pi} .$$

证明　由 $X_1, X_2, \cdots, X_n, \cdots$ 独立同分布，可知 $\cos(\pi X_1 / 2), \cdots, \cos(\pi X_n / 2), \cdots$ 也独立同分布. 因为 X_i 的概率密度同为 $f(x) = 1 (0 \leqslant x \leqslant 1)$，所以

$$E\left(\cos\frac{\pi X_i}{2}\right) = \int_{-\infty}^{\infty} \cos\frac{\pi x}{2} f(x)\mathrm{d}x = \int_0^1 \cos\frac{\pi x}{2}\mathrm{d}x = \frac{2}{\pi} \quad (i = 1, 2, \cdots, n, \cdots) .$$

因此，根据辛钦大数定律，有

$$\frac{1}{n}\sum_{i=1}^{n} \cos\frac{\pi X_i}{2} \xrightarrow{P} \frac{2}{\pi} .$$

5.2　中心极限定理

概率论中凡是关于"在一定条件下，随机变量之和的极限分布是正态分布"的定理，统称为中心极限定理. 中心极限定理在概率论和统计学中有非常广泛的应用，它揭示了产生正态分布的源泉. 中心极限定理的内容非常丰富，有多种形式，我们只介绍最常用的两种：棣莫弗-拉普拉斯中心极限定理和林德伯格-列维中心极限定理.

设随机变量 $X_1, X_2, \cdots, X_n$ 独立同分布，且 $X_i \sim B(1, p)(i = 1, 2, \cdots, n)$，则 $v_n = \sum_{i=1}^{n} X_i \sim B(n, p)$. 那么当 $n \to \infty$ 时，v_n 的分布如何？

5.2.1　棣莫弗-拉普拉斯中心极限定理

定理 5.5（棣莫弗-拉普拉斯中心极限定理）　假设 v_n 是 n 次伯努利试验中事件 A 发生的次数，已知每次试验中事件 A 发生的概率为 $p(0 < p < 1)$，则对于任意的实数 x，有

$$\lim_{n \to \infty} P\left\{\frac{v_n - np}{\sqrt{np(1-p)}} \leqslant x\right\} = \varPhi(x) . \tag{5.5}$$

换句话说，如果随机变量 v_n 服从参数为 n, p 的二项分布，则当 n 充分大时，近似地，有

$$U_n = \frac{v_n - np}{\sqrt{npq}} \sim N(0,1) ,$$

其中，$q = 1 - p$. 或者说，当 n 充分大时，近似地，有

$$v_n = \sum_{i=1}^n X_i \sim N(np, npq) . \tag{5.6}$$

即当 n 充分大时，可用正态分布来近似表示二项分布.

关于定理 5.5 的证明，此处省略.

例 5.6　根据有关统计资料，异性双胞胎占双胞胎总数的 36%. 求在 1000 例双胞胎中异性双胞胎例数 X 为 300～400 的概率 α.

解　在 1000 例双胞胎中异性双胞胎例数 X 服从参数为 n, p 的二项分布，其中，

$$n = 1000, \quad p = 0.36;$$

$$E(X) = np = 360 , \quad D(X) = np(1-p) = 230.4 , \quad \sigma = \sqrt{D(X)} \approx 15.18 .$$

根据棣莫弗-拉普拉斯中心极限定理，得

$$\alpha = P\{300 \leqslant X \leqslant 400\} = P\left\{\frac{300-360}{15.18} \leqslant \frac{X-np}{\sqrt{np(1-p)}} \leqslant \frac{400-360}{15.18}\right\}$$

$$\approx P\left\{-3.953 \leqslant \frac{X-np}{\sqrt{np(1-p)}} \leqslant 2.635\right\}$$

$$= \Phi(2.635) - \Phi(-3.953)$$

$$= \Phi(2.635) + \Phi(3.953) - 1 .$$

查阅附表 2，得

$$\Phi(3.953) \approx 1, \quad \Phi(2.63) = 0.9957, \quad \Phi(2.64) = 0.9959 ,$$

由线性内插法，可得

$$\Phi(2.635) = \frac{1}{2}\left[\Phi(2.63) + \Phi(2.64)\right]$$

$$= \frac{1}{2}(0.9957 + 0.9959)$$

$$= 0.9958 .$$

所以

$$\alpha = \Phi(2.635) = 0.9958 .$$

例 5.7　在以往春季商品交易会上，某企业所接待的客户中，下订单的客户占 30%. 假定今年下订单的比率不变，求在该企业所接待的 95 个客户中，有 20～35 个客户下订单的概率 α.

解　以 X 表示所接待的客户中下订单的客户数，可以认为 X 服从参数 $n = 95$ 和 $p = 0.30$ 的二项分布，所以

$$E(X) = 28.5 , \quad D(X) = 19.95 .$$

由于 $n = 95$ 比较大，所以根据棣莫弗-拉普拉斯中心极限定理并查阅附表 2，有

$$\alpha = P\{20 \leqslant X \leqslant 35\} \approx \Phi\left[\frac{35 - E(X)}{\sqrt{D(X)}}\right] - \Phi\left[\frac{20 - E(X)}{\sqrt{D(X)}}\right]$$

$$= \Phi\left(\frac{35 - 28.5}{\sqrt{19.95}}\right) - \Phi\left(\frac{20 - 28.5}{\sqrt{19.95}}\right)$$

$$\approx \Phi(1.46) - \Phi(-1.9)$$

$$= \Phi(1.46) - [1 - \Phi(1.9)]$$

$$= 0.9278 - (1 - 0.9713)$$

$$= 0.8991.$$

例 5.8 假设在某保险公司的索赔客户中因被盗索赔的客户占 30%. 求在 300 个索赔客户中因被盗而索赔的客户数 v_n 为 80～105 的概率 α.

解 易知，随机变量 v_n 服从二项分布，参数 $n = 300$, $p = 0.30$, 其数学期望和方差为

$$E(v_n) = np = 90 , \quad D(v_n) = np(1 - p) = 63 .$$

由于 $n = 300$ 充分大，故根据棣莫弗-拉普拉斯中心极限定理，近似地，有

$$U_n = \frac{v_n - np}{\sqrt{np(1 - p)}} = \frac{v_n - 90}{7.94} \sim N(0,1) .$$

于是，因被盗而索赔的客户数为 80～105 的概率为

$$\alpha = P\{80 \leqslant v_n \leqslant 105\} \approx P\left\{\frac{80 - 90}{7.94} \leqslant \frac{v_n - 90}{7.94} \leqslant \frac{105 - 90}{7.94}\right\}$$

$$\approx \Phi(1.89) - \Phi(-1.26)$$

$$= \Phi(1.89) - [1 - \Phi(1.26)]$$

$$= 0.9706 - 1 + 0.8962$$

$$= 0.8668.$$

5.2.2 林德伯格-列维中心极限定理

定理 5.6（林德伯格-列维中心极限定理） 设随机变量序列 $X_1, X_2, \cdots, X_n, \cdots$ 独立同分布，且数学期望和方差均存在：$E(X_i) = \mu$, $D(X_i) = \sigma^2 (i = 1, 2, \cdots, n)$, 记

$$Z_n = \sum_{i=1}^{n} X_i \text{ 和 } \overline{X}_n = \frac{1}{n}\sum_{i=1}^{n} X_i \tag{5.7}$$

则当 n 充分大时，Z_n 近似地服从正态分布 $N(n\mu, n\sigma^2)$, $\overline{X}_n$ 近似地服从正态分布 $N(\mu, \sigma^2 / n)$; 或当 $n \to \infty$ 时，随机变量

$$U_n = \frac{Z_n - n\mu}{\sqrt{n}\sigma} \text{ 或 } U_n = \frac{\overline{X}_n - \mu}{\sigma / \sqrt{n}} \tag{5.8}$$

的极限分布是标准正态分布 $N(0,1)$.

关于定理 5.6 的证明，此处省略.

例 5.9 将 n 个观测数据相加，对小数部分按"四舍五入"舍去小数位后化为整数. 试利用中心极限定理估计，当 $n = 1500$ 时，舍位误差之和的绝对值大于 15 的概率.

解 设 $X_i (i = 1, 2, \cdots, n)$ 是第 i 个数据的舍位误差. 由条件可以认为 $X_i (i = 1, 2, \cdots, n)$ 独

立且都在区间 $[-0.5, 0.5]$ 上服从均匀分布，从而

$$E(X_i) = 0, \quad D(X_i) = \frac{1}{12}.$$

记 $Z_n = X_1 + X_2 + \cdots + X_n$ 为 n 个数据的舍位误差之和，则

$$E(Z_n) = 0, \quad D(Z_n) = \frac{n}{12}.$$

根据林德伯格-列维中心极限定理知，当 n 充分大时，Z_n 近似服从正态分布 $N\left(0, \frac{n}{12}\right)$. 因为 $\frac{Z_n}{\sqrt{n/12}}$ 近似服从标准正态分布，所以误差之和的绝对值大于 15 的概率为

$$P\{|Z_{1500}| > 15\} = P\left\{\frac{|Z_{1500}|}{\sqrt{1500/12}} > \frac{15}{\sqrt{1500/12}}\right\}$$

$$\approx P\left\{\frac{|Z_{1500}|}{\sqrt{1500/12}} > 1.34\right\}$$

$$\approx [1 - \Phi(1.34)] \times 2$$

$$= 0.1802.$$

例 5.10　一生产线上加工成箱零件，已知每箱零件的平均质量为 50kg，标准差为 5kg. 假设承运这批零件的汽车的最大载重量为 5t，试利用中心极限定理说明该车最多可以装多少箱零件，才能以 97.7% 的概率保障不超载？

解　以 $X_i(i = 1, 2, \cdots, n)$ 表示装运的第 i 箱零件的实际质量，n 为所求箱数. 由条件可以认为随机变量 $X_1, X_2, \cdots, X_n$ 独立同分布，所以总质量 $T = X_1 + X_2 + \cdots + X_n$ 是独立同分布的随机变量之和. 由条件，知

$$E(X_i) = 50, \quad \sigma = \sqrt{D(X_i)} = 5.$$

所以

$$E(T) = 50n, \quad \sigma_T = \sqrt{D(T)} = 5\sqrt{n}.$$

由于随机变量 $X_1, X_2, \cdots, X_n$ 独立同分布，且数学期望和方差都存在，故根据林德伯格-列维中心极限定理，只要 n 充分大，随机变量（总质量）T 就近似地服从正态分布 $N(50n, 25n)$. 由题意知，所求的 n 应满足条件：

$$P\{T \leqslant 5000\} = P\left\{\frac{T - 50n}{5\sqrt{n}} \leqslant \frac{5000 - 50n}{5\sqrt{n}}\right\}.$$

$$\approx \Phi\left(\frac{5000 - 50n}{5\sqrt{n}}\right)$$

$$\geqslant 0.977.$$

由附表 2，可知 $\Phi(2) = 0.9772$. 从而有

$$a_n = \frac{5000 - 50n}{5\sqrt{n}} = \frac{1000 - 10n}{\sqrt{n}} \geqslant 2.$$

经试算，当 $n = 97$ 时，$a_n \approx 3.05$；当 $n = 98$ 时，$a_n = 2.02$；当 $n = 99$ 时，$a_n = 1.01$. 由此可知应取 $n = 98$，即最多只能装 98 箱.

习题 5

1. 设随机变量 X 的方差为 2.5，利用切比雪夫不等式估计 $P\{|X-E(X)|\geqslant 7.5\}$ 的值.

2. 设有随机变量 X 和 Y，且 $E(X)=-2$，$E(Y)=2$，$D(X)=1$，$D(Y)=4$，$\rho_{XY}=-0.5$，利用切比雪夫不等式估计 $P\{|X+Y|\geqslant 6\}$ 的值.

3. 设某元件的寿命 X（单位：h）为随机变量，分布函数未知，已知其均值为 1000，方差为 2500. 试用切比雪夫不等式估计该元件寿命为 900～1100h 的概率至少是多少？

4. 在次品率为 $\frac{1}{6}$ 的一大批产品中，任意抽取 300 件产品，利用中心极限定理计算抽取的产品中次品件数为 40～60 的概率.

5. 设某公路段过往车辆发生交通事故的概率为 0.0001，车辆间发生交通事故与否相互独立，若在某个时间区间内恰有 10 万辆车辆通过，试求在该时间区间内发生交通事故的次数不多于 15 次的概率的近似值.

6. 已知通过某大桥的行人的体重服从 $[a,b]$ 内的均匀分布（单位：kg），且设行人之间体重相互独立，若在某一时刻恰有 100 个人行走在该大桥上，试求该大桥所承受的行人的体重超过 $(47a+53b)$kg 的概率的近似值.

7. 用自动包装机包装的食盐，每袋净重 X 是一个随机变量. 假设要求每袋食盐的平均质量为 500g，标准差为 10g. 如果每箱装 100 袋食盐，随意查验一箱食盐，求净重超过 50100g 的概率 α.

8. 设某种电池的寿命 X 服从均值为 100（单位：h）的指数分布，某人购买了该种电池 100 只，试求他所购买的 100 只电池的总寿命超过 11000h 的概率.

9. 根据孟德尔遗传定律，红、黄两种番茄杂交的第二代中，结红果的植株数与结黄果的植株数的比例为 3：1. 假设种植杂交番茄 400 株，试求黄果植株数为 83～117 的概率 α 的近似值.

10. 某生产线上组装每件产品的时间服从指数分布，已知平均用时 10min，且各件产品的组装时间相互独立.

（1）试求组装 100 件产品需要 15～20h 的概率；

（2）在保证有 95% 的可能性的前提下，16h 内最多可以组装多少件产品？

11. 一家宾馆有 500 间客房，每间客房装有一台 2kW 的空调. 若开房率为 80%，问：需要多少千瓦的电力才能有 99% 的可能性保证有足够的电力使用空调？

第6章 统计量及其分布

前面 5 章的研究属于概率论的范畴,从本章开始转入第二部分——数理统计. 概率论与数理统计的关联很密切,概率论是数理统计的理论基础,数理统计是概率论的应用. 数理统计是一门应用性很强的学科,它是研究怎样以有效的方式收集、整理和分析带有随机性的数据,以便对所考察的问题做出推断和预测. 凡是有大量数据出现的地方,都离不开数理统计. 人口普查、市场调查、税收预算、保险业中的赔款额和保险金的确定等都是数理统计研究的范畴,数理统计的应用范围涵盖了涉及社会、经济、自然科学的大部分领域. 本章主要介绍数理统计中的基本概念.

6.1 样本与统计量

6.1.1 总体与个体

在一个统计问题中,我们把研究对象的全体称为**总体**,把总体中的每个成员称为**个体**. 总体分为有限总体和无限总体. 例如,我们考察某批台灯的寿命,那么这批台灯的全体就是总体,其中的每个台灯就是个体. 然而在数理统计的研究中,人们往往关心研究对象的某一项(或几项)数量指标,为此,对这一指标进行随机试验,观察试验结果的全部取值,从而考察该数量指标的分布情况. 这时,这些数量指标的全体就是总体,每个数量指标就是个体. 例如,在上例中,若将这批台灯寿命的全体看成总体,每个台灯的寿命就是个体.

因为每个个体的出现具有随机性,所以相应的指标的出现也具有随机性. 这样我们就可以把这种数量指标看成一个随机变量,而此随机变量的分布就描述了我们所关心的总体,从这个意义上看,总体就是一个分布,而其数量指标就是服从这个分布的随机变量. 因此在理论上可以把总体与概率分布等同起来.

例 6.1 考察某厂的产品质量,以 0 记合格品,以 1 记不合格品,若记 P 为产品中的不合格品率,请写出总体及总体的概率分布.

解 总体 = {该厂生产的全部合格品与不合格品} = {由 0 或 1 组成的一堆数}.

总体可由一个(0-1)分布表示,其概率分布见表 6.1.

表 6.1

X	0	1
P	$1-p$	p

6.1.2 样本

在实际问题中，总体分布一般是未知的，或只知道是包含未知参数的分布，为推断总体分布及各种特征，需要从总体中按一定规则抽取若干个体进行观察试验，以获得有关总体的信息，这一抽取过程称为**抽样**，所抽取的这部分个体称为总体的一个**样本**. 样本中所包含的个体数目称为**样本容量**，样本中的每一个个体称为**样品**. 因为每一种抽样都有随机性，所以容量为 n 的样本可以看成 n 维随机变量 $(X_1, X_2, \cdots, X_n)$，样本在抽取以后就有了确定的观测值 $(x_1, x_2, \cdots, x_n)$，称为**样本的观测值**.

抽样是为了更好地对总体进行统计推断，因此选择抽样方法特别重要. 进行抽样时常用的抽样方法叫作**简单随机抽样**，简单随机抽样具有以下两个特点：

（1）随机性：总体中每一个个体都有同等机会被选入样本，即每一个样品 X_i 与总体 X 有相同的分布；

（2）独立性：样本中每一个样品的取值不影响其他样品的取值，即 $X_1, X_2, \cdots, X_n$ 是相互独立的.

因此，利用简单随机抽样得到的样本就是独立同分布的样本，这种样本是最常见、最广泛的应用形式，本书所涉及的样本除另外说明，都指的是简单随机样本.

6.1.3 统计量

为了研究总体的特征，我们从总体中抽取一组样本，而样本观测值描述总体的信息较为分散，这样我们就需要对样本值进行一定的加工，最好的方法是构造样本的函数，不同的函数反映总体的不同特征.

定义 6.1 不含有任何未知参数的样本的函数称为**统计量**. 统计量的分布称为**抽样分布**.

统计量是完全由样本决定的量. 例如，若总体的分布为正态分布 $N(\mu, \sigma^2)$，其中 μ 已知，σ 未知，$X_1, X_2, \cdots, X_n$ 是从总体中抽取的样本，则 $X_1 + \mu$ 是统计量，而 $\sigma^2 + X_1$ 就不是统计量. 统计量是不依赖于任何未知参数的，但其抽样分布可能是依赖于未知参数的.

设 $X_1, X_2, \cdots, X_n$ 是来自某个总体的样本，最常用的几个统计量如下.

（1）样本均值：

$$\overline{X} = \frac{1}{n} \sum_{i=1}^{n} X_i .$$

样本均值描述的是数据的中心位置.

（2）样本方差：

$$S^2 = \frac{1}{n-1} \sum_{i=1}^{n} (X_i - \overline{X})^2 .$$

（3）样本标准差：

$$S = \sqrt{\frac{1}{n-1} \sum_{i=1}^{n} (X_i - \overline{X})^2} .$$

样本方差与样本标准差描述了数据的分散程度. 样本方差也可表示为

$$S^2 = \frac{1}{n-1}\sum_{i=1}^{n}(X_i - \overline{X})^2 = \frac{1}{n-1}\left(\sum_{i=1}^{n}X_i^2 - n\overline{X}^2\right).$$

（4）样本 k 阶原点矩：

$$A_k = \frac{1}{n}\sum_{i=1}^{n}X_i^k \quad (k=1,2,\cdots).$$

（5）样本 k 阶中心矩：

$$B_k = \frac{1}{n}\sum_{i=1}^{n}(X_i - \overline{X})^k \quad (k=1,2,\cdots).$$

（6）样本中位数：

$$m_{0.5} = \begin{cases} x_{\left(\frac{n+1}{2}\right)}, & \text{当} n \text{为奇数}, \\ \frac{1}{2}\left[x_{\left(\frac{n}{2}\right)} + x_{\left(\frac{n}{2}+1\right)}\right], & \text{当} n \text{为偶数}. \end{cases}$$

其中，$x_{(i)}$ 表示将数据按从小到大的次序排列后，第 i 个位置的数据. 样本中位数就是位于中间位置的数据的数值.

样本均值计算简单，应用起来非常方便，但有些场合样本中位数比样本均值更能说明问题. 例如，对于某地区居民收入的数据，若利用人均收入（样本均值）作为该地区居民贫富程度的指标，则有可能不能反映真实的情况，有可能会掩盖贫富差距，因为少数人拥有巨额财富会提高该地区的人均收入. 对于这一类数据的处理，通常使用样本中位数来描述数据的中心位置.

一般情况下，统计量的抽样分布的计算是较为困难的. 当样本容量较大时，对于一些总体中的抽样分布可以利用中心极限定理得到其近似分布.

定理 6.1　设 $X_1, X_2, \cdots, X_n$ 是从总体 X 中抽取的样本，其中，$E(X)=\mu$，$D(X)=\sigma^2$. 则当 n 充分大时，近似地，有

$$\overline{X} \sim N\left(\mu, \frac{\sigma^2}{n}\right).$$

证明　因为 $X_1, X_2, \cdots, X_n$ 是从总体中抽取的样本，所以 $X_1, X_2, \cdots, X_n$ 独立同分布，且

$$E(X_i)=\mu, \quad D(X_i)=\sigma^2 (i=1,2,\cdots,n).$$

由林德伯格-列维中心极限定理知，当 n 充分大时，近似地，有

$$\overline{X} \sim N\left(\mu, \frac{\sigma^2}{n}\right).$$

6.2　经验分布函数与直方图

6.2.1　经验分布函数

设 $X_1, X_2, \cdots, X_n$ 是取自总体分布函数为 $F(x)$ 的样本，若将样本观测值由小到大进行

排列，记为 $x_{(1)}, x_{(2)}, \cdots, x_{(n)}$，则称 $x_{(1)}, x_{(2)}, \cdots, x_{(n)}$ 为**有序样本**，称函数

$$F_n(x) = \begin{cases} 0, & x < x_{(1)}, \\ k/n, & x_{(k)} \leqslant x < x_{(k+1)}, \quad k = 1, 2, \cdots, n-1 \\ 1, & x \geqslant x_{(n)}, \end{cases}$$

为总体的**经验分布函数**.

由经验分布函数的定义可知，$F_n(x)$ 是一个单调不减、右连续的阶梯函数，且

$$F_n(-\infty) = 0, \quad F_n(+\infty) = 1,$$

显然 $F_n(x)$ 是一个分布函数，那么这个分布函数与总体的分布函数 $F(x)$ 有关系吗？下面的格里纹科定理给出了答案.

定理 6.2（格里纹科定理） 设 $X_1, X_2, \cdots, X_n$ 是取自总体分布函数为 $F(x)$ 的样本，$F_n(x)$ 是其经验分布函数，当 $n \to +\infty$ 时，有

$$P\left\{ \sup_{-\infty < x < +\infty} |F_n(x) - F(x)| \to 0 \right\} = 1.$$

格里纹科定理表明，当 n 相当大时，经验分布函数是总体分布函数 $F(x)$ 的一个很好的近似. 这也是经典的统计学中一切统计推断都以样本为依据的原因.

6.2.2 频数/频率分布表及直方图

样本数据的整理是统计研究的基础，整理数据较常用的方法之一是给出其频数分布表或频率分布表. 我们通过一个例子进行介绍.

例 6.2 为研究某厂工人生产某种产品的能力，随机调查了 20 位工人某天生产的该种产品的数量，数据如下：

$$160, \quad 196, \quad 164, \quad 148, \quad 170,$$
$$175, \quad 178, \quad 166, \quad 181, \quad 162,$$
$$161, \quad 168, \quad 166, \quad 162, \quad 172,$$
$$156, \quad 170, \quad 157, \quad 162, \quad 154.$$

试对这 20 个数据进行整理，并画出频数/频率分布表.

解 具体步骤如下：

（1）对样本进行分组. 首先确定组数 k，作为一般性原则，组数通常为 5～20 个，对样本容量较小的样本，通常将其分为 5 组或 6 组，容量为 100 左右的样本可分为 7～10 组，容量为 200 左右的样本可分为 9～13 组，容量为 300 左右及以上的样本可分为 12～20 组，目的是使用足够的组来表示数据的变异. 本例中可将 20 个数据分为 5 组.

（2）确定每组组距. 每组区间长度可以相同也可以不同，实际中常选用长度相同的区间以便于进行比较，此时各组区间的长度称为组距，其近似公式为

$$\text{组距 } d = (\text{样本最大观测值} - \text{样本最小观测值}) / \text{组数}.$$

本例中，组距近似为

$$d = \frac{196 - 148}{5} = 9.6.$$

方便起见，取组距为 10.

（3）确定每组组限. 各组区间端点为 $a_0, a_0 + d = a_1, a_0 + 2d = a_2, \cdots, a_0 + kd = a_k$，形成如下的分组区间：
$$(a_0, a_1], (a_1, a_2], \cdots, (a_{k-1}, a_k],$$
其中，a_0 略小于最小观测值，a_k 略大于最大观测值. 本例中，取 $a_0 = 147$，$a_5 = 197$，于是本例的分组区间为
$$(147, 157], (157, 167], (167, 177], (177, 187], (187, 197],$$
通常可用每组的组中值来代表该组的变量取值，组中值=(组上限+组下限)/2.

（4）统计样本数据落入每个区间的频数，并画出其频数/频率分布表. 本例中的频数/频率分布表见表 6.2.

表 6.2

组序	分组区间	组中值	频数	频率	累计频率/%
1	(147,157]	152	4	0.20	20
2	(157,167]	162	8	0.40	60
3	(167,177]	172	5	0.25	85
4	(177,187]	182	2	0.10	95
5	(187,197]	192	1	0.05	100

前面介绍了频数/频率分布的表格形式，它也可以用图形表示，频数分布最常用的图形表示是直方图. 直方图的横坐标表示所关心变量的取值区间，纵坐标有三种表示方法：频数、频率、频率/组距，最准确的是频率/组距，它可使所有长条矩形的面积和为 1. 这三种直方图的差别仅在于纵轴变量的选择，直方图本身并无变化. 例 6.2 的频数分布直方图如图 6.1 所示.

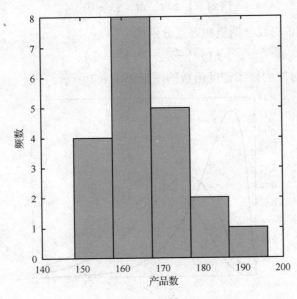

图 6.1

6.3 抽 样 分 布

抽样分布，即统计量的分布．研究统计量的性质和评价一个统计推断的优良性，完全取决于其抽样分布的性质．本节先讨论统计中常用的三大抽样分布，再讨论在正态总体下，常用统计量的抽样分布．

6.3.1 三大分布

为讨论正态总体下的抽样分布，先介绍由正态分布导出的统计中的三大分布：χ^2 分布、t 分布和 F 分布．

1. χ^2 分布

定义 6.2 设 $X_1, X_2, \cdots, X_n$ 相互独立，且都服从标准正态分布 $N(0,1)$，则称随机变量

$$\chi^2 = X_1^2 + X_2^2 + \cdots + X_n^2$$

所服从的分布为**自由度为 n 的 χ^2 分布**，记为 $\chi^2 \sim \chi^2(n)$．

χ^2 分布的概率密度函数为

$$f(x) = \begin{cases} \dfrac{1}{2^{\frac{n}{2}}\Gamma\left(\dfrac{n}{2}\right)} x^{\frac{n}{2}-1} \mathrm{e}^{-\frac{x}{2}}, & x > 0, \\ 0, & x \leqslant 0, \end{cases}$$

其中，

$$\Gamma(x) = \int_0^\infty \mathrm{e}^{-t} t^{x-1} \mathrm{d}t \quad (x > 0).$$

自由度为 n 的 χ^2 分布的数学期望和方差分别为

$$E(\chi^2) = n, \quad D(\chi^2) = 2n.$$

当 n 取不同值时，对应的概率密度函数的图形如图 6.2 所示．

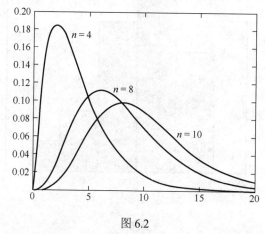

图 6.2

2.　t 分布

定义 6.3　设 $X \sim N(0,1)$，$Y \sim \chi^2(n)$，且 X 与 Y 相互独立，则称随机变量

$$T = \frac{X}{\sqrt{Y/n}}$$

所服从的分布为**自由度为 n 的 t 分布**，记为 $T \sim t(n)$.

t 分布的概率密度函数为

$$f(x) = \begin{cases} \dfrac{\Gamma[(n+1)/2]}{\Gamma\left(\dfrac{n}{2}\right)\sqrt{n\pi}}\left(1+\dfrac{x^2}{n}\right)^{\frac{-(n+1)}{2}}, & x > 0, \\ 0, & x \leqslant 0. \end{cases}$$

图 6.3 是对应 $n=4$ 的 t 分布的概率密度函数的图形.

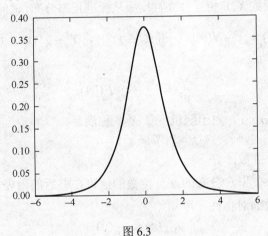

图 6.3

　　t 分布的概率密度函数的图形关于 y 轴对称，并且当 n 充分大时，其概率密度函数的图形近似于标准正态分布的图形.

3.　F 分布

定义 6.4　设 $X \sim \chi^2(n_1)$，$Y \sim \chi^2(n_2)$，且 X 与 Y 相互独立，则称随机变量

$$F = \frac{X/n_1}{Y/n_2}$$

所服从的分布为**自由度为 n_1 和 n_2 的 F 分布**，记为 $F \sim F(n_1, n_2)$.

　　由 F 分布的定义，可知

$$\frac{1}{F} = \frac{Y/n_2}{X/n_1} \sim F(n_2, n_1).$$

F 分布的概率密度函数的图形如图 6.4 所示.

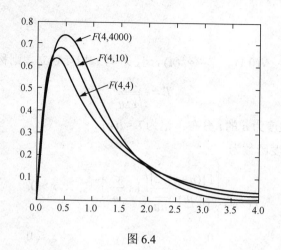

图 6.4

例 6.3 设随机变量 X,Y 相互独立且均服从标准正态分布,试问 $\dfrac{X^2}{Y^2}$ 服从何种分布?

解 由 $X \sim N(0,1)$, $Y \sim N(0,1)$, 得 $X^2 \sim \chi^2(1)$, $Y^2 \sim \chi^2(1)$, 且 X^2 与 Y^2 相互独立, 由 F 分布的定义, 可知

$$\frac{X^2}{Y^2} = \frac{X^2/1}{Y^2/1} \sim F(1,1).$$

定义 6.5 设 $0 < \alpha < 1$, 对于随机变量 X, 称满足

$$P\{X \leqslant x_\alpha\} = \alpha \tag{6.1}$$

的实数 x_α 为 X 的 $\boldsymbol{\alpha}$ 分位数.

关于 χ^2 分布、t 分布和 F 分布的 α 分位数的值可在书后的附表 3～附表 5 中查到. 由 t 分布的概率密度函数的对称性, 可知

$$t_{1-\alpha}(n) = -t_\alpha(n). \tag{6.2}$$

又由 F 分布的定义, 可知

$$F_{1-\alpha}(n,m) = \frac{1}{F_\alpha(m,n)}. \tag{6.3}$$

这两个公式很重要, 特别是利用式(6.3)可以求出 F 分布表(附表 5)中未列出的一些分位数. 例如, 查附表 5 可得 $F_{0.95}(5,10) = 3.26$, 则

$$F_{0.05}(10,5) = \frac{1}{F_{0.95}(5,10)} = \frac{1}{3.326} \approx 0.3.$$

6.3.2 正态总体下的抽样分布

假设 $X_1, X_2, \cdots, X_n$ 是来自正态总体 $N(\mu, \sigma^2)$ 的样本, 则 $X_1, X_2, \cdots, X_n$ 独立同分布, 设 $\overline{X}$ 为样本均值, 则由数学期望和方差的性质, 可知

$$E(\overline{X}) = \mu, \quad D(\overline{X}) = \frac{\sigma^2}{n}. \tag{6.4}$$

即 $\bar{X}$ 的数学期望与总体的数学期望相同,方差是总体方差的 $\dfrac{1}{n}$,因此增大样本容量可以减小抽样误差.

定理 6.3 设 $X_1, X_2, \cdots, X_n$ 是来自正态总体 $N(\mu, \sigma^2)$ 的样本,$\bar{X}$ 为样本均值,S^2 为样本方差,则

（1） $\bar{X} \sim N\left(\mu, \dfrac{\sigma^2}{n}\right)$;

（2） $\bar{X}$ 与 S^2 相互独立;

（3） $\dfrac{(n-1)S^2}{\sigma^2} \sim \chi^2(n-1)$.

关于定理 6.3 的证明,此处省略.

定理 6.4 设 $X_1, X_2, \cdots, X_n$ 是来自正态总体 $N(\mu, \sigma^2)$ 的样本,$\bar{X}$ 为样本均值,S^2 为样本方差,则

$$\frac{\bar{X}-\mu}{S/\sqrt{n}} \sim t(n-1). \tag{6.5}$$

证明 因为正态分布具有可加性,所以 $\bar{X}$ 服从正态分布. 再由式（6.4）,可知

$$\frac{\bar{X}-\mu}{\sigma/\sqrt{n}} \sim N(0,1).$$

由定理 6.3 及 t 分布的定义,可知

$$\frac{\dfrac{\bar{X}-\mu}{\sigma/\sqrt{n}}}{\sqrt{\dfrac{(n-1)S^2}{(n-1)\sigma^2}}} \sim t(n-1),$$

即

$$\frac{\bar{X}-\mu}{S/\sqrt{n}} \sim t(n-1).$$

对于两个正态总体的样本,有下面的结论.

定理 6.5 设 $X_1, X_2, \cdots, X_m$ 是来自正态总体 $N(\mu_1, \sigma^2)$ 的样本,$Y_1, Y_2, \cdots, Y_n$ 是来自正态总体 $N(\mu_2, \sigma^2)$ 的样本,且两个正态总体是相互独立的,$\bar{X}, \bar{Y}$ 分别为两组样本的样本均值,S_1^2, S_2^2 分别为两组样本的样本方差,则

$$\frac{(\bar{X}-\bar{Y})-(\mu_1-\mu_2)}{\sqrt{\dfrac{(m-1)S_1^2+(n-1)S_2^2}{m+n-2}}\sqrt{\dfrac{1}{m}+\dfrac{1}{n}}} \sim t(m+n-2) \tag{6.6}$$

证明 由定理 6.3,可知

$$\bar{X} \sim N\left(\mu_1, \dfrac{\sigma^2}{m}\right), \quad \bar{Y} \sim N\left(\mu_2, \dfrac{\sigma^2}{n}\right).$$

又由于 $\bar{X}$ 与 $\bar{Y}$ 是相互独立的,则有

$$\bar{X} - \bar{Y} \sim N\left(\mu_1 - \mu_2, \frac{\sigma^2}{m} + \frac{\sigma^2}{n}\right),$$

于是有

$$\frac{(\bar{X} - \bar{Y}) - (\mu_1 - \mu_2)}{\sigma \sqrt{\frac{1}{m} + \frac{1}{n}}} \sim N(0,1). \tag{6.7}$$

由定理 6.3，可知

$$\frac{(m-1)S_1^2}{\sigma^2} \sim \chi^2(m-1), \quad \frac{(n-1)S_2^2}{\sigma^2} \sim \chi^2(n-1).$$

由于两个总体是相互独立的，所以

$$\frac{(m-1)S_1^2 + (n-1)S_2^2}{\sigma^2} \sim \chi^2(m+n-2). \tag{6.8}$$

由式（6.7）、式（6.8）及 t 分布的定义，可知

$$\frac{(\bar{X} - \bar{Y}) - (\mu_1 - \mu_2)}{\sqrt{\frac{(m-1)S_1^2 + (n-1)S_2^2}{m+n-2}} \sqrt{\frac{1}{m} + \frac{1}{n}}} \sim t(m+n-2).$$

定理 6.6 设 $X_1, X_2, \cdots, X_m$ 是来自正态总体 $N(\mu_1, \sigma_1^2)$ 的样本，$Y_1, Y_2, \cdots, Y_n$ 是来自正态总体 $N(\mu_2, \sigma_2^2)$ 的样本，且两个正态总体是相互独立的，S_1^2, S_2^2 分别为两组样本的样本方差，则

$$\frac{S_1^2 / \sigma_1^2}{S_2^2 / \sigma_2^2} \sim F(m-1, n-1). \tag{6.9}$$

证明 由定理 6.3、两总体的独立性及 F 分布的定义，知

$$\frac{(m-1)S_1^2 / [\sigma_1^2(m-1)]}{(n-1)S_2^2 / [\sigma_2^2(n-1)]} \sim F(m-1, n-1).$$

化简即得式（6.9）.

习题 6

1. 为了了解某一专业本科毕业生就业后的薪资情况，我们调查了某地区 30 名 2018 年该专业本科毕业生实习期满后的月薪情况. 试说明什么是总体，什么是样本，并指出样本容量是多少.

2. 某厂生产的电容器的使用寿命服从指数分布，为了了解其平均寿命，现从中抽取 n 件产品测试其使用寿命，试说明什么是总体，什么是样本，并指出样本的分布.

3. 设总体 $X \sim P(\lambda)$，$X_1, X_2, \cdots, X_n$ 是取自该总体的样本，试求 $(X_1, X_2, \cdots, X_n)$ 的概率分布.

4. 设容量为 $n=10$ 的样本的观测值为

$$8, \ 7, \ 6, \ 5, \ 9, \ 8, \ 7, \ 5, \ 9, \ 6.$$

求样本均值及样本方差的观测值.

5. 设样本 X_1, X_2, X_3, X_4 取自正态分布总体 X ,且 $E(X) = \mu$ 为已知,而 $D(X) = \sigma^2$ 未知,令 $\bar{X}$ 为样本均值,则下列随机变量中不能作为统计量的是（　　）.

A. $\bar{X} = \dfrac{1}{4} \sum\limits_{i=1}^{4} X_i$ B. $X_1 + X_4 - 2\mu$

C. $\dfrac{1}{\sigma^2} \sum\limits_{i=1}^{4} (X_i - \bar{X})^2$ D. $B_2 = \dfrac{1}{4} \sum\limits_{i=1}^{4} (X_i - \bar{X})^2$

6. 某工厂通过抽样调查得到的 10 名工人一周内生产的产品数如下:

$$149, \ 156, \ 160, \ 138, \ 149, \ 153, \ 153, \ 169, \ 156, \ 156.$$

试由这组数据构造经验分布函数并作图.

7. 某小学 40 名男生的身高（单位：cm）数据如下:

$$138, \ 164, \ 150, \ 132, \ 144, \ 125, \ 149, \ 157,$$
$$146, \ 158, \ 140, \ 147, \ 136, \ 148, \ 152, \ 144,$$
$$168, \ 126, \ 138, \ 176, \ 163, \ 119, \ 154, \ 165,$$
$$146, \ 173, \ 142, \ 147, \ 135, \ 153, \ 140, \ 135,$$
$$161, \ 145, \ 135, \ 142, \ 150, \ 156, \ 145, \ 128.$$

（1）作出该批数据的频率分布表（分 7 组）;

（2）作出频数分布直方图.

8. 某公司对其 250 名职工上班途中的所需时间进行了调查,表 6.3 是其不完整的频率分布表.

表 6.3

所需时间/min	0～10	10～20	20～30	30～40	40～50
频率	0.10	0.24	——	0.18	0.14

（1）试将频率分布表补充完整;

（2）求该公司职工上班途中所需时间在半小时以内的人数.

9. 设 $X_1, X_2, \cdots, X_n$ 为取自总体 $U(-2,2)$ 的样本, $\bar{X}$ 为样本均值,试求 $E(\bar{X})$ 和 $D(\bar{X})$.

10. 在总体 $N(52, 6.3^2)$ 中随机抽取一个容量为 36 的样本,估计样本均值 $\bar{X}$ 落入 50.8～53.8 范围内的概率.

11. 在总体 $N(20,3)$ 中抽取两组样本 $X_1, X_2, \cdots, X_{10}$ 及 $Y_1, Y_2, \cdots, Y_{15}$, $\bar{X}, \bar{Y}$ 分别为两组样本的样本均值,求概率 $P\{|\bar{X} - \bar{Y}| > 0.3\}$.

12. 设总体 $X \sim \chi^2(n)$, $X_1, X_2, \cdots, X_{10}$ 是来自总体 X 的样本, $\bar{X}$ 为样本均值, S^2 为样本方差,求 $E(\bar{X}), D(\bar{X})$ 和 $E(S^2)$.

13. 从正态总体 $N(3.4, 6^2)$ 中抽取一个容量为 n 的样本,如果要求其样本均值位于区间 $(1.4, 5.4)$ 内的概率不小于 0.95,问：样本容量 n 至少应取多少?

14. 设总体 $X \sim N(0,1)$, $X_1, X_2, \cdots, X_5$ 是来自总体 X 的样本,试求常数 c ,使统计

量 $\dfrac{c(X_1 + X_2)}{\sqrt{X_3^2 + X_4^2 + X_5^2}}$ 服从 t 分布.

15. 设总体 $X \sim N(\mu, \sigma^2)$，在该总体中抽取一个容量为 16 的样本，这里 μ, σ^2 均未知. 求:

（1）$P\{S^2 / \sigma^2 \leqslant 2.041\}$，其中 S^2 为样本方差;

（2）$D(S^2)$.

16. 设 $X_1, X_2, \cdots, X_n$ 和 $Y_1, Y_2, \cdots, Y_n$ 分别取自正态总体 $X \sim N(\mu_1, \sigma^2)$ 和 $Y \sim N(\mu_2, \sigma^2)$ 且相互独立，$\bar{X}, \bar{Y}$ 分别为两组样本的样本均值，S_1^2, S_2^2 分别为两组样本的样本方差，则以下统计量服从什么分布?

（1）$\dfrac{(n-1)(S_1^2 + S_2^2)}{\sigma^2}$; （2）$\dfrac{n[(\bar{X} - \bar{Y}) - (\mu_1 - \mu_2)]^2}{S_1^2 + S_2^2}$.

17. 设 $X_1, X_2, \cdots, X_{15}$ 为取自正态总体 $N(0, \sigma^2)$ 的样本，试求统计量 $Y = \dfrac{2(X_1^2 + X_2^2 + \cdots + X_5^2)}{X_6^2 + X_7^2 + \cdots + X_{15}^2}$ 的分布.

18. 设 $X_1, X_2, \cdots, X_n$ 取自指数分布 X，且

$$X \sim f(x) = \begin{cases} \lambda e^{-\lambda x}, & x > 0, \\ 0, & x \leqslant 0. \end{cases}$$

令 $\bar{X}$ 为样本均值，试证: $2n\lambda\bar{X} \sim \chi^2(2n)$.

第7章 参 数 估 计

从本章开始，我们讨论数理统计的基本问题——统计推断. 一般来说，统计推断问题可以分成两大类：一类是参数估计，另一类是假设检验. 两类问题的主要区别在于，对于参数估计问题，我们需要利用总体抽样得到的信息来估计总体的某个参数或者参数的某个函数；然而对于假设检验问题，我们需要通过样本信息决定是否接受关于总体的某个假设. 本章我们主要讨论参数估计问题.

参数估计问题的一般提法是，设某个总体的分布函数为 $F(x;\theta)$，其中 $\theta \in \Theta$ 是未知参数，Θ 是参数空间. 现在先从该总体中抽样，得到样本的一些信息，再由样本的信息对总体中的参数 θ 做出估计.

参数估计的两种基本形式为点估计和区间估计，本章主要研究这两种估计，并探讨点估计的评价标准.

7.1 点 估 计

所谓点估计就是用数轴上一点作为某个未知参数的估计值. 设总体的分布已知，但其中含有未知的参数 θ（θ 也可为向量）. 这时，可从总体中抽取适量的样本，通过样本构造适当的统计量 $\hat{\theta} = \hat{\theta}(X_1, X_2, \cdots, X_n)$，用 $\hat{\theta}$ 作为未知参数 θ 的估计量，当样本取得具体的观测值 $x_1, x_2, \cdots, x_n$ 后，$\hat{\theta} = \hat{\theta}(x_1, x_2, \cdots, x_n)$ 称为 θ 的估计值. 下面介绍点估计常用的两种方法：矩估计法和极大似然估计法.

7.1.1 矩估计法

矩估计法是估计中最古老的方法之一，是由英国的统计学家皮尔逊在 19 世纪提出的，其思想是以样本矩作为总体矩的估计量，以样本矩的连续函数作为相应总体矩的连续函数的估计量. 这样就得到一组方程，通过解方程得到总体中未知参数的估计量，所得到的估计量称为**矩估计量**. 矩估计的具体方法如下：

设总体分布中有 k 个未知参数 $\theta_1, \theta_2, \cdots, \theta_k$，则它的前 k 阶总体矩 $\mu_1, \mu_2, \cdots, \mu_k$ 是这 k 个参数的函数，记为

$$\mu_i = g_i(\theta_1, \theta_2, \cdots, \theta_k) \quad (i = 1, 2, \cdots, k).$$

从这 k 个方程中解出

$$\theta_i = h_i(\mu_1, \mu_2, \cdots, \mu_k) \quad (i = 1, 2, \cdots, k).$$

然后用相应的样本矩代替总体矩，即可得到 k 个未知参数 $\theta_1, \theta_2, \cdots, \theta_k$ 的矩估计量 $\hat{\theta}_1, \hat{\theta}_2, \cdots, \hat{\theta}_k$.

例 7.1　设有一批同型号的台灯，其寿命 X（单位：h）服从参数为 λ 的指数分布，现从中抽取 10 台，测得其寿命数据如下：

$$110，184，145，132，142，80，75，130，125，105.$$

令 $\overline{X}$ 为样本均值，求参数 λ 的矩估计量.

解　已知总体 X 的数学期望 $E(X)=\dfrac{1}{\lambda}$，所以

$$\lambda=\frac{1}{E(X)}.$$

用样本矩代替总体矩，得到

$$\hat{\lambda}=\frac{1}{\overline{X}}.$$

又因为 $\overline{X}$ 的观测值 $\overline{x}=\dfrac{1}{10}\sum_{i=1}^{10}x_i=122.8$，所以 λ 的矩估计量为

$$\hat{\lambda}=\frac{1}{122.8}\approx 0.0081.$$

注：在例 7.1 中，用样本均值 $\overline{X}$ 代替总体均值 $\dfrac{1}{\lambda}$，也可用样本二阶中心矩 $B_2=\dfrac{1}{n}\sum_{i=1}^{n}(X_i-\overline{X})^2$ 或样本方差 S^2 代替总体方差 $\dfrac{1}{\lambda^2}$. 一般情况下，采用的准则是能用低阶矩处理的就不用高阶矩.

例 7.2　设总体 X 的概率密度函数为

$$f(x)=\begin{cases}\dfrac{2}{\theta^2}(\theta-x), & 0<x<\theta,\theta>0,\\[2mm]0, & \text{其他}.\end{cases}$$

$X_1,X_2,\cdots,X_n$ 是来自总体 X 的样本，$\overline{X}$ 为样本均值，求 θ 的矩估计量.

解　由题得

$$E(X)=\int_0^{\theta}\frac{2}{\theta^2}x(\theta-x)\,\mathrm{d}x$$

$$=\frac{2}{\theta^2}\int_0^{\theta}(\theta x-x^2)\,\mathrm{d}x$$

$$=\frac{1}{3}\theta,$$

即 $\theta=3E(X)$. 用样本均值代替总体均值，得到

$$\hat{\theta}=3\overline{X}.$$

例 7.3　设总体 X 服从区间 $[a,b]$ 上的均匀分布，其中 a,b 为未知参数，$X_1,X_2,\cdots,X_n$ 是来自总体 X 的样本，$\overline{X}$ 为样本均值，求 a,b 的矩估计量.

解　均匀分布总体 X 的数学期望和方差分别为

$$E(X)=\frac{a+b}{2}, \quad D(X)=\frac{(b-a)^2}{12},$$

于是

$$\begin{cases} a = E(X) - \sqrt{3D(X)}, \\ b = E(X) + \sqrt{3D(X)}. \end{cases}$$

用样本矩代替相应的总体矩，得到

$$\begin{cases} \hat{a} = \bar{X} - \sqrt{\dfrac{3}{n}\sum_{i=1}^{n}(X_i - \bar{X})^2}, \\ \hat{b} = \bar{X} + \sqrt{\dfrac{3}{n}\sum_{i=1}^{n}(X_i - \bar{X})^2}. \end{cases}$$

7.1.2 极大似然估计法

极大似然估计法是在总体分布类型已知的情况下使用的一种参数估计的方法，它是由英国统计学家费希尔首先提出的. 为了便于理解极大似然估计法，我们先看一个简单的例子.

例 7.4 设某人的信箱里周一本应有 4 封信到达，但邮递员误将其中一封信放到了别人的信箱里，在收到的 3 封信中，有两封中含有信用卡账单，余下的一封中没有信用卡账单，那么应如何估计 4 封信中含信用卡账单的信的总数 k？

解 显然 $k = 2$ 或 3，假设每封信被误放的概率是相同的. 若取 $k = 2$，则收到的 3 封信中有两封含信用卡账单的概率为

$$p_1 = \frac{C_2^2 C_2^1}{C_4^3} = \frac{1}{2}.$$

若 $k = 3$，则收到的 3 封信中有两封含信用卡账单的概率为

$$p_2 = \frac{C_3^2 C_1^1}{C_4^3} = \frac{3}{4}.$$

这表明，$k = 3$ 比 $k = 2$ 时出现收到的 3 封信中有两封含信用卡账单的情况的可能性要大，因此取 3 作为 k 的估计值比取 2 作为 k 的估计值更合理.

例 7.4 告诉我们，当得到总体的一个样本时，哪个参数值能使实验结果具有最大概率，我们就用哪个参数值作为未知参数的估计，这就是极大似然估计的基本思想.

一般地，设总体具有概率函数 $f(x;\theta)$（若总体分布为离散型，则概率函数为概率分布；若总体分布为连续型，则概率函数为概率密度函数），$X_1, X_2, \cdots, X_n$ 是来自总体的样本，则 $X_1, X_2, \cdots, X_n$ 的联合概率函数为

$$L(\theta) = f(x_1;\theta) f(x_2;\theta) \cdots f(x_n;\theta).$$

这一函数随 θ 的变化而变化，从直观上看，既然样本值 $x_1, x_2, \cdots, x_n$ 出现了，那么它们出现的概率相对来说就应该比较大，应使 $L(\theta) = f(x_1;\theta) f(x_2;\theta) \cdots f(x_n;\theta)$ 取得较大的值. 换句话说，θ 应该使样本值 $x_1, x_2, \cdots, x_n$ 的出现具有最大概率. 将上式看成 θ 的函数，记为

$$L(\theta) = L(x_1, x_2, \cdots, x_n; \theta) = f(x_1;\theta) f(x_2;\theta) \cdots f(x_n;\theta), \tag{7.1}$$

则称 $L(\theta)$ 为样本的**似然函数**. 由之前的分析可知, 应该用使似然函数达到最大值的 $\hat\theta$ 作为 θ 的估计值, 即

$$L(\hat\theta) = \max_{\theta} L(x_1, x_2, \cdots, x_n; \theta),$$ (7.2)

其中, $\hat\theta$ 称为 θ 的**极大似然估计量**.

因此, 求总体中参数 θ 的极大似然估计问题就是求似然函数 $L(\theta)$ 的最大值问题. 当 $L(\theta)$ 关于 θ 可微时, 通常引入对数似然函数:

$$l(\theta) = \ln L(\theta),$$

然后求解方程

$$\frac{\mathrm{d}[\ln L(\theta)]}{\mathrm{d}\theta} = 0.$$ (7.3)

显然, 参数 θ 的极大似然估计量 $\hat\theta$ 是方程 (7.3) 的解. 最后还需要验证方程 (7.3) 的解的确是最大值点, 但这一点在大多数实际问题中通常是满足的, 故一般可以略去最后一步.

例 7.5 设 $X_1, X_2, \cdots, X_n$ 是从服从二项分布 $B(N, \theta)$ 的总体中抽取的样本, 求 θ 的极大似然估计量.

解 已知总体是二项分布, 概率分布为

$$P\{X = x\} = \mathrm{C}_N^x \theta^x (1-\theta)^{N-x},$$

则似然函数为

$$L(\theta) = L(x_1, x_2, \cdots, x_n; \theta) = \prod_{i=1}^{n} [\mathrm{C}_N^{x_i} \theta^{x_i} (1-\theta)^{N-x_i}].$$

取对数, 有

$$\ln L(\theta) = \sum_{i=1}^{n} \ln \mathrm{C}_N^{x_i} + \sum_{i=1}^{n} x_i \ln \theta + \sum_{i=1}^{n} (N-x_i) \ln(1-\theta).$$

关于 θ 求导, 并令导数为 0, 有

$$\frac{1}{\theta} \sum_{i=1}^{n} x_i - \left(nN - \sum_{i=1}^{n} x_i \right) \frac{1}{1-\theta} = 0.$$

解得

$$\hat\theta = \frac{\bar{x}}{N}.$$

故 θ 的极大似然估计量为

$$\hat\theta = \frac{\bar{X}}{N}.$$

例 7.6 设 $X_1, X_2, \cdots, X_n$ 是取自泊松分布总体 $P(\lambda)$ 的样本, 求 λ 的极大似然估计量.

解 泊松分布的概率分布为

$$P\{X = x\} = \frac{\lambda^x}{x!} \mathrm{e}^{-\lambda} \quad (x = 0, 1, 2, \cdots),$$

则似然函数为

$$L(\lambda) = L(x_1, x_2, \cdots, x_n; \lambda) = \prod_{i=1}^{n}\left(\frac{\lambda^{x_i}}{x_i!}e^{-\lambda}\right).$$

对数似然函数为

$$l(\lambda) = -n\lambda + \sum_{i=1}^{n}x_i\ln\lambda - \ln\prod_{i=1}^{n}(x_i!).$$

关于 λ 求导，并令导数为 0，有

$$\frac{\mathrm{d}l(\lambda)}{\mathrm{d}\lambda} = -n + \frac{\sum\limits_{i=1}^{n}x_i}{\lambda} = 0.$$

解得

$$\hat{\lambda} = \frac{1}{n}\sum_{i=1}^{n}x_i.$$

故 λ 的极大似然估计量为

$$\hat{\lambda} = \frac{1}{n}\sum_{i=1}^{n}X_i = \bar{X}.$$

例 7.7 设 $X_1, X_2, \cdots, X_n$ 是取自正态总体 $N(\mu, \sigma^2)$ 的样本，求 μ 和 σ^2 的极大似然估计量.

解 似然函数为

$$L(\theta, \sigma^2) = \prod_{i=1}^{n}\frac{1}{\sqrt{2\pi}\sigma}\cdot e^{-\frac{(x_i-\mu)^2}{2\sigma^2}} = \left(\frac{1}{2\pi\sigma^2}\right)^{\frac{n}{2}}\cdot e^{\frac{-\sum\limits_{i=1}^{n}(x_i-\mu)^2}{2\sigma^2}}.$$

对数似然函数为

$$\ln L(\theta) = -\frac{n}{2}\ln 2\pi - \frac{n}{2}\ln\sigma^2 - \frac{\sum\limits_{i=1}^{n}(x_i-\mu)^2}{2\sigma^2}.$$

分别关于 μ, σ^2 求一阶偏导，并令偏导数为 0，有

$$\begin{cases}\dfrac{\partial[\ln L(\mu,\sigma^2)]}{\partial\mu} = \dfrac{1}{\sigma^2}\sum\limits_{i=1}^{n}(x_i-\mu) = 0, \\[3mm] \dfrac{\partial[\ln L(\mu,\sigma^2)]}{\partial\sigma^2} = -\dfrac{n}{2\sigma^2} + \dfrac{1}{2(\sigma^2)^2}\sum\limits_{i=1}^{n}(x_i-\mu)^2 = 0.\end{cases}$$

解方程组，得

$$\hat{\mu} = \frac{1}{n}\sum_{i=1}^{n}x_i = \bar{x}, \quad \hat{\sigma}^2 = \frac{1}{n}\sum_{i=1}^{n}(x_i-\bar{x})^2.$$

故 μ 和 σ^2 的极大似然估计量为

$$\hat{\mu} = \frac{1}{n}\sum_{i=1}^{n}X_i = \bar{X}, \quad \hat{\sigma}^2 = \frac{1}{n}\sum_{i=1}^{n}(X_i-\bar{X})^2.$$

例 7.8 设 $X_1, X_2, \cdots, X_n$ 是取自均匀分布总体 $U(0,\theta)$ 的样本，求 θ 的极大似然估计量.

解 似然函数为

$$L(\theta) = \begin{cases} \dfrac{1}{\theta^n}, & 0 \leqslant x_i \leqslant \theta, \quad i = 1, 2, \cdots, n \\ 0, & \text{其他,} \end{cases}.$$

但 $L(\theta)$ 关于 θ 不是连续函数，无法用微分的方法来处理，这里可以直接用定义来求. 为使 $L(\theta)$ 达到最大，θ 需尽量小，同时还需使 $L(\theta) \geqslant 0$，因而当 $\hat{\theta} = \max\{X_1, X_2, \cdots, X_n\}$ 时，满足上述要求，故 θ 的极大似然估计量为 $\hat{\theta} = \max\{X_1, X_2, \cdots, X_n\}$.

常用的点估计的方法除了本节介绍的矩估计法和极大似然估计法外，还有贝叶斯法，贝叶斯法是一种基于先验信息对参数进行估计的一种方法，它在社会经济领域中也有很多应用，但比较而言，本节介绍的两种方法更为常用，也更为基础.

7.2　点估计的评价标准

通过前面的学习我们知道，同一参数往往有多种不同的估计，自然地，就会有优劣比较的问题. 本节介绍几条估计量优劣的评价标准，常用的标准是无偏性、有效性和相合性.

7.2.1　无偏性

估计量是一个随机变量，对于不同的样本值会得到不同的估计值，但我们希望对其取数学期望后等于未知参数的真值，这种性质就是无偏性.

定义 7.1　估计量 $\hat{\theta}$ 称为参数 θ 的**无偏估计量**，如果满足

$$E(\hat{\theta}) = \theta.$$

当我们对参数进行估计时，无论我们用什么样的估计量 $\hat{\theta}$ 去估计参数 θ，随着样本选取的差异，总是有时偏低，有时偏高. 无偏性表示，这些正负偏差在概率上平均起来，其值是零，即没有系统性的偏差. 无偏估计是对估计量的一个常见而重要的要求.

例 7.9　设 $X_1, X_2, \cdots, X_n$ 是取自二项分布总体 $B(n, \theta)$ 的样本，证明：$\dfrac{X_i}{n}$ $(i = 1, 2, \cdots, n)$ 是 θ 的无偏估计量.

证明　因为 $X_1, X_2, \cdots, X_n$ 与总体具有同分布，所以有

$$E(X_i) = n\theta \quad (i = 1, 2, \cdots, n).$$

所以

$$E\left(\frac{X_i}{n}\right) = \frac{1}{n}E(X_i) = \frac{1}{n} \cdot n\theta = \theta \quad (i = 1, 2, \cdots, n).$$

因此 $\dfrac{X_i}{n}$ $(i = 1, 2, \cdots, n)$ 是 θ 的无偏估计量.

由例 7.9 可见，参数的无偏估计量不唯一.

例 7.10 设 $X_1, X_2, \cdots, X_n$ 是取自正态总体 $N(\mu, \sigma^2)$ 的样本，证明：

（1）$B_2 = \dfrac{1}{n}\sum_{i=1}^{n}(X_i - \overline{X})^2$ 不是 σ^2 的无偏估计量；

（2）$S^2 = \dfrac{1}{n-1}\sum_{i=1}^{n}(X_i - \overline{X})^2$ 是 σ^2 的无偏估计量.

证明 （1）由于

$$B_2 = \frac{1}{n}\sum_{i=1}^{n}(X_i - \overline{X})^2 = \frac{1}{n}\sum_{i=1}^{n}X_i^2 - \overline{X}^2 ,$$

$$E(X_i) = E(X) = \mu , \quad D(X_i) = D(X) = \sigma^2 ,$$

$$E(\overline{X}) = E(X) = \mu , \quad D(\overline{X}) = \frac{1}{n}D(X) = \frac{1}{n}\sigma^2 ,$$

因此

$$E\left[\frac{1}{n}\sum_{i=1}^{n}(X_i - \overline{X})^2\right] = \frac{1}{n}E\left(\sum_{i=1}^{n}X_i^2\right) - E(\overline{X}^2)$$

$$= \sigma^2 + \mu^2 - \left(\frac{\sigma^2}{n} + \mu^2\right) = \frac{n-1}{n}\sigma^2 \neq \sigma^2 .$$

因此 $B_2 = \dfrac{1}{n}\sum_{i=1}^{n}(X_i - \overline{X})^2$ 不是 σ^2 的无偏估计量.

（2）易知 $S^2 = \dfrac{n}{n-1}B_2$，所以

$$E(S^2) = E\left(\frac{n}{n-1}B_2\right) = \frac{n}{n-1}E(B_2) = \sigma^2 .$$

因此 $S^2 = \dfrac{1}{n-1}\sum_{i=1}^{n}(X_i - \overline{X})^2$ 是 σ^2 的无偏估计量.

7.2.2 有效性

由之前的讨论可知，一个参数往往有不止一个无偏估计，如果 $\hat{\theta}_1$ 和 $\hat{\theta}_2$ 都是参数 θ 的无偏估计量，那么如何在二者中进行选择呢？直观的想法是希望所选的估计量围绕参数真值的波动越小越好，通过之前的学习可知，波动的大小可以用方差来衡量，因此人们常将无偏估计的方差的大小作为衡量无偏估计量优劣的标准，这就是有效性.

定义 7.2 设 $\hat{\theta}_1$ 和 $\hat{\theta}_2$ 是参数 θ 的两个无偏估计量，如果对任意的 $\theta \in \Theta$，都有

$$D(\hat{\theta}_1) \leqslant D(\hat{\theta}_2),$$

且至少有一个 $\theta \in \Theta$，使上述不等号严格成立，则称 $\hat{\theta}_1$ 比 $\hat{\theta}_2$ 有效.

例 7.11 设 $X_1, X_2, \cdots, X_n$ 是取自某总体的样本，其均值和方差都存在，分别记为 μ 和 σ^2，已知 $\hat{\mu}_1 = X_n$，$\hat{\mu}_2 = \overline{X}$ 都是 μ 的无偏估计量，判断哪个无偏估计量更有效.

解 因为

$$D(\hat{\mu}_1) = \sigma^2, \quad D(\hat{\mu}_2) = \frac{\sigma^2}{n}.$$

所以只要 $n > 1$，$\hat{\mu}_2$ 就比 $\hat{\mu}_1$ 有效. 这说明，用全部数据的平均值估计总体的均值要比只使用部分数据更有效.

7.2.3 相合性

定义 7.3 设 $\hat{\theta}$ 是参数 θ 的估计量，若对于任意的 $\varepsilon > 0$，有

$$\lim_{n \to \infty} P\{|\hat{\theta} - \theta| < \varepsilon\} = 1,$$

并且对于 θ 的一切可能值都成立，则称 $\hat{\theta}$ 是 θ 的一个**相合估计**.

在第 5 章学习大数定律时，我们曾学习过依概率收敛的定义，用这个定义，相合性可简单地描述为，当样本无限增加时，估计量依概率收敛于被估计的值，这种估计量就是相合性估计量.

相合性是对一个估计量最基本的要求. 如果一个估计量不满足相合性，那么无论样本容量多么大，我们也不可能把未知参数估计到任意预计的精度，这种估计量显然是不可取的.

实际上，除了用定义来判断一个估计量是否为相合估计量外，通常我们还可以用下面的定理来判断，这个定理可由切比雪夫不等式直接推得.

定理 7.1 设 $\hat{\theta}$ 是 θ 的一个无偏估计量，并且当 $n \to \infty$ 时，有

$$D(\hat{\theta}) \to 0,$$

则 $\hat{\theta}$ 是 θ 的一个相合估计量.

例 7.12 设 $X_1, X_2, \cdots, X_n$ 是取自正态总体 $N(\mu, \sigma^2)$ 的样本，证明：样本方差 S^2 是参数 σ^2 的相合估计量.

证明 由例 7.10 可知，S^2 是 σ^2 的无偏估计量，并且由定理 6.3，有

$$\frac{(n-1)S^2}{\sigma^2} \sim \chi^2(n-1),$$

于是

$$D\left[\frac{(n-1)S^2}{\sigma^2}\right] = 2(n-1).$$

故

$$\begin{aligned}
D(S^2) &= \frac{\sigma^4}{(n-1)^2} D\left[\frac{(n-1)S^2}{\sigma^2}\right] \\
&= \frac{\sigma^4}{(n-1)^2} \cdot 2(n-1) \\
&= \frac{2\sigma^4}{n-1}.
\end{aligned}$$

当 $n \to \infty$ 时，$D(S^2) \to 0$. 由定理 7.1 可得，样本方差 S^2 是参数 σ^2 的相合估计量.

一般地，有

（1）样本矩为总体矩的相合估计量；

（2）参数的极大似然估计量也是参数的相合估计量.

7.3 区 间 估 计

前两节讨论的是点估计问题，点估计是在对未知参数进行估计时的一种常用的方法. 但这种方法也存在一定的问题，如用估计量 $\hat{\theta}$ 去估计未知参数 θ 时，近似程度如何？误差的范围多大？可信程度如何？点估计并不能回答上述问题. 下面要介绍的区间估计在一定意义上弥补了点估计的上述缺陷.

7.3.1 区间估计的概念

定义 7.4 设 θ 是总体的一个未知参数，$X_1, X_2, \cdots, X_n$ 是取自该总体的样本，对于任意给定的一个 α（$0 < \alpha < 1$），若有两个统计量 $\hat{\theta}_L = \hat{\theta}_L(X_1, X_2, \cdots, X_n)$ 和 $\hat{\theta}_U = \hat{\theta}_U(X_1, X_2, \cdots, X_n)$，且对任意的参数 θ 的取值，有

$$P(\hat{\theta}_L \leqslant \theta \leqslant \hat{\theta}_U) = 1 - \alpha,$$

则称随机区间 $[\hat{\theta}_L, \hat{\theta}_U]$ 为 θ 的**置信水平为 $1-\alpha$ 的置信区间**，$\hat{\theta}_L$ 和 $\hat{\theta}_U$ 分别称为 θ 的**置信下限**和**置信上限**.

置信水平的直观意义是，在大量使用 θ 的置信区间 $[\hat{\theta}_L, \hat{\theta}_U]$ 时，每次得到的样本观测值可能是不同的，从而每次得到的区间估计值也是不同的. 对一次具体的观测值而言，θ 的观测值可能在 $[\hat{\theta}_L, \hat{\theta}_U]$ 内，也可能在 $[\hat{\theta}_L, \hat{\theta}_U]$ 外，但就平均而言，在大量的区间估计观测值中，至少有 $100(1-\alpha)\%$ 包含 θ.

对参数 θ 进行区间估计时，我们的理想状态是满足下面两个条件：

（1）θ 要以很大可能性落在区间 $[\hat{\theta}_L, \hat{\theta}_U]$ 内，即 $1-\alpha$ 要尽量大. 一般地，α 取 0.05 时较多，有时也取 0.01,0.1,0.001 等. 这几个数字本身并无特殊意义，主要是这样标准化了以后对创造表格方便.

（2）估计的精度尽可能高，即要求区间长度 $(\hat{\theta}_U - \hat{\theta}_L)$ 尽可能小.

但这两个要求是相互矛盾的，区间估计理论和方法的基本问题，就是在已有的样本资源的限制下，怎样找出更好的估计方法，以尽量提高可靠性和精度，但终归有一定限度. 奈曼所提出的并为现在所广泛接受的原则是，先保证可靠性，在这个前提下尽量提高精度. 接下来我们主要介绍寻找置信区间的方法.

7.3.2 枢轴量法

枢轴量法是构造未知参数 θ 的置信区间最常用的方法，具体步骤如下：

（1）设法构造一个样本和 θ 的函数 $g(X_1, X_2, \cdots, X_n, \theta)$，使 g 的分布不依赖于任何未知参数，称函数 $g(X_1, X_2, \cdots X_n, \theta)$ 为**枢轴量**；

（2）适当地选取两个常数 a 与 b，使对于给定的 α（$0<\alpha<1$），有

$$P\{a\leqslant g\leqslant b\}=1-\alpha;$$

（3）将不等式 $a\leqslant g\leqslant b$ 进行等价变形化为 $\hat{\theta}_L\leqslant\theta\leqslant\hat{\theta}_U$，则有

$$P\{\hat{\theta}_L\leqslant\theta\leqslant\hat{\theta}_U\}=1-\alpha.$$

这样构造出来的 $[\hat{\theta}_L,\hat{\theta}_U]$ 即为 θ 的置信水平为 $1-\alpha$ 的置信区间. 这种利用枢轴量构造置信区间的方法称为**枢轴量法**.

枢轴量法的关键是枢轴量 $g(X_1,X_2,\cdots,X_n,\theta)$ 的构造，它的分布不能含有任何未知的参数，由于标准正态分布 $N(0,1)$、t 分布、χ^2 分布等都不含有未知参数，在构造枢轴量时，尽量使其分布为上述分布.

正态总体是实际问题中较为常见的总体，下面讨论正态总体的区间估计.

7.3.3 单个正态总体的置信区间

1. σ 已知时 μ 的置信区间

设 $X_1,X_2,\cdots,X_n$ 取自正态总体 $N(\mu,\sigma^2)$，其中 σ 已知，$\bar{X}$ 为样本均值，置信水平为 $1-\alpha$. 一般情况下，枢轴量的选取都与参数的点估计量有关. 因 $\bar{X}$ 是 μ 的无偏估计量，故可选取枢轴量为

$$g=\frac{\bar{X}-\mu}{\sigma/\sqrt{n}}\sim N(0,1). \tag{7.4}$$

显然 g 的分布不依赖于任何未知参数，a 和 b 应满足

$$P\{a\leqslant g\leqslant b\}=\Phi(b)-\Phi(a)=1-\alpha.$$

经过等价变形，可得

$$P\{\bar{X}-b\sigma/\sqrt{n}\leqslant\mu\leqslant\bar{X}-a\sigma/\sqrt{n}\}=1-\alpha.$$

由分位数的定义及标准正态分布的对称性可知，在 $\Phi(b)-\Phi(a)=1-\alpha$ 的条件下，当 $b=-a=u_{1-\alpha/2}$ 时，区间长度达到最短，因此给出 μ 的置信水平为 $1-\alpha$ 的置信区间为

$$\left[\bar{X}-u_{1-\alpha/2}\,\sigma/\sqrt{n},\bar{X}+u_{1-\alpha/2}\,\sigma/\sqrt{n}\right]. \tag{7.5}$$

例 7.13 用天平秤某物体的质量 9 次，得平均值为 $\bar{X}=15.4$ g，已知天平的称量结果为正态分布，其标准差为 0.1g. 试求该物体质量的置信水平为 0.95 的置信区间.

解 由 $1-\alpha=0.95$，得 $\alpha=0.05$. 查附表 2，知 $u_{0.975}=1.96$，代入式（7.5），得

$$\bar{X}\pm u_{1-\alpha/2}\,\sigma/\sqrt{n}=15.4\pm1.96\times0.1/\sqrt{9}\approx15.4\pm0.0653.$$

所以该物体质量的置信水平为 0.95 的置信区间为 $[15.3347,15.4653]$.

例 7.14 设 $X_1,X_2,\cdots,X_n$ 为取自正态总体 $N(\mu,4)$ 的样本，其中 μ 未知.

（1）当 $n=25$ 时，测得其平均值 $\bar{X}=105.2$，分别求 μ 的置信水平为 0.9 及 0.95 的置信区间.

（2）n 至少取多少时，可使 μ 的置信水平为 0.9 的置信区间的长度不超过 1？

（3）n 至少取多少时，可使 μ 的置信水平为 0.95 的置信区间的长度不超过 1？

解 （1）由 $1-\alpha=0.9$，得 $\alpha=0.1$. 查附表 2，得 $u_{0.95}=1.65$，代入式（7.5）中，

得

$$\bar{X} \pm u_{1-\alpha/2}\, \sigma/\sqrt{n} = 105.2 \pm 1.65 \times 2/\sqrt{25} = 105.2 \pm 0.66 .$$

所以 μ 的置信水平为 0.9 的置信区间为 [104.54,105.86].

由 $1-\alpha = 0.95$，得 $\alpha = 0.05$. 又有 $u_{0.975} = 1.96$，代入式（7.5）中，得

$$\bar{X} \pm u_{1-\alpha/2}\, \sigma/\sqrt{n} = 105.2 \pm 1.96 \times 2/\sqrt{25} = 105.2 \pm 0.784 .$$

所以 μ 的置信水平为 0.95 的置信区间为 [104.416,105.984].

（2）由式（7.5）可得，μ 的置信水平为 0.9 的置信区间的长度为

$$2u_{1-\alpha/2}\, \sigma/\sqrt{n} = 2 \times 1.65 \times \frac{2}{\sqrt{n}} = \frac{6.6}{\sqrt{n}} ,$$

所以 $\dfrac{6.6}{\sqrt{n}} \leqslant 1$，即 $n \geqslant 6.6^2 = 43.56$，所以取 $n = 44$ 可使置信区间的长度不超过 1.

（3）μ 的置信水平为 0.95 的置信区间的长度为

$$2u_{1-\alpha/2}\, \sigma/\sqrt{n} = 2 \times 1.96 \times \frac{2}{\sqrt{n}} \frac{7.84}{\sqrt{n}} ,$$

所以 $\dfrac{7.84}{\sqrt{n}} \leqslant 1$，即 $n \geqslant 7.84^2 \approx 61.47$，所以取 $n = 62$ 可使置信区间的长度不超过 1.

通过例 7.14 可以看出，在样本量一定的条件下，估计的可信度越高，置信区间的长度越大，即估计的精度越低；在估计的精度一定的条件下，估计的可信度越高，要求的样本量越大.

2. σ 未知时 μ 的置信区间

设 $X_1, X_2, \cdots, X_n$ 为取自正态总体 $N(\mu, \sigma^2)$ 的样本，其中 σ 未知，$\bar{X}, S^2$ 分别为样本均值和样本方差，置信水平为 $1-\alpha$. 在这种情况下，枢轴量不能再选用式（7.4）了，因为式（7.4）中含有未知参数 σ，考虑到样本方差 S^2 是 σ^2 的无偏估计量，故取枢轴量为

$$g = \frac{\bar{X} - \mu}{S/\sqrt{n}} \sim t(n-1) . \tag{7.6}$$

对于给定的置信水平 $1-\alpha$，用与前面类似的方法可得 μ 的置信水平为 $1-\alpha$ 的置信区间为

$$\left[\bar{X} - t_{1-\alpha/2}(n-1) S/\sqrt{n},\ \bar{X} + t_{1-\alpha/2}(n-1) S/\sqrt{n} \right] . \tag{7.7}$$

例 7.15 某工厂设计制造了一种易安装的玩具，设计者为了确定成人安装这种玩具的平均时间，现随机让 36 位成人对该玩具进行安装，得到了如下的安装时间（单位：min）：

$$17,\ 13,\ 18,\ 19,\ 17,\ 21,\ 29,\ 22,\ 16,$$
$$28,\ 21,\ 15,\ 26,\ 23,\ 24,\ 20,\ 8,\ 17,$$
$$17,\ 21,\ 32,\ 18,\ 25,\ 22,\ 16,\ 10,\ 20,$$
$$22,\ 19,\ 14,\ 30,\ 22,\ 12,\ 24,\ 28,\ 11.$$

试求这种玩具的平均安装时间的置信水平为 0.95 的置信区间.

解 由题中数据，得

$$n = 36，\quad \overline{X} = 19.92，\quad S \approx 5.73.$$

又有 $1 - \alpha = 0.95$，得 $\alpha = 0.05$．查附表 3，知 $t_{0.975}(35) \approx 2.03$，代入式（7.7）中，可得

$$19.92 - 2.03 \times \frac{5.73}{\sqrt{36}} \leqslant \mu \leqslant 19.92 + 2.03 \times \frac{5.73}{\sqrt{36}},$$

即

$$17.98 \leqslant \mu \leqslant 21.86.$$

所以这种玩具的平均安装时间的置信水平为 0.95 的置信区间为 $[17.98, 21.86]$．

3. μ 未知时 σ^2 的置信区间

设 $X_1, X_2, \cdots, X_n$ 取自正态总体 $N(\mu, \sigma^2)$，其中 μ 未知，讨论 σ^2 的置信水平为 $1 - \alpha$ 的置信区间．

考虑到样本方差 S^2 是 σ^2 的无偏估计量，又由定理 6.3，可知 $\dfrac{(n-1)S^2}{\sigma^2} \sim \chi^2(n-1)$，且该分布不依赖任何未知参数．由

$$P\left\{ \chi^2_{\alpha/2}(n-1) \leqslant \frac{(n-1)S^2}{\sigma^2} \leqslant \chi^2_{1-\alpha/2}(n-1) \right\} = 1 - \alpha,$$

得

$$P\left\{ \frac{(n-1)S^2}{\chi^2_{1-\alpha/2}(n-1)} \leqslant \sigma^2 \leqslant \frac{(n-1)S^2}{\chi^2_{\alpha/2}(n-1)} \right\} = 1 - \alpha.$$

所以 σ^2 的置信水平为 $1 - \alpha$ 的置信区间为

$$\left[\frac{(n-1)S^2}{\chi^2_{1-\alpha/2}(n-1)}, \frac{(n-1)S^2}{\chi^2_{\alpha/2}(n-1)} \right]. \tag{7.8}$$

从而得 σ 的置信水平为 $1 - \alpha$ 的置信区间为

$$\left[\sqrt{\frac{(n-1)S^2}{\chi^2_{1-\alpha/2}(n-1)}}, \sqrt{\frac{(n-1)S^2}{\chi^2_{\alpha/2}(n-1)}} \right]. \tag{7.9}$$

例 7.16 某厂生产的零件的质量服从正态分布 $N(\mu, \sigma^2)$，现从该厂生产的零件中抽取 9 个，测得其质量如下（单位：g）：

$$45.3，\ 45.4，\ 45.1，\ 45.3，\ 45.5，\ 45.7，\ 45.4，\ 45.3，\ 45.6.$$

试求总体标准差 σ 的置信水平为 0.95 的置信区间．

解 经计算，得

$$S^2 \approx 0.0325，\quad (n-1)S^2 \approx 8 \times 0.0325 = 0.26.$$

又有 $1 - \alpha = 0.95$，得 $\alpha = 0.05$．查附表 4，知

$$\chi^2_{0.025}(8) = 2.180，\quad \chi^2_{0.975}(8) = 17.535,$$

代入式（7.8）中，可得 σ^2 的置信水平为 0.95 的置信区间为 $[0.0148, 0.1193]$．从而得 σ 的

置信水平为 0.95 的置信区间为 [0.1217, 0.3454].

7.3.4 两个正态总体的置信区间

1. 两个总体均值差 $\mu_1 - \mu_2$ 的置信区间

设 $X_1, X_2, \cdots, X_m$ 是来自正态总体 $N(\mu_1, \sigma_1^2)$ 的样本，$Y_1, Y_2, \cdots, Y_n$ 是来自正态总体 $N(\mu_2, \sigma_2^2)$ 的样本，$\bar{X}, \bar{Y}$ 分别为两组样本的样本均值，S_1^2, S_2^2 分别为两组样本的样本方差，且两个正态总体是相互独立的. 若两个总体的方差 σ_1^2, σ_2^2 已知，求两个总体的均值差 $\mu_1 - \mu_2$ 的置信水平为 $1-\alpha$ 的置信区间.

由正态分布的性质，可知

$$\bar{X} - \bar{Y} \sim N\left(\mu_1 - \mu_2, \frac{\sigma_1^2}{m} + \frac{\sigma_2^2}{n}\right),$$

则取枢轴量为

$$\frac{\bar{X} - \bar{Y} - (\mu_1 - \mu_2)}{\sqrt{\dfrac{\sigma_1^2}{m} + \dfrac{\sigma_2^2}{n}}} \sim N(0,1).$$

利用之前的方法可得 $\mu_1 - \mu_2$ 的置信水平为 $1-\alpha$ 的置信区间为

$$\left[\bar{X} - \bar{Y} - u_{1-\alpha/2}\sqrt{\frac{\sigma_1^2}{m} + \frac{\sigma_2^2}{n}}, \bar{X} - \bar{Y} + u_{1-\alpha/2}\sqrt{\frac{\sigma_1^2}{m} + \frac{\sigma_2^2}{n}}\right]. \tag{7.10}$$

2. 两个总体方差比 $\dfrac{\sigma_1^2}{\sigma_2^2}$ 的置信区间

由于 $(m-1)S_1^2/\sigma_1^2 \sim \chi^2(m-1)$，$(n-1)S_2^2/\sigma_2^2 \sim \chi^2(n-1)$，且 S_1^2 与 S_2^2 相互独立，则可构造如下的枢轴量：

$$\frac{S_1^2/\sigma_1^2}{S_2^2/\sigma_2^2} \sim F(m-1, n-1).$$

对于给定的置信水平 $1-\alpha$，由

$$P\left\{F_{\alpha/2}(m-1, n-1) \leqslant \frac{S_1^2/\sigma_1^2}{S_2^2/\sigma_2^2} \leqslant F_{1-\alpha/2}(m-1, n-1)\right\} = 1-\alpha,$$

经过不等式变形，可得 $\dfrac{\sigma_1^2}{\sigma_2^2}$ 的 $1-\alpha$ 置信区间为

$$\left[\frac{S_1^2}{S_2^2} \cdot \frac{1}{F_{1-\alpha/2}(m-1, n-1)}, \frac{S_1^2}{S_2^2} \cdot \frac{1}{F_{\alpha/2}(m-1, n-1)}\right]. \tag{7.11}$$

例 7.17 甲、乙两台机床独立加工同一种型号的机器零件，假设两台机床所加工的零件长度分别服从 $N(\mu_1, \sigma_1^2)$ 和 $N(\mu_2, \sigma_2^2)$. 现从两台机床加工的零件中分别抽取容量为 9 和 13 的样本，测得样本均值分别为 $\bar{X} = 20.93$ mm，$\bar{Y} = 21.2$ mm，样本方差分别为

$S_x^2 = 0.221$，$S_y^2 = 0.342$．

（1）若$\sigma_1^2 = 2.45$，$\sigma_2^2 = 3.57$，求$\mu_1 - \mu_2$的置信水平为0.95的置信区间；

（2）若σ_1^2, σ_2^2未知，求$\dfrac{\sigma_1^2}{\sigma_2^2}$的置信水平为0.95的置信区间．

解 （1）经计算，得

$$\overline{X} - \overline{Y} = -0.27，\quad \sqrt{\frac{\sigma_1^2}{m} + \frac{\sigma_2^2}{n}} = \sqrt{\frac{2.45}{9} + \frac{3.57}{13}} \approx 0.39．$$

由$1 - \alpha = 0.95$，得$\alpha = 0.05$．查附表2，知$u_{0.975} = 1.96$，代入式（7.10）中，可得$\mu_1 - \mu_2$的置信水平为0.95的置信区间为$[-1.718, 1.178]$．

（2）经计算，得$\dfrac{S_x^2}{S_y^2} \approx 0.646$，由$\alpha = 0.05$，查附表5，知

$$F_{0.975}(8,12) = 3.512，\quad F_{0.025}(8,12) = \frac{1}{F_{0.975}(12,8)} = \frac{1}{4.20} \approx 0.238．$$

代入式（7.11）中，可得$\dfrac{\sigma_1^2}{\sigma_2^2}$的置信水平为0.95的置信区间为$[0.184, 2.714]$．

习题 7

1．已知总体X的概率分布见表7.1.

表7.1

X	-2	1	5
P	3θ	$1 - 4\theta$	θ

其中，$0 < \theta < 0.25$为待估参数，$X_1, X_2, \cdots, X_n$为取自该总体的样本，$\overline{X}$为样本均值，试求θ的矩估计量．

2．设总体X的概率函数为

$$f(x;\theta) = \begin{cases} \theta x^{\theta-1}, & 0 < x < 1, \\ 0, & \text{其他}, \end{cases}$$

其中，$\theta > 0$为待估参数，$X_1, X_2, \cdots, X_n$为取自该总体的样本，$\overline{X}$为样本均值，求θ的矩估计量．

3．设总体X服从均匀分布$U(0, \theta)$，其概率函数为

$$f(x;\theta) = \begin{cases} \dfrac{1}{\theta}, & 0 \leqslant x \leqslant \theta, \\ 0, & \text{其他}. \end{cases}$$

（1）求θ的矩估计量；

（2）当样本观察值为 0.3,0.8,0.27,0.35,0.62,0.55 时，求 θ 的矩估计量.

4．设总体 X 的概率函数为

$$f(x;\theta) = \begin{cases} (\alpha+1)x^{\alpha}, & 0 \leqslant x \leqslant 1, \\ 0, & \text{其他.} \end{cases}$$

其中，$\alpha > 1$，求 α 的极大似然估计量及矩估计量.

5．设总体 X 服从两点分布，概率分布为 $P\{X=i\} = p^i(1-p)^{1-i}$ $(i=0,1)$，$0<p<1$ 为待估参数，$x_1,x_2,\cdots,x_n$ 为 X 的一组观察值，求 p 的极大似然估计值.

6．设总体 X 的概率函数为

$$f(x;\theta) = \begin{cases} \theta e^{-\theta x}, & x \geqslant 0, \\ 0, & x < 0. \end{cases}$$

其中，$\theta > 0$ 为待估参数，现从中抽取 10 个观察值，具体数据如下：

　　1050，1100，1080，1200，1300，1250，1340，1060，1150，1150.

求 θ 的极大似然估计值.

7．已知总体 X 的概率分布见表 7.2.

表 7.2

X	1	2	3
p_k	θ^2	$2\theta(1-\theta)$	$(1-\theta)^2$

其中，$0<\theta<1$ 为未知参数，现已取得样本值 $x_1=1$，$x_2=2$，$x_3=1$，试求 θ 的极大似然估计值.

8．设 X_1,X_2 是取自正态分布 $N(\mu,1)$ 的一个容量为 2 的样本，试证下列 3 个估计量都是 μ 的无偏估计量：$\hat{\mu}_1 = \frac{2}{3}X_1 + \frac{1}{3}X_2$，$\hat{\mu}_2 = \frac{1}{4}X_1 + \frac{3}{4}X_2$，$\hat{\mu}_3 = \frac{1}{2}X_1 + \frac{1}{2}X_2$，并指出哪一个的方差最小.

9．设总体 X 的数学期望 μ 与方差 σ^2 存在，$X_1,X_2,\cdots,X_n$ 是总体 X 的一组样本，证明：$Y = \sum_{i=1}^{n} C_i X_i$ 是 μ 的无偏估计量，其中 $\sum_{i=1}^{n} C_i = 1$ $(C_i > 0)$.

10．设总体 $X \sim N(\mu,\sigma^2)$，$X_1,X_2,\cdots,X_n$ 是总体 X 的一组样本，试确定常数 C，使 $C\sum_{i=1}^{n} (X_{i+1}-X_i)^2$ 为 σ^2 的无偏估计量.

11．设 $X_1,X_2,\cdots,X_n$ 是取自参数为 λ 的泊松分布的样本，$\overline{X}$ 为样本均值，试求 λ^2 的无偏估计量.

12．设分别从总体 $N(\mu_1,\sigma^2)$ 和 $N(\mu_2,\sigma^2)$ 中抽取容量为 n_1 和 n_2 的两组独立样本，其样本方差分别为 S_1^2 和 S_2^2. 试证，对于任意常数 $a,b(a+b=1)$，$Z = aS_1^2 + bS_2^2$ 都是 σ^2 的无偏估计量，并确定常数 a,b 使 Z 的方差最小.

13．设总体 X 服从均值为 θ 的指数分布，其概率函数为

$$f(x;\theta)=\begin{cases} \dfrac{1}{\theta}\mathrm{e}^{-\frac{x}{\theta}}, & x>0, \\ 0, & x\leqslant 0. \end{cases}$$

其中，参数 $\theta(\theta>0)$ 未知. 又设 $X_1,X_2,\cdots,X_n$ 是来自该总体的样本，试证：样本均值 $\overline{X}$ 和 $n(\min\{X_1,X_2,\cdots,X_n\})$ 都是 θ 的无偏估计量且 $\overline{X}$ 是相合的，并比较哪一个更有效.

14．设总体 X 服从几何分布，概率分布为 $P\{X=x,p\}=p(1-p)^{x-1}$ （$x=1,2,\cdots$），$X_1,X_2,\cdots,X_n$ 是取自总体 X 的一组样本，试证：样本均值 $\overline{X}$ 是 $E(X)$ 的无偏、相合估计量.

15．设总体 $X\sim N(\mu,\sigma^2)$，其中 μ,σ^2 未知，$X_1,X_2,\cdots,X_n$ 是来自该总体的样本，$\overline{X}$ 为样本均值，试求常数 k，使下列 $\hat{\sigma}$ 成为 σ 的无偏估计量.

（1）$\hat{\sigma}=\dfrac{1}{k}\sum\limits_{i=1}^{n-1}\left|X_{i+1}-X_i\right|$;　　　　（2）$\hat{\sigma}=\dfrac{1}{k}\sum\limits_{i=1}^{n}\left|X_i-\overline{X}\right|$.

16．一个车间生产滚珠，滚珠直径（单位：mm）服从正态分布，从某天生产的产品中随机抽取 5 件产品，测得直径数据如下：

$$14.6，15.1，14.9，15.2，15.1.$$

已知该天生产的产品直径的方差是 0.05，试找出平均直径的置信水平为 0.95 的置信区间.

17．已知某种木材的横纹抗压力的实验值（单位：$\mathrm{kg/cm}^2$）服从正态分布，现对 10 个试件进行横纹抗压力测试，得到的数据如下：

$$482，493，457，471，510，446，435，418，394，469.$$

试对该木材的平均横纹抗压力进行区间估计（$\alpha=0.05$）.

18．已知岩石密度的测量误差服从正态分布，现随机抽测 12 个样品得 $S=0.2$，求 σ^2 的置信水平为 0.9 的置信区间.

19．2003 年，在某地区分行业调查职工的月平均工资情况：已知体育、卫生、社会福利事业类职工的月工资 X （单位：元）$\sim N(\mu_1,218^2)$；文教、艺术、广播事业类职工的月工资 Y （单位：元）$\sim N(\mu_2,227^2)$. 从总体 X 中抽取 25 人参与调查，可得月平均工资为 1286 元；从总体 Y 中抽取 30 人参与调查，可得月平均工资为 1272 元. 求这两大类行业职工的月平均工资之差的置信水平为 99% 的置信区间.

20．某车间有两台自动机床加工一类套筒，假设套筒直径（单位：cm）服从正态分布. 现从甲、乙两个班次的产品中分别检查了 5 个和 6 个套筒，得其直径数据如下：

甲班：5.06，5.08，5.03，5.00，5.07；

乙班：4.98，5.03，4.97，4.99，5.02，4.95.

试求甲、乙两班加工的套筒直径的方差比 $\dfrac{\sigma_{甲}^2}{\sigma_{乙}^2}$ 的置信水平为 0.95 的置信区间.

第8章 假设检验

在本章中，我们将讨论另一类重要的统计推断问题——假设检验，即根据样本的信息检验关于总体的某个假设是否正确. 例如，某种药品的生产厂家随机抽查一定数量的服用该种药品的患者，确定这种药物对某种疾病的治愈率是否达到90%；农业专家在多次试验的基础上确定某种肥料相对于其他的肥料来说是否会使棉花的产量增加；等等. 这些都是假设检验的问题. 假设检验问题一般分为两类：一类是对参数的假设检验，即假设总体的理论分布形式已知，检验关于未知参数的一些假设是否成立；另一类是对分布进行检验，即总体服从何种分布未知，要求通过样本信息直接对总体的分布作假设检验，如是否为正态分布、二项分布等. 假设检验在数理统计的理论研究和实际应用中都占有重要的地位.

8.1 假设检验的基本概念

8.1.1 假设检验问题的提出

为了更好地理解假设检验的概念，我们先看下面的例子.

例 8.1 化肥厂用自动包装机包装化肥，每包的质量服从正态分布，其平均质量为 100kg，标准差为 1.2kg. 某日开工后，为了确定这天包装机的工作是否正常，随机抽取 9 袋化肥，称得其质量如下：

$$99.3, \ 98.7, \ 100.5, \ 101.2, \ 98.3, \ 99.7, \ 99.5, \ 102.1, \ 100.5.$$

设方差稳定不变，问：这一天包装机的工作是否正常？

对这个问题可做以下分析：

（1）这不是一个参数估计问题；

（2）这是在给定总体服从正态分布 $N(\mu, 1.2^2)$ 和一定量样本信息的条件下，要求对问题"包装机工作是否正常，即 $\mu = 100$ 是否正确"做出回答："是"还是"否"，这类问题是假设检验问题.

为此，我们提出假设

$$H_0: \mu = \mu_0 = 100,$$

这里，H_0 称为**原假设**. 与原假设相对立的假设是

$$H_1: \mu \neq \mu_0,$$

H_1 称为**备择假设**. 于是问题转化为判断 H_0 是否成立. 我们要做的工作是根据样本信息做出接受 H_0 还是拒绝 H_0 的判断. 如果做出的判断是接受 H_0，则认为包装机的工作正

常，否则认为包装机的工作不正常.

8.1.2 假设检验的基本步骤

1. 提出原假设和备择假设

在提出原假设的过程中，通常将不应轻易加以否决的假设作为原假设. 在例 8.1 中，我们建立了下面的原假设和备择假设，即

$$H_0 : \mu = \mu_0 = 100 ; \quad H_1 : \mu \neq \mu_0 .$$

2. 选择检验统计量，写出拒绝域的形式

在检验一个假设是否成立时所使用的统计量称为**检验统计量**. 由样本信息对原假设进行判断总是通过一个统计量来完成的. 在例 8.1 中，要判断的是原假设 $H_0 : \mu = \mu_0 = 100$ 是否成立，即判断正态总体的均值是否等于 100. 由于样本均值 $\overline{X}$ 是总体均值 μ 的一个很好的估计量，因此考虑用统计量 $\overline{X}$ 来判断. 当原假设 H_0 为真时，$\overline{X}$ 的观测值 $\overline{x}$ 与 μ_0 的偏差 $|\overline{x} - \mu_0|$ 不能太大，若偏差 $|\overline{x} - \mu_0|$ 太大，我们就有理由怀疑 H_0 不真，从而拒绝 H_0. 当 $H_0 : \mu = \mu_0 = 100$ 为真时，统计量 $U = \dfrac{\overline{X} - \mu_0}{\sigma / \sqrt{n}}$ 服从标准正态分布 $N(0,1)$，这里，$U = \dfrac{\overline{X} - \mu_0}{\sigma / \sqrt{n}}$ 就是检验统计量. 因此可通过衡量 $|u| = \left| \dfrac{\overline{x} - \mu_0}{\sigma / \sqrt{n}} \right|$ 的大小来衡量 $|\overline{x} - \mu_0|$ 的大小. 这时，我们就需要给出一个判断原假设正确与否的准则，即给出原假设被拒绝的样本观测值所在区域，这个区域称为检验的拒绝域，用 W 来表示，一般它是样本空间的子集. 例 8.1 的拒绝域可表示为

$$W = \{(x_1, x_2, \cdots, x_n) : |u| > c\} ;$$

与其对立的区域称为接受域，表示为

$$\overline{W} = \{(x_1, x_2, \cdots, x_n) : |u| \leqslant c\} .$$

如果 $(x_1, x_2, \cdots, x_n) \in W$，则认为 H_0 不成立；如果 $(x_1, x_2, \cdots, x_n) \in \overline{W}$，则认为 H_0 成立.

由此可见，一个拒绝域 W 唯一确定一个检验法则，反之，一个检验法则也唯一确定一个拒绝域.

3. 选择显著性水平，并给出拒绝域

在检验一个假设 H_0 时，有可能犯以下两类错误：一类是 H_0 正确，但被否定了，这种错误称为**第一类错误**，犯第一类错误的概率记为 α，即

$$\alpha = P\{拒绝 H_0 | H_0 为真\} ;$$

另一类是 H_0 不正确，但被接受了，这种错误称为**第二类错误**，犯第二类错误的概率记为 β，即

$$\beta = P\{接受 H_0 | H_1 为真\} .$$

上面所述的两类错误可表示于表 8.1 中.

表 8.1

判断	实际情况	
	H_0 为真	H_0 不真
拒绝 H_0	第一类错误	正确
接受 H_0	正确	第二类错误

在检验一个假设 H_0 时，我们希望犯两种错误的概率都尽量小，但对于一定的样本容量 n，一般来说，不能同时做到犯这两类错误的概率都很小．基于这种情况，奈曼与皮尔逊提出了一个原则：在控制犯第一类错误的概率 α 的条件下，使犯第二类错误的概率尽可能小．犯第一类错误的概率 α 称为检验的显著性水平． α 通常比较小，常用的是 $\alpha = 0.05, 0.01, 0.001$ 等．

当 H_0 为真时， $U = \dfrac{\bar{X} - \mu_0}{\sigma / \sqrt{n}} \sim N(0,1)$ ，若要求显著性水平为 α（ α 较小），则由标准正态分布的分位点定义，可得

$$P\left\{ \left| \frac{\bar{X} - \mu_0}{\sigma / \sqrt{n}} \right| > u_{1-\alpha/2} \right\} = \alpha ,$$

即当 H_0 为真时， $\left| \dfrac{\bar{X} - \mu_0}{\sigma / \sqrt{n}} \right| > u_{1-\alpha/2}$ 是一个小概率事件．根据实际推断原理"小概率事件在一次试验中几乎是不可能发生的"就可以认为，如果 H_0 为真，则在一次试验中，用样本观测值 $(x_1, x_2, \cdots, x_n)$ 计算得出的 $\bar{x}$ 满足 $|u| = \left| \dfrac{\bar{x} - \mu_0}{\sigma / \sqrt{n}} \right| > u_{1-\alpha/2}$ 这一事件几乎是不会发生的．现在如果在一次试验中， $\bar{x}$ 使不等式 $\left| \dfrac{\bar{x} - \mu_0}{\sigma / \sqrt{n}} \right| > u_{1-\alpha/2}$ 成立，我们就有理由怀疑原假设 H_0 的正确性，因而拒绝 H_0 ；如果 $\bar{x}$ 不能使 $\left| \dfrac{\bar{x} - \mu_0}{\sigma / \sqrt{n}} \right| > u_{1-\alpha/2}$ 成立，我们就没有理由拒绝 H_0 ，因而接受 H_0 ．在这里拒绝域为

$$W = \left\{ (x_1, x_2, \cdots, x_n) : \left| \frac{\bar{x} - \mu_0}{\sigma / \sqrt{n}} \right| > u_{1-\alpha/2} \right\}.$$

4. 做出判断

在例 8.1 中，取 $\alpha = 0.05$ ，则查附表 2，知 $u_{0.975} = 1.96$ ．由该例中的观测值，可计算得出

$$\bar{x} \approx 99.98 , \quad u = \frac{3 \times (99.98 - 100)}{1.2} = -0.05 .$$

于是 $|u| < u_{0.975}$ ，即 u 值未落入拒绝域内，故不能拒绝原假设，从而接受原假设，即认为包装机在这一天的工作是正常的．

基于上述讨论，我们可归纳假设检验的 4 个基本步骤：

（1）根据实际问题提出原假设 H_0 与备择假设 H_1；

（2）在 H_0 成立的前提下，构造检验统计量并确定其分布；

（3）由给定的显著性水平 α，查分位数表获得临界值，从而构造小概率事件，并确定拒绝域；

（4）根据样本值计算检验统计量的值，并与临界值比较做出判断：接受 H_0 或拒绝 H_0.

8.2　单个正态总体参数的假设检验

参数假设检验常见的有 3 种基本形式：

（1）$H_0: \theta \leqslant \theta_0$；　$H_1: \theta > \theta_0$.

（2）$H_0: \theta \geqslant \theta_0$；　$H_1: \theta < \theta_0$.

（3）$H_0: \theta = \theta_0$；　$H_1: \theta \neq \theta_0$.

其中，（1）、（2）称为**单侧检验**，（3）称为**双侧检验**.上节中的例 8.1 是一个双侧检验问题，正确识别单侧检验与双侧检验问题将有利于构造其拒绝域.

因为在实际问题中遇到的许多随机变量是服从或近似服从正态分布的，所以下面主要讨论有关正态总体参数的假设检验问题.

8.2.1　单个正态总体均值的假设检验

设 $X_1, X_2, \cdots, X_n$ 是取自正态总体 $N(\mu, \sigma^2)$ 的一组样本，样本均值为 $\bar{X}$，样本方差为 S^2.考虑如下 3 种关于 μ 的检验问题：

① $H_0: \mu \leqslant \mu_0$；　$H_1: \mu > \mu_0$.

② $H_0: \mu \geqslant \mu_0$；　$H_1: \mu < \mu_0$.

③ $H_0: \mu = \mu_0$；　$H_1: \mu \neq \mu_0$.

下面就总体方差 σ^2 已知和未知两种情况分别讨论.

1．σ^2 已知时对均值 μ 的 U 检验

对于检验问题③，可按如下步骤进行：

（1）提出假设 $H_0: \mu = \mu_0$；　$H_1: \mu \neq \mu_0$.

（2）构造检验统计量 $U = \dfrac{\bar{X} - \mu_0}{\sigma/\sqrt{n}}$，在 H_0 成立的前提下，

$$U = \frac{\bar{X} - \mu_0}{\sigma/\sqrt{n}} \sim N(0,1).\tag{8.1}$$

（3）由给定的显著性水平 α，根据备择假设 H_1 和统计量的分布，查附表 2 得临界值 $u_{1-\alpha/2}$，使

$$P\left\{\left|\frac{\bar{X}-\mu_0}{\sigma/\sqrt{n}}\right|>u_{1-\alpha/2}\right\}=\alpha,$$

如图 8.1 所示.

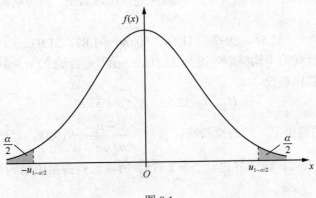

图 8.1

（4）由样本值计算出样本均值 $\bar{X}$，从而计算出检验统计量 U 的值 u. 若 $|u|>u_{1-\alpha/2}$，则小概率事件发生了，就拒绝 H_0；若 $|u|\leqslant u_{1-\alpha/2}$，则小概率事件没发生，就接受 H_0.

对于单侧检验问题，先讨论检验问题①，步骤如下：

（1）提出假设 $H_0:\mu\leqslant\mu_0$；$H_1:\mu>\mu_0$.

（2）构造检验统计量 $U=\dfrac{\bar{X}-\mu_0}{\sigma/\sqrt{n}}$，在 H_0 成立的前提下，

$$U=\frac{\bar{X}-\mu_0}{\sigma/\sqrt{n}}\sim N(0,1).$$

（3）由给定的显著性水平 α，根据备择假设 H_1 和统计量的分布，查附表 2 得临界值，使

$$P\{U>u_{1-\alpha}\}=\alpha.$$

（4）由样本值计算出样本均值 $\bar{X}$，从而计算出检验统计量 U 的值 u，若 $u>u_{1-\alpha}$，则小概率事件发生了，就拒绝 H_0；若 $u\leqslant u_{1-\alpha}$，则小概率事件没发生，就接受 H_0.

下面讨论检验问题②，步骤如下：

（1）提出假设 $H_0:\mu\geqslant\mu_0$；$H_1:\mu<\mu_0$.

（2）构造检验统计量 $U=\dfrac{\bar{X}-\mu_0}{\sigma/\sqrt{n}}$，在 H_0 成立的前提下，

$$U=\frac{\bar{X}-\mu_0}{\sigma/\sqrt{n}}\sim N(0,1).$$

（3）由给定的显著性水平 α，根据备择假设 H_1 和统计量的分布，查附表 2 得临界值，使

$$P\{U<u_\alpha\}=\alpha.$$

（4）由样本值计算出样本均值 $\bar{X}$，从而计算出检验统计量 U 的值 u，若 $u<u_\alpha$，则

小概率事件发生了，就拒绝 H_0；若 $u \geqslant u_\alpha$，则小概率事件没发生，就接受 H_0.

由于上述检验方法中都采用了检验统计量 U，因此这种检验方法通常叫作 U 检验法.

例 8.2　根据长期经验和资料的分析，某砖瓦厂生产的砖的抗断强度 X 服从正态分布，方差 $\sigma^2 = 1.1^2$. 现从该厂生产的一批砖中随机抽取 6 块，测得抗断强度如下（单位：kg/cm^2）：

$$32.56,\ 29.66,\ 31.64,\ 30.00,\ 31.87,\ 31.03.$$

试检验结论"这批砖的平均抗断强度为 32.50kg/cm^2"是否成立（$\alpha = 0.001$）.

解　由题意提出假设

$$H_0: \mu = 32.5\ ;\quad H_1: \mu \neq 32.5\ .$$

在 H_0 成立的前提下，构造检验统计量 $U = \dfrac{\bar{X} - \mu_0}{\sigma / \sqrt{n}} \sim N(0,1)$，对给定的显著性水平 $\alpha = 0.001$，查附表 2，得临界值 $u_{0.995} = 2.575$. 所以检验的拒绝域为 $W = \{|u| > u_{0.995}\} = \{|u| > 2.575\}$.

由所给数据计算可得

$$|u| = \left| \frac{\sqrt{6} \times (31.13 - 32.50)}{1.1} \right| \approx 3.05 > 2.575\ .$$

所以在显著性水平 $\alpha = 0.001$ 的条件下，拒绝 H_0，接受 H_1，即不能认为这批砖的平均抗断强度为 32.50kg/cm^2.

例 8.3　微波炉在炉门关闭时的辐射量是一个很重要的质量判断指标. 某厂生产的微波炉的这一指标服从正态分布 $N(\mu, \sigma^2)$，长期以来，$\sigma^2 = 0.1^2$，且均值都符合要求：不超过 0.12. 为检查近期生产的微波炉的质量是否达标，随机抽查了 36 台微波炉进行检测，得其炉门关闭时辐射量的均值 $\bar{x} = 0.1205$，问：在显著性水平 $\alpha = 0.05$ 的条件下，该厂近期生产的微波炉在炉门关闭时的辐射量是否增加了？

解　由题意提出假设

$$H_0: \mu \leqslant 0.12\ ;\quad H_1: \mu > 0.12\ .$$

由于方差已知，故采用 U 检验，选取检验统计量为 $U = \dfrac{\bar{X} - \mu_0}{\sigma / \sqrt{n}}$，当 $\alpha = 0.05$ 时，查附表 2，可得 $u_{0.975} = 1.96$. 所以检验的拒绝域为

$$W = \{u > u_{1-\alpha}\} = \{u > 1.96\}\ .$$

由观测值求得

$$u = \frac{\sqrt{36} \times (0.1205 - 0.12)}{0.1} = 0.03 < 1.96\ .$$

所以在显著性水平 $\alpha = 0.05$ 的条件下不能拒绝 H_0，即认为该厂近期生产的微波炉在炉门关闭时的辐射量无明显增加.

2. σ^2 未知时对均值 μ 的 T 检验

由于 σ^2 未知，故不能用 $U = \dfrac{\bar{X} - \mu_0}{\sigma/\sqrt{n}}$ 作检验统计量了. 由于样本方差 S^2 是总体方差

σ^2 的无偏估计量，在这种情况下，可以用样本标准差 S 来代替 σ，故采用

$$T = \frac{\bar{X} - \mu_0}{S/\sqrt{n}}$$

作为检验统计量. 当原假设 $H_0 : \mu = \mu_0$ 成立时，由第 6 章的定理 6.4，可知

$$T = \frac{\bar{X} - \mu_0}{S/\sqrt{n}} \sim t(n-1). \tag{8.2}$$

类似于第一种情况，可得检验问题③的拒绝域为

$$W = \left\{ (x_1, x_2, \cdots, x_n) : |t| = \left| \frac{\bar{x} - \mu_0}{S/\sqrt{n}} \right| > t_{1-\alpha/2}(n-1) \right\}.$$

通过上面的讨论，可将该假设检验问题的步骤总结如下：

（1）提出假设 $H_0 : \mu = \mu_0$；$H_1 : \mu \neq \mu_0$.

（2）在 H_0 成立的前提下，构造检验统计量：

$$T = \frac{\bar{X} - \mu_0}{S/\sqrt{n}} \sim t(n-1).$$

（3）由给定的显著性水平 α，根据备择假设 H_1 和统计量的分布，查附表 3，得临界值 $t_{1-\alpha/2}(n-1)$，使

$$P\{|t| > t_{1-\alpha/2}(n-1)\} = \alpha,$$

如图 8.2 所示.

（4）由样本值计算出样本均值 $\bar{X}$，样本方差 S^2，从而计算出检验统计量 T 的值. 若 $|t| > t_{1-\alpha/2}(n-1)$，则小概率事件发生了，就拒绝 H_0；否则，就接受 H_0.

由于上述检验方法中采用了检验统计量 T，因此这种检验方法通常叫作 T 检验法.

同样，对于 σ^2 未知时的单边假设检验也可类似于总体方差 σ^2 已知的情形进行讨论.

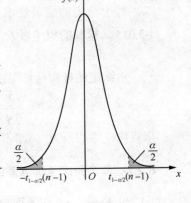

图 8.2

例 8.4 随机从一批铁钉中抽取 16 枚，测得它们的长度（单位：cm）如下：

$$2.14, \ 2.10, \ 2.13, \ 2.15, \ 2.13, \ 2.12, \ 2.13, \ 2.10,$$
$$2.15, \ 2.12, \ 2.14, \ 2.10, \ 2.13, \ 2.11, \ 2.14, \ 2.11.$$

已知铁钉的长度服从正态分布 $N(\mu, \sigma^2)$，其中 μ, σ 均未知，其均值设定为 2.12cm. 在显著性水平 $\alpha = 0.05$ 的条件下，判断此批铁钉的长度是否满足设定要求.

解 这是一个关于正态均值的双侧假设检验问题. 根据题意，提出假设

$$H_0 : \mu = 2.12 ; \quad H_1 : \mu \neq 2.12 .$$

由于 σ 未知，故采用 T 检验法，选取检验统计量 $T = \dfrac{\overline{X} - \mu_0}{S / \sqrt{n}}$，其拒绝域为 $W = \{|t| > t_{1-\alpha/2}(n-1)\}$. 当 $\alpha = 0.05$ 时，查附表 3，可得 $t_{0.975}(15) = 2.1315$. 现由样本数据计算得 $\overline{X} = 2.125$，$S = 0.017$，于是

$$|t| = \left| \frac{4 \times (2.125 - 2.12)}{0.017} \right| \approx 1.18 < 2.1315 .$$

所以接受原假设，即认为此批铁钉的长度满足设定要求.

例 8.5 某手机生产厂家在其宣传广告中声称他们生产的某种品牌手机的待机时间的平均值至少为 71.5h，质检部门随机检查了该厂生产的这种品牌的手机 6 部，测得待机时间（单位：h）如下：

$$69, \ 68, \ 72, \ 70, \ 66, \ 75 .$$

设这种品牌手机的待机时间服从正态分布 $N(\mu, \sigma^2)$，那么，由这些数据能否说明该厂的宣传广告有欺骗消费者之嫌（ $\alpha = 0.05$ ）.

解 由题意提出假设

$$H_0 : \mu \geqslant 71.5 ; \quad H_1 : \mu < 71.5 .$$

由于方差 σ 未知，故采用 T 检验法，选取检验统计量为 $T = \dfrac{\overline{X} - \mu_0}{S / \sqrt{n}}$，当 H_0 为真时，

$$T = \frac{\overline{X} - \mu_0}{S / \sqrt{n}} \sim t(n-1) .$$

对于给定的显著性水平 $\alpha = 0.05$，查附表 3 并根据 t 分布的性质，可得 $t_{0.05}(5) = -2.015$，检验的拒绝域为

$$W = \{t < t_\alpha(n-1)\} = \{t < -2.015\} .$$

由给定的样本值可得样本均值 $\overline{X} = 70$，样本方差 $S^2 = 10$，于是

$$t = \frac{\overline{X} - \mu_0}{S / \sqrt{n}} = \frac{\sqrt{6} \times (70 - 71.5)}{\sqrt{10}} \approx -1.162 > -2.015 .$$

所以接受原假设 H_0，即不能认为该厂的宣传广告有欺骗消费者之嫌.

8.2.2 单个正态总体方差的假设检验

设 $X_1, X_2, \cdots, X_n$ 是取自正态总体 $N(\mu, \sigma^2)$ 的一组样本，其中 μ, σ^2 未知，样本均值为 $\overline{X}$，样本方差为 S^2，关于方差也可以考虑如下 3 种检验问题：

（1） $H_0 : \sigma^2 \leqslant \sigma_0^2$; $H_1 : \sigma^2 > \sigma_0^2$.

（2） $H_0 : \sigma^2 \geqslant \sigma_0^2$; $H_1 : \sigma^2 < \sigma_0^2$.

（3） $H_0 : \sigma^2 = \sigma_0^2$; $H_1 : \sigma^2 \neq \sigma_0^2$.

下面我们来推导检验问题（3）.

由于样本方差是总体方差的无偏估计量，当 H_0 为真时，比值 $\dfrac{S^2}{\sigma_0^2}$ 一般来说应在 1 附

近摆动，不应过分大于 1，也不应过分小于 1. 由第 6 章定理 6.3 可知，当 H_0 为真时，

$$\chi^2 = \frac{(n-1)S^2}{\sigma_0^2} \sim \chi^2(n-1).$$

所以我们取 $\frac{(n-1)S^2}{\sigma_0^2}$ 为检验统计量，于是上述检验问题的拒绝域具有以下的形式：

$$\frac{(n-1)S^2}{\sigma_0^2} < c_1 \ 或 \ \frac{(n-1)S^2}{\sigma_0^2} > c_2.$$

对于给定显著性水平 α，查附表 4，得

$$c_1 = \chi_{\alpha/2}^2(n-1)，\quad c_2 = \chi_{1-\alpha/2}^2(n-1).$$

因此可取拒绝域为

$$W = \{(x_1, x_2, \cdots, x_n) : \chi^2 < \chi_{\alpha/2}^2(n-1) \ 或 \ \chi^2 > \chi_{1-\alpha/2}^2(n-1)\},$$

如图 8.3 所示.

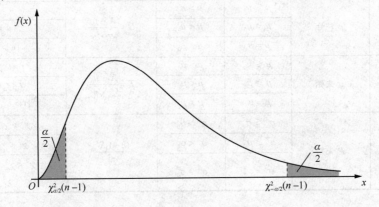

图 8.3

对于单边检验问题（1）、（2），检验统计量同样选取 $\frac{(n-1)S^2}{\sigma_0^2}$，在显著性水平为 α 的

条件下，拒绝域分别为

$$W_{(1)} = \{(x_1, x_2, \cdots, x_n) : \chi^2 > \chi_{1-\alpha}^2(n-1)\};$$
$$W_{(2)} = \{(x_1, x_2, \cdots, x_n) : \chi^2 < \chi_{\alpha}^2(n-1)\}.$$

上述检验方法中采用了检验统计量 χ^2，因此这种检验方法通常叫作 χ^2 检验法.

例 8.6 某厂生产的某种型号的电池，其寿命（单位：h）长期以来服从方差 $\sigma^2 = 5000$ 的正态分布，现有一批这种型号的电池，从它的生产情况来看，寿命的波动性有所改变. 现随机抽取 26 块这种型号的电池，测出其寿命的样本方差为 $S^2 = 9200$. 问：根据这一数据是否能够推断这批电池的寿命的波动性较以往有显著变化（$\alpha = 0.01$）？

解 由题意提出假设

$$H_0 : \sigma^2 = 5000；\quad H_1 : \sigma^2 \neq 5000.$$

这里选用的检验统计量为 $\chi^2 = \frac{(n-1)S^2}{\sigma_0^2}$，对于给定的显著性水平 $\alpha = 0.01$，查附表 4，

可得

$$\chi^2_{\alpha/2}(n-1) = \chi^2_{0.005}(25) = 10.520 , \quad \chi^2_{1-\alpha/2}(n-1) = \chi^2_{0.995}(25) = 46.928 .$$

所以检验的拒绝域为

$$W = \left\{ \chi^2 < \chi^2_{\alpha/2}(n-1) = 10.520 或 \chi^2 > \chi^2_{1-\alpha/2}(n-1) = 46.928 \right\} .$$

由给定的样本方差 $S^2 = 9200$，得 $\dfrac{(n-1)S^2}{\sigma_0^2} = 46$，没有落在拒绝域内，故接受 H_0，即认为这批电池的寿命的波动性较以往没有显著变化.

关于单个正态总体的均值和方差的假设检验汇总列于表 8.2 中.

表 8.2

检验法	条件	假设		检验统计量	拒绝域
		H_0	H_1		
U 检验	σ 已知	$\mu \leqslant \mu_0$	$\mu > \mu_0$	$U = \dfrac{\overline{X} - \mu_0}{\sigma/\sqrt{n}}$	$u > u_{1-\alpha}$
		$\mu \geqslant \mu_0$	$\mu < \mu_0$		$u < u_{\alpha}$
		$\mu = \mu_0$	$\mu \neq \mu_0$		$|u| > u_{1-\alpha/2}$
T 检验	σ 未知	$\mu \leqslant \mu_0$	$\mu > \mu_0$	$T = \dfrac{\overline{X} - \mu_0}{S/\sqrt{n}}$	$t > t_{1-\alpha}(n-1)$
		$\mu \geqslant \mu_0$	$\mu < \mu_0$		$t < t_{\alpha}(n-1)$
		$\mu = \mu_0$	$\mu \neq \mu_0$		$|t| > t_{1-\alpha/2}(n-1)$
χ^2 检验	μ 未知	$\sigma^2 \leqslant \sigma_0^2$	$\sigma^2 > \sigma_0^2$	$\dfrac{(n-1)S^2}{\sigma_0^2}$	$\chi^2 > \chi^2_{1-\alpha}(n-1)$
		$\sigma^2 \geqslant \sigma_0^2$	$\sigma^2 < \sigma_0^2$		$\chi^2 < \chi^2_{\alpha}(n-1)$
		$\sigma^2 = \sigma_0^2$	$\sigma^2 \neq \sigma_0^2$		$\chi^2 < \chi^2_{\alpha/2}(n-1)$ 或 $\chi^2 > \chi^2_{1-\alpha/2}(n-1)$

8.3 两个正态总体参数的假设检验

设 $X_1, X_2, \cdots, X_m$ 是来自正态总体 $N(\mu_1, \sigma_1^2)$ 的样本，$Y_1, Y_2, \cdots, Y_n$ 是来自正态总体 $N(\mu_2, \sigma_2^2)$ 的样本，$\overline{X}, \overline{Y}$ 分别为两组样本的样本均值，S_1^2, S_2^2 分别为两组样本的样本方差，且两个样本是相互独立的，下面分几种情况来讨论两个正态总体参数差异的假设检验.

8.3.1 两个正态总体均值差的假设检验

关于两个正态总体均值差的假设检验，考虑如下 3 种检验问题：

① $H_0: \mu_1 - \mu_2 \leqslant 0$；$H_1: \mu_1 - \mu_2 > 0$.

② $H_0: \mu_1 - \mu_2 \geqslant 0$；$H_1: \mu_1 - \mu_2 < 0$.

③ $H_0: \mu_1 - \mu_2 = 0$；$H_1: \mu_1 - \mu_2 \neq 0$.

这里主要分两种情形进行讨论.

1. σ_1, σ_2 已知时两样本均值差的 U 检验

在 $\mu_1 - \mu_2$ 的点估计 $\overline{X} - \overline{Y}$ 的分布已知时，即

$$\overline{X} - \overline{Y} \sim N\left(\mu_1 - \mu_2, \frac{\sigma_1^2}{m} + \frac{\sigma_2^2}{n}\right),$$

可选用检验统计量

$$U = \frac{\overline{X} - \overline{Y}}{\sqrt{\dfrac{\sigma_1^2}{m} + \dfrac{\sigma_2^2}{n}}}.$$

当 $\mu_1 = \mu_2$ 时，$U \sim N(0,1)$，类似于之前的讨论，可得对于检验问题①，检验的拒绝域为

$$W = \{u > u_{1-\alpha}\}.$$

对于检验问题②，检验的拒绝域为

$$W = \{u < u_{\alpha}\}.$$

对于检验问题③，检验的拒绝域为

$$W = \{|u| > u_{1-\alpha/2}\}.$$

2. $\sigma_1 = \sigma_2 = \sigma$ 未知时两样本均值差的 T 检验

在 $\sigma_1 = \sigma_2 = \sigma$ 但未知时，可知 $\overline{X} - \overline{Y} \sim N\left(\mu_1 - \mu_2, \left(\dfrac{1}{m} + \dfrac{1}{n}\right)\sigma^2\right)$，由于

$$\frac{(m-1)S_1^2}{\sigma^2} \sim \chi^2(m-1), \quad \frac{(n-1)S_2^2}{\sigma^2} \sim \chi^2(n-1),$$

所以

$$\frac{1}{\sigma^2}\left[\sum_{i=1}^{m}(X_i - \overline{X})^2 + \sum_{i=1}^{n}(Y_i - \overline{Y})^2\right] \sim \chi^2(m+n-2).$$

记

$$S_t^2 = \frac{1}{m+n-2}\left[\sum_{i=1}^{m}(X_i - \overline{X})^2 + \sum_{i=1}^{n}(Y_i - \overline{Y})^2\right],$$

则有

$$\frac{(\overline{X} - \overline{Y}) - (\mu_1 - \mu_2)}{S_t\sqrt{\dfrac{1}{m} + \dfrac{1}{n}}} \sim t(m+n-2).$$

故选取检验统计量为

$$T = \frac{\overline{X} - \overline{Y}}{S_t\sqrt{\dfrac{1}{m} + \dfrac{1}{n}}},$$

当 $\mu_1 = \mu_2$ 时，$T \sim t(m+n-2)$，则对于检验问题①，检验的拒绝域为

$$W = \{t > t_{1-\alpha}(m+n-2)\}.$$

对于检验问题②，检验的拒绝域为

$$W = \{t < t_{\alpha}(m+n-2)\}.$$

对于检验问题③，检验的拒绝域为

$$W = \{|t| > t_{1-\alpha/2}(m+n-2)\}.$$

例 8.7 A、B 两台车床加工同一种轴，现在要测量轴的椭圆度，设 A 车床加工的轴的椭圆度 $X \sim N(\mu_1, 0.0006)$，B 车床加工的轴的椭圆度 $Y \sim N(\mu_2, 0.0038)$. 现从 A、B 两台车床加工的轴中分别测量 $m = 200$，$n = 150$ 根轴的椭圆度，并计算得样本均值分别为 $\overline{X} = 0.081\,\mathrm{mm}$，$\overline{Y} = 0.060\,\mathrm{mm}$，问：这两台车床加工的轴的椭圆度是否有显著性差异（$\alpha = 0.05$）？

解 由题意提出假设

$$H_0 : \mu_1 = \mu_2; \quad H_1 : \mu_1 \neq \mu_2.$$

选用检验统计量 $U = \dfrac{\overline{X} - \overline{Y}}{\sqrt{\dfrac{\sigma_1^2}{m} + \dfrac{\sigma_2^2}{n}}}$，在 H_0 成立的前提下，

$$U = \frac{\overline{X} - \overline{Y}}{\sqrt{\dfrac{\sigma_1^2}{m} + \dfrac{\sigma_2^2}{n}}} \sim N(0,1).$$

对给定的显著性水平 $\alpha = 0.05$，查附表 2，得临界值 $u_{1-\alpha/2} = u_{0.975} = 1.96$. 根据样本数据计算检验统计量的值 $|u| \approx 3.95 > 1.96$，故拒绝 H_0，即认为这两台车床加工的轴的椭圆度有显著性差异.

例 8.8 对某种物品在处理前与处理后分别抽样分析其含脂率，得到的数据如下：

处理前：0.19，0.18，0.21，0.30，0.41，0.12，0.27；

处理后：0.15，0.13，0.07，0.24，0.19，0.06，0.08，0.12.

假设该种物品在处理前后的含脂率都服从正态分布，且方差不变，试推断这种物品在处理前后含脂率的平均值有无显著变化（$\alpha = 0.05$）.

解 设该种物品在处理前后的含脂率分别用 X 和 Y 表示，且都服从正态分布，方差不变. 现提出假设

$$H_0 : \mu_1 = \mu_2; \quad H_1 : \mu_1 \neq \mu_2.$$

选择检验统计量为 $T = \dfrac{\overline{X} - \overline{Y}}{S_t \sqrt{\dfrac{1}{m} + \dfrac{1}{n}}}$，对给定的显著性水平 $\alpha = 0.05$，查附表 3，得临界值

$$t_{1-\alpha/2}(m+n-2) = t_{0.975}(13) = 2.1604.$$

根据样本数值分别求出处理前与处理后的样本均值和样本方差如下：

$$m = 7, \quad \overline{X} = 0.24, \quad S_1^2 = 0.0091; \quad n = 8, \quad \overline{Y} = 0.13, \quad S_2^2 = 0.0039.$$

从而 $S_t = \sqrt{0.0063}$，统计量的值 $|t| \approx 2.68 > 2.1604$，所以拒绝 H_0，即认为这种物品在处

理前后含脂率的平均值有显著变化.

8.3.2 两个正态总体方差比的假设检验

关于方差考虑如下 3 种检验问题:

（1）$H_0: \sigma_1^2 \leqslant \sigma_2^2$；$H_1: \sigma_1^2 > \sigma_2^2$.

（2）$H_0: \sigma_1^2 \geqslant \sigma_2^2$；$H_1: \sigma_1^2 < \sigma_2^2$.

（3）$H_0: \sigma_1^2 = \sigma_2^2$；$H_1: \sigma_1^2 \neq \sigma_2^2$.

此处 μ_1, μ_2 均未知，我们可建立如下的检验统计量 $F = \dfrac{S_1^2}{S_2^2}$. 当 $\sigma_1^2 = \sigma_2^2$ 时，$F \sim F(m-1, n-1)$，由此给出 3 种检验问题对应的拒绝域依次为

$$W_{(1)} = \{F > F_{1-\alpha}(m-1, n-1)\};$$
$$W_{(2)} = \{F < F_{\alpha}(m-1, n-1)\};$$
$$W_{(3)} = \{F > F_{1-\alpha/2}(m-1, n-1) \text{ 或 } F < F_{\alpha/2}(m-1, n-1)\}.$$

例 8.9 甲、乙两台机床加工某种零件，零件的直径服从正态分布，总体方差反映了机床的加工精度情况，为判断两台机床的加工精度有无差异，现从各自加工的零件中分别抽取 7 个零件和 8 个零件，测得直径数据如下:

甲机床: 16.2，16.4，15.8，15.5，16.7，15.6，15.8;

乙机床: 15.9，16.0，16.4，16.1，16.5，15.8，15.7，15.0.

试根据以上数据判断甲、乙两台机床的加工精度有无差异（$\alpha = 0.05$）.

解 这是一个双侧假设检验问题，由题意提出假设

$$H_0: \sigma_1^2 = \sigma_2^2；\quad H_1: \sigma_1^2 \neq \sigma_2^2.$$

选择检验统计量为 $F = \dfrac{S_1^2}{S_2^2}$. 此处，$m = 7$，$n = 8$，并由题中数据计算得 $S_1^2 \approx 0.2729$，$S_2^2 \approx 0.2164$. 于是，

$$F = \frac{0.2729}{0.2164} \approx 1.261.$$

由 $\alpha = 0.05$，查附表 5，知

$$F_{0.975}(6, 7) \approx 5.12，\quad F_{0.025}(6, 7) = \frac{1}{F_{0.975}(7, 6)} \approx \frac{1}{5.70} \approx 0.175.$$

所以其拒绝域为

$$W = \{F \leqslant 0.175 \text{ 或 } F \geqslant 5.12\}.$$

由此可见，样本未落入拒绝域，故接收 H_0，即可以认为两台机床的加工精度没有差异.

关于两个正态总体的均值差和方差比的假设检验汇总列于表 8.3 中.

表 8.3

检验法	条件	假设		检验统计量	拒绝域
		H_0	H_1		
U 检验	σ_1,σ_2 已知	$\mu_1-\mu_2\leqslant 0$	$\mu_1-\mu_2>0$	$U=\dfrac{\overline{X}-\overline{Y}}{\sqrt{\dfrac{\sigma_1^2}{m}+\dfrac{\sigma_2^2}{n}}}$	$u>u_{1-\alpha}$
		$\mu_1-\mu_2\geqslant 0$	$\mu_1-\mu_2<0$		$u<u_\alpha$
		$\mu_1-\mu_2=0$	$\mu_1-\mu_2\neq 0$		$\lvert u\rvert>u_{1-\alpha/2}$
T 检验	σ_1,σ_2 未知 $\sigma_1=\sigma_2$	$\mu_1-\mu_2\leqslant 0$	$\mu_1-\mu_2>0$	$T=\dfrac{\overline{X}-\overline{Y}}{S_t\sqrt{\dfrac{1}{m}+\dfrac{1}{n}}}$	$t>t_{1-\alpha}(m+n-2)$
		$\mu_1-\mu_2\geqslant 0$	$\mu_1-\mu_2<0$		$t<t_\alpha(m+n-2)$
		$\mu_1-\mu_2=0$	$\mu_1-\mu_2\neq 0$		$\lvert t\rvert>t_{1-\alpha/2}(m+n-2)$
F 检验	μ_1,μ_2 未知	$\sigma_1^2\leqslant\sigma_2^2$	$\sigma_1^2>\sigma_2^2$	$F=\dfrac{S_1^2}{S_2^2}$	$F>F_{1-\alpha}(m-1,n-1)$
		$\sigma_1^2\geqslant\sigma_2^2$	$\sigma_1^2<\sigma_2^2$		$F<F_\alpha(m-1,n-1)$
		$\sigma_1^2=\sigma_2^2$	$\sigma_1^2\neq\sigma_2^2$		$F<F_{\alpha/2}(m-1,n-1)$ 或 $F>F_{1-\alpha/2}(m-1,n-1)$

8.4　非正态总体参数的假设检验

前面讨论的所有假设检验问题中，都是已知总体服从正态分布，并由此确定拒绝域. 但在许多实际问题中，有时会遇到总体不服从正态分布，或者不知道总体服从什么分布的情况. 这时要对总体中的参数进行假设检验，就不能采用前面介绍的方法了. 对于此类问题，可借助一些统计量的极限分布近似地进行假设检验，属于大样本统计范畴，其理论依据是中心极限定理.

下面先介绍关于样本的两个概念.

小样本：样本容量 $n<50$ 的样本. 在总体服从正态分布的情况下，一般可采用小样本. 前面介绍的各种统计量的分布和应用都是在小样本的情况下进行的.

大样本：样本容量 $n\geqslant 50$ ，甚至 $n>100$ 的样本. 大样本用于总体不服从正态分布或不知道总体服从什么分布的情况. 在大样本的情况下， n 很大，根据中心极限定理，大量随机变量的和的分布都近似服从正态分布. 这样，就将问题转化成正态总体的假设检验问题了.

8.4.1　(0-1)分布参数 p 的假设检验

在一些实际问题中，常常需要对一个事件 A 发生的概率 p 进行假设检验. 对于此类问题可假设总体服从 (0−1) 分布，即设总体 X 服从 $B(1,p)$ ，其中 p ($0<p<1$) 未知. $X_1,X_2,\cdots,X_n$ 为从总体 X 中抽取的大样本 $(n\geqslant 50)$ ，关于参数 p 的检验假设分为以下 3 种类型：

（1） $H_0:p=p_0$ ； $H_1:p\neq p_0$.

（2） $H_0:p\leqslant p_0$ ； $H_1:p>p_0$.

（3）$H_0:p \geqslant p_0$； $H_1:p < p_0$.

此类假设检验问题没有现成的统计量可用，一般要借助于中心极限定理对此类问题进行检验. 当样本容量 n 充分大（$n \geqslant 50$）时，利用中心极限定理有，$\overline{X}$ 近似地服从 $N\left(p,\dfrac{p(1-p)}{n}\right)$，于是选择的检验统计量为

$$U = \frac{\overline{X} - p_0}{\sqrt{p_0(1-p_0)/n}}. \tag{8.3}$$

当 $p = p_0$ 时，U 近似服从 $N(0,1)$. 对于给定的显著性水平 α，对应上述 3 类检验问题的拒绝域依次为

$$W_{(1)} = \{|u| > u_{1-\alpha/2}\};$$
$$W_{(2)} = \{u > u_{1-\alpha}\};$$
$$W_{(3)} = \{u < u_\alpha\}.$$

例 8.10 设某厂生产的产品的不合格率为 10%，在一次例行检查中，随机抽取 80 件产品，发现 11 件不合格品，在显著性水平 $\alpha = 0.05$ 的条件下能否认为不合格品率仍为 10%？

解 这是一个 $(0-1)$ 分布 $B(1,p)$ 总体参数 p 的假设检验问题. 由题意提出假设

$$H_0:p = 0.1； H_1:p \neq 0.1.$$

因为 $n = 80$ 比较大，所以可采用大样本检验方法. 又有 $\overline{X} = \dfrac{11}{80}$，$p_0 = 0.1$，$\alpha = 0.05$，查附表 2，得 $u_{0.975} = 1.96$. 故拒绝域为 $W = \{|u| > 1.96\}$. 由式（8.3），得检验统计量的值为

$$u = \frac{\sqrt{80} \times \left(\dfrac{11}{80} - 0.1\right)}{\sqrt{0.1 \times 0.9}} \approx 1.118.$$

因 $u \approx 1.118$ 未落入拒绝域，故不能拒绝原假设，即可以认为不合格品率仍为 10%.

8.4.2 两个总体均值差的假设检验

设有两个总体 X, Y，且 X 与 Y 相互独立，其均值和方差分别为 μ_1, μ_2 和 σ_1^2, σ_2^2，均值与方差均未知，现从每个总体中各抽取一个大样本 $X_1, X_2, \cdots, X_{n_1}$ 和 $Y_1, Y_2, \cdots, Y_{n_2}$，其样本均值与样本方差分别为 $\overline{X}$ 与 $\overline{Y}$ 和 S_1^2 与 S_2^2. 考虑如下 3 种假设检验问题：

（1）$H_0:\mu_1 = \mu_2$； $H_1:\mu_1 \neq \mu_2$.

（2）$H_0:\mu_1 \leqslant \mu_2$； $H_1:\mu_1 > \mu_2$.

（3）$H_0:\mu_1 \geqslant \mu_2$； $H_1:\mu_1 < \mu_2$.

当样本容量较大时，近似地，

$$\overline{X} - \overline{Y} \sim N\left(\mu_1 - \mu_2, \frac{\sigma_1^2}{n_1} + \frac{\sigma_2^2}{n_2}\right).$$

故可采用以下检验统计量：

$$U = \frac{\bar{X} - \bar{Y}}{\sqrt{\dfrac{S_1^2}{n_1} + \dfrac{S_2^2}{n_2}}}. \tag{8.4}$$

当 $\mu_1 = \mu_2$ 时，若 $\sigma_1^2 \neq \sigma_2^2$，则 U 近似服从 $N(0,1)$；若 $\sigma_1^2 = \sigma_2^2$，可采用以下检验统计量：

$$U = \frac{\bar{X} - \bar{Y}}{S_t \sqrt{\dfrac{1}{n_1} + \dfrac{1}{n_2}}}, \tag{8.5}$$

其中，

$$S_t^2 = \frac{1}{m+n-2} \left[\sum_{i=1}^{m}(X_i - \bar{X})^2 + \sum_{i=1}^{n}(Y_i - \bar{Y})^2 \right],$$

同样 U 近似服从 $N(0,1)$.

对于给定的显著性水平 α，对应上述 3 种检验问题的拒绝域依次为

$$W_{(1)} = \{|u| > u_{1-\alpha/2}\};$$
$$W_{(2)} = \{u > u_{1-\alpha}\};$$
$$W_{(3)} = \{u < u_{\alpha}\}.$$

例 8.11 为比较两种小麦植株的高度（单位：cm），在相同条件下进行高度测定，算得样本均值与样本方差分别如下：

甲种小麦：$n_1 = 100$，$\bar{X} = 28$，$S_1^2 = 35.8$；

乙种小麦：$n_2 = 100$，$\bar{Y} = 26$，$S_2^2 = 32.3$.

在显著性水平 $\alpha = 0.05$ 的条件下，判断这两种小麦的株高之间有无显著差异（假设两个总体方差相等）.

解 这属于大样本情况下两个总体分布未知、方差未知但相等的均值差的假设检验. 由题意提出假设

$$H_0: \mu_1 = \mu_2; \quad H_1: \mu_1 \neq \mu_2.$$

当 $\alpha = 0.05$ 时，查附表 2，得 $u_{1-\alpha/2} = 1.96$. 则拒绝域为 $W = \{|u| > u_{1-\alpha/2}\}$.

由题中数据，得检验统计量 U 的值为

$$u = \frac{\bar{X} - \bar{Y}}{S_t \sqrt{\dfrac{1}{n_1} + \dfrac{1}{n_2}}} = \frac{28 - 26}{\sqrt{\dfrac{(100-1) \times 35.8 + (100-1) \times 32.3}{100 + 100 - 2}} \times \sqrt{\dfrac{1}{100} + \dfrac{1}{100}}} \approx 2.42,$$

因 $u \approx 2.42$ 落入拒绝域，故拒绝 H_0，即在显著性水平 $\alpha = 0.05$ 的条件下可认为两种小麦的株高之间有显著差异.

习题 8

1. 在样本容量确定后，在一个假设检验中，给定显著性水平为 α，设犯第二类错

误的概率为 β，则必有（　　）.

    A．$\alpha+\beta=1$　　　B．$\alpha+\beta>1$　　　C．$\alpha+\beta<1$　　　D．$\alpha+\beta<2$

2．在假设检验中，犯第一类错误的概率 α 与犯第二类错误的概率 β 之间有什么关系？

3．在假设检验中，如何理解指定的显著性水平 α？

4．在假设检验中，当做出不能拒绝原假设的决定时，是否意味着原假设一定正确？

5．某罐装可乐的容量按标准应是 355mL，假定每罐可乐的容量 X 服从正态分布 $N(\mu,\sigma^2)$，且已知 $\sigma=1.5$．在一批罐装可乐中，随机抽查的 5 罐可乐的容量的平均值是 355.42mL，问：这批罐装可乐的生产是否正常（取 $\alpha=0.05$）？所得结论可能犯哪一类错误？

6．设 $X_1,X_2,\cdots,X_{16}$ 是来自正态总体 $N(\mu,4)$ 的一组样本，考虑检验问题
$$H_0:\mu=6;\quad H_1:\mu\neq6.$$
拒绝域取为 $W=\{|\bar{X}-6|\geqslant c\}$，试求 c 使检验的显著性水平为 0.05.

7．长期统计资料表明，某市轻工产品的月产值占该市工业产品总月产值的百分比 X 服从正态分布，方差 $\sigma^2=1.21$，现任意抽查 10 个月，得到的轻工产品产值的百分比数据如下：

31.31%，30.10%，32.16%，32.56%，29.66%，

31.64%，30.00%，31.87%，31.03%，30.95%.

问：在显著性水平 $\alpha=0.05$ 的条件下，可否认为该市轻工产品的月产值占该市工业产品总月产值的百分比的平均数为 32.50%？

8．某厂对废水进行处理，要求某种有毒物质的浓度小于 19mg/L．抽样检查得到 10 个该有毒物质的浓度数据，其样本均值 $\bar{X}=17.1\,\text{mg/L}$．设有毒物质的浓度服从正态分布，且已知方差 $\sigma^2=8.5$．试在显著性水平 $\alpha=0.05$ 的条件下，分析处理后的废水是否合格？

9．某厂生产的镍合金线的抗拉强度的均值为 10620kg/mm^2，在改进工艺后生产的一批镍合金线中抽取 10 根，测得其抗拉强度的数据如下：

10512，10623，10668，10554，10776，

10707，10557，10581，10666，10670.

假定镍合金线的抗拉强度服从正态分布，问：在显著性水平 $\alpha=0.05$ 的条件下，能否认为新生产的镍合金线的抗拉强度较过去有显著提高？

10．假定考生的成绩服从正态分布，在某地一次数学统考中，随机抽取 36 位考生的成绩，经计算得平均成绩为 66.5 分，标准差为 15 分，问：在显著性水平 $\alpha=0.05$ 的条件下，可否认为这次考试全体考生的平均成绩为 70 分？

11．设在一批木材中随机抽取 100 根，测其小头直径，得到样本均值 $\bar{X}=11.2\,\text{cm}$，样本标准差 $S=2.6\,\text{cm}$，问：能否认为该批木材的小头平均直径不低于 12cm（ $\alpha=0.05$ ）？

12．已知纤维的纤度在正常条件下服从正态分布，且标准差为 0.048，从某天生产的产品中随机抽取 5 根，测得其纤度分别为

1.32，1.55，1.36，1.40，1.44.

问：这一天生产的纤维的纤度的总体标准差是否正常（取 $\alpha = 0.05$）？

13. 某电工器材厂生产一种保险丝，通常情况下，其熔化时间的方差为 400. 现从某天生产的产品中抽取一个容量为 25 的样本，测量其熔化时间并计算得 $\bar{X} = 62.24$，$S^2 = 404.77$，问：该天生产的保险丝的熔化时间的分散度与往常有无异常（取 $\alpha = 0.05$，假定熔化时间服从正态分布）？

14. 某种导线的质量标准中要求其电阻的标准差不得超过 0.005Ω. 现从一批导线中随机抽取 9 根样品，测得样本标准差 $S = 0.007\Omega$，假定总体服从正态分布，问：在显著性水平 $\alpha = 0.05$ 的条件下，能否认为这批导线的电阻的标准差显著偏大？

15. 设甲、乙两厂生产同样的灯泡，其寿命 X, Y 分别服从正态分布 $N(\mu_1, \sigma_1^2)$ 和 $N(\mu_2, \sigma_2^2)$，已知它们寿命的标准差分别为 84h 和 96h. 现从两厂生产的灯泡中各取 60 只，检测其寿命，并测得甲厂灯泡的平均寿命为 1295h，乙厂灯泡的平均寿命为 1230h. 问：能否认为两厂生产的灯泡寿命无显著差异（$\alpha = 0.05$）？

16. 某厂使用 A、B 两种不同原料生产同一类型产品，现取 A 种原料生产的样品 220 件，B 种原料生产的样品 205 件，测得平均质量（单位：kg）和质量的方差分别如下：

$$\bar{X}_A = 2.46, \quad S_A^2 = 0.57^2; \quad \bar{X}_B = 2.55, \quad S_B^2 = 0.48^2.$$

设这两个总体都服从正态分布，且方差相同，问：在显著性水平 $\alpha = 0.05$ 的条件下，能否认为使用原料 B 的产品的平均质量比使用原料 A 的产品的平均质量大？

17. 为检测某种新血清是否能抑制白细胞过多症，选择已患该病的老鼠 9 只，并将其中 5 只施与此种血清，另外 4 只则不然，从实验开始，9 只老鼠的存活年限数据如下：

接受血清：2.1，5.3，1.4，4.6，0.9；

未接受血清：1.9，0.5，2.8，3.1.

假定两个总体均服从正态分布且方差相同，问：在显著性水平 $\alpha = 0.05$ 的条件下，此种血清是否有效？

18. 在 20 世纪 70 年代后期，人们发现在酿造啤酒的麦芽干燥过程中会形成致癌物质亚硝基二甲胺. 到 20 世纪 80 年代初期，人们开发了一种新的麦芽干燥过程. 下面给出了在新、旧两种麦芽干燥过程中形成的亚硝基二甲胺的含量（以 10 亿份中的份数计）.

旧过程：6，4，5，5，6，5，5，6，4，6，7，4；

新过程：2，1，2，2，1，0，3，2，1，0，1，3.

设两个总体均服从正态分布且方差相同，两样本相互独立，分别以 μ_1, μ_2 表示旧、新两种过程的总体均值，试检验下列假设（取 $\alpha = 0.05$）

$$H_0: \mu_1 - \mu_2 \leqslant 2; \quad H_1: \mu_1 - \mu_2 > 2.$$

19. 有甲、乙两台车床生产同一种型号的滚珠，根据经验，可以认为这两台车床生产的滚珠的直径都服从正态分布. 现从甲、乙两台车床生产的滚珠中，分别随机抽取 8 个和 9 个滚珠，测得滚珠直径如下：

甲车床：15.0，14.5，15.2，15.5，14.8，15.1，15.2，14.8；

乙车床：15.2，15.0，14.8，15.2，15.0，15.0，14.8，15.1，14.8.

问：是否可以认为乙车床生产的滚珠的直径的方差比甲车床生产的滚珠的直径的方差小（$\alpha = 0.05$）？

20．甲、乙两厂生产同一种电阻，现从甲、乙两厂的产品中分别随机抽取 12 个和 10 个样品，测得它们的电阻值后，计算出样本方差分别为 $S_1^2 = 1.40$，$S_2^2 = 4.38$．假定电阻值服从正态分布，问：在显著性水平 $\alpha = 0.05$ 的条件下，是否可以认为两厂生产的电阻的电阻值的方差相等？

21．某地区主管工业的负责人收到一份报告，该报告说他主管的工厂中执行环境保护条例的厂家不足 60%，但这位负责人认为应不低于 60%．于是，他在主管的众多工厂中随机抽取了 60 家，结果发现有 33 家执行了环境保护条例，那么由他本人的调查结果能否证明收到的那份报告中的说法有问题（$\alpha = 0.05$）？

22．某药品的推广广告中声称该药品对某种疾病的治愈率为 90%，一家医院对 120 名患者临床使用该种药品，最终治愈 85 人，问：该药品广告中的效果是否真实（$\alpha = 0.02$）？

23．某一电视网络的经营商计划在周一至周五晚间上映收视率较高的某喜剧集．但经营商没有把握，不确定是否会达到普及效果（指收视率大于 53%），于是提出原假设 H_0 为无普及效果．经营商于周五晚间随机对 500 个家庭中是否观看了该剧进行了调查，结果显示 48% 的家庭观看了该剧．问：在显著性水平 $\alpha = 0.05$ 的条件下，经营商的想法是否得到了支持？

24．某产品的次品率为 0.17，现对此产品进行新工艺试验，从利用新工艺生产的一批产品中抽取 400 件检查，发现次品 56 件，能否认为这项新工艺显著提高了产品质量（$\alpha = 0.05$）？

25．为了比较两种子弹 A 和 B 的速度（单位：m/s），在相同的条件下进行速度测定，抽取子弹 A 和 B 各 110 发，测得样本均值和样本标准差分别为 $\overline{X}_A = 2805$，$\overline{X}_B = 2680$，$S_A = 120.41$，$S_B = 105.00$．试用大样本方法检验这两种子弹的平均速度有无显著差异（取 $\alpha = 0.05$）？

第9章 方差分析与回归分析

9.1 方差分析

在一些科学试验、生产实践中，一个事件可能受多种因素的影响. 例如，某种化学反应可能受试验的温度、浓度、催化剂等因素的影响，我们需要通过试验得到的数据分析哪种因素对化学反应的速度影响显著. 利用方差分析法可以有效地解决上述问题. 方差分析法是根据试验的结果进行分析，通过建立数学模型，判断各个因素影响效应的一种有效方法. 方差分析法是费希尔在 19 世纪 20 年代提出的，当时他在美国的一个农业试验站工作，需要进行很多田间试验，为分析试验结果，他发明了方差分析法.

9.1.1 基本概念与模型

下面我们通过两个例子来说明方差分析法.

例 9.1 用 4 种安眠药在兔子身上进行试验，特选 24 只健康的兔子，随机把它们分成 4 组，每组各服一种安眠药，药效时间（单位：h）见表 9.1. 问：4 种安眠药的性能有无显著差异？

表 9.1　　　　　　　　　　　　　　　　　　　　　　　单位：h

安眠药种类	药效时间					
A_1	6.2	6.1	6.0	6.3	6.1	5.9
A_2	6.3	6.5	6.7	6.6	7.1	6.4
A_3	6.8	7.1	6.6	6.8	6.9	6.6
A_4	5.4	6.4	6.2	6.3	6.0	5.9

本例考察的是安眠药的性能，安眠药是因子，4 种不同的安眠药表示 4 种不同的水平，分别用 A_1、A_2、A_3、A_4 表示.

例 9.2 现有某种型号的电池 3 批，分别由 A、B、C 3 个厂家生产. 为比较其质量，从 3 批电池中各随机抽取 5 只电池作为样品，经试验得其寿命（单位：h）见表 9.2. 问：3 个厂家生产的电池质量有无显著差异？

表 9.2　　　　　　　　　　　　　　　　　　　　　　　单位：h

电池	寿命				
A	40	42	48	45	38
B	26	28	34	32	30
C	39	50	40	50	43

本例中，电池的寿命是因子，3 个不同厂家生产的电池代表 3 个水平. 例 9.1 和例 9.2 都是单因子试验.

一般地,单因子试验有 t 个不同的水平,分别记为 $A_1, A_2, \cdots, A_t$,在每个水平下进行 m 次试验,试验的数据用 y_{ij} ($i = 1, 2, \cdots, t; j = 1, 2, \cdots, m$)表示. 将每个水平看成一个服从正态分布 $N(\mu_i, \sigma^2)$ 的总体,并假定各个总体是相互独立的.

单因子试验的方差分析的数学模型可表示如下:

$$y_{ij} = \mu_i + \varepsilon_{ij} \quad (i = 1, 2, \cdots, t ; j = 1, 2, \cdots, m). \tag{9.1}$$

其中, $\varepsilon_{ij} \sim N(0, \sigma^2)$,且 ε_{ij} 相互独立.

考察各水平间有无显著差异,即对如下的假设进行检验:

$$H_0: \mu_1 = \mu_2 = \cdots = \mu_t ; \quad H_1: \mu_1, \mu_2, \cdots, \mu_t \text{ 不全相等}. \tag{9.2}$$

如果原假设成立,则认为各水平间没有显著差异,否则各水平间存在显著差异. 方便起见,记

$$\mu = \frac{1}{t} \sum_{i=1}^{t} \mu_i ,$$

称 μ 为**总均值**. 记

$$d_i = \mu_i - \mu \quad (i = 1, 2, \cdots, t),$$

称 d_i 为**第 i 个水平的效应**. 可以看出

$$\sum_{i=1}^{t} d_i = \sum_{i=1}^{t} (\mu_i - \mu) = t\mu - t\mu = 0 .$$

因此模型(9.1)与下面的模型是等价的:

$$\begin{cases} y_{ij} = \mu + d_i + \varepsilon_{ij} & (i = 1, 2, \cdots, t; j = 1, 2, \cdots, m), \\ \sum_{i=1}^{t} d_i = 0, \end{cases} \tag{9.3}$$

其中, $\varepsilon_{ij} \sim N(0, \sigma^2)$,且 ε_{ij} 相互独立. 假设(9.2)也等价于下面的假设:

$$H_0: d_1 = d_2 = \cdots = d_t = 0 ; \quad H_1: d_1, d_2, \cdots, d_t \text{ 不全为 0}. \tag{9.4}$$

9.1.2　数据的平方和分解

数据间总的差异可用

$$S_{\mathrm{T}} = \sum_{i=1}^{t} \sum_{j=1}^{m} (y_{ij} - \overline{y})^2$$

表示,称 S_{T} 为**总平方和**,其中, $\overline{y} = \frac{1}{n} \sum_{i=1}^{t} \sum_{j=1}^{m} y_{ij}$ ($n = m \times t$),表示所有数据的平均. 可以看出, S_{T} 的自由度为 $n-1$,其中自由度为平方和中独立偏差的个数. 将引起数据间差异的原因分成两类:一类是由随机误差产生的,另一类是由各水平的效应产生的. 如果假设(9.4)中的原假设不成立,则说明由各水平的效应产生的差异相对于随机因素引起的差异要大得多,从而说明各水平对指标的影响有显著差异.

记

$$\overline{\varepsilon} = \frac{1}{n} \sum_{i=1}^{t} \sum_{j=1}^{m} \varepsilon_{ij} , \quad \overline{\varepsilon}_i = \frac{1}{m} \sum_{j=1}^{m} \varepsilon_{ij} ,$$

$\overline{\varepsilon}$, $\overline{\varepsilon}_i$ 分别表示随机误差总的平均及第 i 个水平误差的平均.

记

$$S_\mathrm{E} = \sum_{i=1}^{t}\sum_{j=i}^{m}(y_{ij} - \overline{y}_i)^2 ,$$

其中, $\overline{y}_i = \dfrac{1}{m}\sum_{j=1}^{m} y_{ij}$, 表示第 i 个水平数据的平均. S_E 称为**组内偏差平方和**, 也称为误差平方和. S_E 的自由度为 $n-t$, 且有

$$S_\mathrm{E} = \sum_{i=1}^{t}\sum_{j=i}^{m}(y_{ij} - \overline{y}_i)^2 = \sum_{i=1}^{t}\sum_{j=i}^{m}(\varepsilon_{ij} - \overline{\varepsilon}_i)^2 ,$$

故 S_E 表示由随机误差引起的数据间的差异.

记

$$S_\mathrm{A} = m\sum_{i=1}^{t}(\overline{y}_i - \overline{y})^2 ,$$

S_A 称为**组间偏差平方和**, 也称为因子 A 的偏差平方和. S_A 的自由度为 $t-1$, 且有

$$S_\mathrm{A} = m\sum_{i=1}^{t}(\overline{y}_i - \overline{y})^2 = m\sum_{i=1}^{t}(d_i + \overline{\varepsilon}_i - \overline{\varepsilon}).$$

可见, S_A 除了表示随机误差外, 还包含由因子 A 取不同水平引起的数据间的差异.

S_T, S_E, S_A 之间有如下的关系:

$$S_\mathrm{T} = S_\mathrm{E} + S_\mathrm{A}. \tag{9.5}$$

式 (9.5) 称为平方和分解式. 事实上,

$$S_\mathrm{T} = \sum_{i=1}^{t}\sum_{j=1}^{m}(y_{ij} - \overline{y})^2 = \sum_{i=1}^{t}\sum_{j=1}^{m}(y_{ij} - \overline{y}_i + \overline{y}_i - \overline{y})^2$$

$$= \sum_{i=1}^{t}\sum_{j=1}^{m}(y_{ij} - \overline{y}_i)^2 + \sum_{i=1}^{t}\sum_{j=1}^{m}(\overline{y}_i - \overline{y})^2 + 2\sum_{i=1}^{t}\sum_{j=1}^{m}(y_{ij} - \overline{y}_i)(\overline{y}_i - \overline{y}),$$

其中,

$$\sum_{i=1}^{t}\sum_{j=1}^{m}(y_{ij} - \overline{y}_i)(\overline{y}_i - \overline{y}) = \sum_{i=1}^{t}(\overline{y}_i - \overline{y})\sum_{j=1}^{m}(y_{ij} - \overline{y}_i)$$

$$= \sum_{i=1}^{t}(\overline{y}_i - \overline{y})(m\overline{y}_i - m\overline{y}_i)$$

$$= 0.$$

所以

$$S_\mathrm{T} = \sum_{i=1}^{t}\sum_{j=1}^{m}(y_{ij} - \overline{y}_i)^2 + \sum_{i=1}^{t}\sum_{j=1}^{m}(\overline{y}_i - \overline{y})^2$$

$$= \sum_{i=1}^{t}\sum_{j=1}^{m}(y_{ij} - \overline{y}_i)^2 + m\sum_{i=1}^{t}(\overline{y}_i - \overline{y})^2$$

$$= S_\mathrm{E} + S_\mathrm{A}.$$

9.1.3　假设检验

定理 9.1　对于模型（9.3），有以下结论成立：

（1）$\dfrac{S_{\mathrm{E}}}{\sigma^2} \sim \chi^2(n-t)$；

（2）当假设（9.4）中的原假设成立时，有 $\dfrac{S_{\mathrm{A}}}{\sigma^2} \sim \chi^2(t-1)$；

（3）S_{E} 与 S_{A} 相互独立.

关于定理 9.1 的证明，此处省略.

对于假设（9.4），当原假设成立时，说明 $\dfrac{S_{\mathrm{A}}}{S_{\mathrm{E}}}$ 不会太大. 如果 $\dfrac{S_{\mathrm{A}}}{S_{\mathrm{E}}}$ 过大，则说明各水平效应产生的差异相对于随机因素引起的差异要大得多，即认为各水平间存在显著差异，从而拒绝原假设. 因此，可选用检验统计量：

$$F = \frac{S_{\mathrm{A}} / (t-1)}{S_{\mathrm{E}} / (n-t)}.$$

当原假设成立时，$F \sim F(t-1, n-t)$，因此对于显著性水平为 α 的检验，其拒绝域为

$$W = \{F > F_{1-\alpha}(t-1, n-t)\}.$$

前面的结果可总结为表 9.3，称为**方差分析表**.

表 9.3

来源	平方和	自由度	均方和	F 比
因子	S_{A}	$t-1$	$\mathrm{MS_A} = \dfrac{S_{\mathrm{A}}}{t-1}$	$F = \dfrac{\mathrm{MS_A}}{\mathrm{MS_E}}$
误差	S_{E}	$n-t$	$\mathrm{MS_E} = \dfrac{S_{\mathrm{E}}}{n-t}$	
总和	S_{T}	$n-1$	—	—

在实际计算中，常采用如下简便算法：记

$$T_i = \sum_{j=1}^{m} y_{ij}, \quad T = \sum_{i=1}^{t}\sum_{j=1}^{m} y_{ij},$$

则

$$S_{\mathrm{T}} = \sum_{i=1}^{t}\sum_{j=1}^{m}(y_{ij}-\bar{y})^2 = \sum_{i=1}^{t}\sum_{j=1}^{m} y_{ij}^2 - \frac{T^2}{n}, \tag{9.6}$$

$$S_{\mathrm{A}} = m\sum_{i=1}^{t}(\bar{y}_i-\bar{y})^2 = \frac{1}{m}\sum_{i=1}^{t} T_{i\cdot}^2 - \frac{T^2}{n}. \tag{9.7}$$

接下来，我们利用方差分析法对例 9.1 和例 9.2 进行判断.

例 9.1 中，需要检验的假设为

$$H_0: \mu_1 = \mu_2 = \mu_3 = \mu_4; \quad H_1: \mu_1, \mu_2, \mu_3, \mu_4 \text{ 不全相等}.$$

经计算，得

$$S_T = \sum_{i=1}^{t}\sum_{j=1}^{m} y_{ij}^2 - \frac{T^2}{n} = 981.8 - \frac{153.2^2}{24} \approx 3.87,$$

$$S_A = \frac{1}{m}\sum_{i=1}^{t} T_i^2 - \frac{T^2}{n} = \frac{5882.8}{6} - \frac{153.2^2}{24} = 2.54,$$

$$S_E = S_T - S_A = 1.33.$$

于是得到方差分析表 9.4.

表9.4

来源	平方和	自由度	均方和	F 比
因子	S_A	3	0.8467	12.7323
误差	S_E	20	0.0665	
总和	S_T	23	—	—

取 $\alpha = 0.05$，查附表 5，知 $F_{0.95}(3,20) = 3.098$. 因为 $F = 12.7323 > 3.098$，故拒绝原假设，说明因子的作用显著，即认为 4 种安眠药的性能有显著差异.

例 9.2 中，需要检验的假设为

$$H_0: \mu_1 = \mu_2 = \mu_3; \quad H_1: \mu_1, \mu_2, \mu_3 \text{ 不全相等}.$$

经计算，得

$$S_T = \sum_{i=1}^{t}\sum_{j=1}^{m} y_{ij}^2 - \frac{T^2}{n} = 832,$$

$$S_A = \frac{1}{m}\sum_{i=1}^{t} T_i^2 - \frac{T^2}{n} = 615.6,$$

$$S_E = S_T - S_A = 216.4.$$

于是得到方差分析表 9.5.

表9.5

来源	平方和	自由度	均方和	F 比
因子	615.6	2	307.8	17.0684
误差	216.4	12	18.0333	
总和	832	14	—	—

取 $\alpha = 0.05$，查附表 5，得 $F_{0.95}(2,12) = 3.885$. 因为 $F = 17.0684 > 3.885$，故拒绝原假设，即认为 3 个厂家生产的电池质量有显著差异.

9.2 回归分析

在很多实际问题中，我们经常需要研究一些变量之间的关系，如人的身高和足长、人的血压与年龄、商品的销售量与价格、圆的周长与半径等. 变量之间的关系大致可分为两类，一类是确定性关系，确定性关系可用函数关系表示，如圆的周长与半径. 另一类是相关关系，即变量之间是有关联的，但是它们之间的关系不能用函数来表示. 例如，人的身高和足长有一定的关系，一般情况下，足长越长，身高越高，但我们不能由足长严格计算出身高. 回归分析是研究相关关系的一种非常有效的方法，通常的思路是根据得到的数据，研究变量之间的相关关系，并给出变量之间关系的表达式，即回归方程.

9.2.1　一元线性回归的概率模型

设 y 与 x 之间有相关关系，称 x 为**自变量**（预报变量），y 为**因变量**（响应变量）. 为了研究 y 与 x 之间的关系，我们通过实验得到一些观测数据，将这些数据在平面直角坐标系中进行描点，得到的图表称为**散点图**. 如果根据散点图可以看出这些点大致分布在一条直线附近，就可以用如下的相关关系表示 y 与 x 之间的关系：

$$y = \beta_0 + \beta_1 x + \varepsilon \tag{9.8}$$

其中，ε 是误差项，通常假定 $\varepsilon \sim N(0, \sigma^2)$. 式（9.8）中 β_0 和 β_1 都是未知的，需要通过独立观测数据来估计. 将观测数据 (x_i, y_i) 代入式（9.8），得到如下模型

$$y_i = \beta_0 + \beta_1 x_i + \varepsilon_i \quad (i = 1, 2, \cdots, n), \tag{9.9}$$

其中，ε_i 独立同分布于 $N(0, \sigma^2)$. 通过最小二乘法，得到参数 β_0 和 β_1 的估计 $\hat{\beta}_0$ 和 $\hat{\beta}_1$，从而得到方程：

$$\hat{y} = \hat{\beta}_0 + \hat{\beta}_1 x, \tag{9.10}$$

称式（9.10）为**经验回归方程**.

9.2.2　最小二乘估计

下面我们将利用最小二乘法对参数 β_0 和 β_1 进行估计，得到的估计量 $\hat{\beta}_0$ 和 $\hat{\beta}_1$ 称为 β_0 和 β_1 的**最小二乘估计**. 最小二乘法的基本思想是用回归方程拟合真实数据使误差达到最小. 记

$$Q(\beta_0, \beta_1) = \sum_{i=1}^{n} [y_i - (\beta_0 + \beta_1 x_i)]^2,$$

则求 β_0 和 β_1 的最小二乘估计的问题就转化为求 $Q(\beta_0, \beta_1)$ 的最小值问题.

将 $Q(\beta_0, \beta_1)$ 分别关于 β_0 和 β_1 求偏导，并令其等于 0，得

$$\begin{cases} \dfrac{\partial Q(\beta_0, \beta_1)}{\partial \beta_0} = -2\sum_{i=1}^{n} (y_i - \beta_0 - \beta_1 x_i) = 0, \\ \dfrac{\partial Q(\beta_0, \beta_1)}{\partial \beta_1} = -2\sum_{i=1}^{n} (y_i - \beta_0 - \beta_1 x_i) x_i = 0, \end{cases} \tag{9.11}$$

经计算，得

$$\hat{\beta}_0 = \overline{y} - \hat{\beta}_1 \overline{x},$$

$$\hat{\beta}_1 = \frac{S_{xy}}{S_{xx}} = \frac{\sum\limits_{i=1}^{n} (x_i - \overline{x})(y_i - \overline{y})}{\sum\limits_{i=1}^{n} (x_i - \overline{x})^2} = \frac{\sum\limits_{i=1}^{n} x_i y_i - \dfrac{1}{n}\left(\sum\limits_{i=1}^{n} x_i\right)\left(\sum\limits_{i=1}^{n} y_i\right)}{\sum\limits_{i=1}^{n} x_i^2 - \dfrac{1}{n}\left(\sum\limits_{i=1}^{n} x_i\right)^2},$$

其中，$S_{xy} = \sum_{i=1}^{n}(x_i - \overline{x})(y_i - \overline{y})$，$S_{xx} = \sum_{i=1}^{n}(x_i - \overline{x})^2$.

例 9.3　为了解某种维尼纶纤维的耐水性能，安排了一组实验，测得其甲醇浓度 x 及相应的缩醛化度 y 的数据见表 9.6.

表 9.6

x	18	20	22	24	26	28	30
y	26.86	28.35	28.75	28.87	29.75	30.00	30.36

试建立 y 关于 x 的回归方程.

解　首先要找到回归方程的形式，通过 7 组数据画出散点图，如图 9.1 所示.

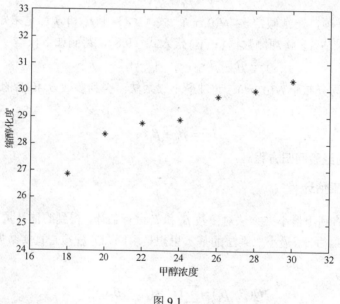

图 9.1

由图 9.1 可见，数据基本分布在一条直线附近，因此用回归方程（9.10）拟合较为合适. 通过所给数据，计算得

$$\sum_{i=1}^{7}x_i = 168，\quad \sum_{i=1}^{7}y_i = 202.94，\quad \sum_{i=1}^{7}x_iy_i = 4900.16，\quad \sum_{i=1}^{7}x_i^2 = 4144，$$

$$S_{xy} = \sum_{i=1}^{7}x_iy_i - \frac{1}{7}\left(\sum_{i=1}^{7}x_i\right)\left(\sum_{i=1}^{7}y_i\right) = 4900.16 - \frac{1}{7}\times 168 \times 202.94 = 29.6，$$

$$S_{xx} = \sum_{i=1}^{7}x_i^2 - \frac{1}{7}\left(\sum_{i=1}^{7}x_i\right)^2 = 4144 - \frac{1}{7}\times 168^2 = 112.$$

于是有

$$\hat{\beta}_1 = \frac{S_{xy}}{S_{xx}} = \frac{29.6}{112} \approx 0.2643，\quad \hat{\beta}_0 = \overline{y} - \hat{\beta}_1\overline{x} = 22.6483.$$

从而得到的回归方程为

$$\hat{y} = 22.6483 + 0.2643x .$$

9.2.3　回归方程的显著性检验

对于一元回归模型（9.8），回归方程的显著性检验就是检验假设：

$$H_0 : \beta_1 = 0 ; \quad H_1 : \beta_1 \neq 0 .$$

当原假设成立时，就认为 y 和 x 之间不存在线性关系.

数据的波动可以用**总偏差平方和** $S_{\text{总}}$ 表示，其中，

$$S_{\text{总}} = \sum_{i=1}^{n} (y_i - \overline{y})^2 .$$

由式（9.11）可得

$$
\begin{aligned}
S_{\text{总}} &= \sum_{i=1}^{n} (y_i - \overline{y})^2 = \sum_{i=1}^{n} (y_i - \hat{y}_i + \hat{y}_i - \overline{y})^2 \\
&= \sum_{i=1}^{n} (y_i - \hat{y}_i)^2 + \sum_{i=1}^{n} (\hat{y}_i - \overline{y})^2 + 2\sum_{i=1}^{n} (y_i - \hat{y}_i)(\hat{y}_i - \overline{y}) \\
&= \sum_{i=1}^{n} (y_i - \hat{y}_i)^2 + \sum_{i=1}^{n} (\hat{y}_i - \overline{y})^2 .
\end{aligned}
$$

记

$$S_{\text{剩}} = \sum_{i=1}^{n} (y_i - \hat{y}_i)^2 ,$$

称 $S_{\text{剩}}$ 为**剩余平方和**，剩余平方和是由试验误差及其他未加控制的因素引起的. 记

$$S_{\text{回}} = \sum_{i=1}^{n} (\hat{y}_i - \overline{y})^2 ,$$

称 $S_{\text{回}}$ 为**回归平方和**，回归平方和是由变量 x 的变化引起的，通过 x 对 y 的线性影响反映出来，并且

$$
\begin{aligned}
S_{\text{回}} &= \sum_{i=1}^{n} (\hat{y}_i - \overline{y})^2 = \sum_{i=1}^{n} (\hat{\beta}_0 + \hat{\beta}_1 x_i - \overline{y})^2 \\
&= \sum_{i=1}^{n} (\hat{\beta}_1 x_i - \hat{\beta}_1 \overline{x})^2 = \hat{\beta}_1^2 \sum_{i=1}^{n} (x_i - \overline{x})^2 \\
&= \hat{\beta}_1^2 S_{xx} .
\end{aligned}
\tag{9.12}
$$

显然，

$$S_{\text{总}} = S_{\text{剩}} + S_{\text{回}} .$$

通过上面的分析可以看出，数据的波动可看成由两部分构成：一部分是由试验误差引起的，一部分是由 y 和 x 之间的线性关系引起的. $\dfrac{S_{\text{回}}}{S_{\text{剩}}}$ 越大，表明 y 和 x 之间有线性关系的程度越大，这样就可拒绝原假设.

定理 9.2 对于模型（9.9），有以下结论成立：

（1）$\dfrac{S_{剩}}{\sigma^2} \sim \chi^2(n-2)$；

（2）当原假设成立时，有 $\dfrac{S_{回}}{\sigma^2} \sim \chi^2(1)$；

（3）$S_{剩}$ 与 $S_{回}$ 相互独立.

关于定理 9.2 的证明，此处省略. 记

$$F = \frac{S_{回}}{S_{剩}/(n-2)},$$

选取检验统计量为 F，由定理 9.2 可知，当原假设成立时，$F \sim F(1, n-2)$. 因此对于显著性水平为 α 的检验，其拒绝域为

$$W = \{F > F_{1-\alpha}(1, n-2)\}.$$

上述讨论可用方差分析表 9.7 表示.

表 9.7

来源	平方和	自由度	均方和	F 比
回归	$S_{回}$	1	$\mathrm{MS}_{回}=S_{回}$	$F=\dfrac{\mathrm{MS}_{回}}{\mathrm{MS}_{剩}}$
剩余	$S_{剩}$	$n-2$	$\mathrm{MS}_{剩}=\dfrac{S_{剩}}{n-2}$	
总和	$S_{总}$	$n-1$	—	—

例 9.4 已知某种商品的年需求量 y（单位：kg）与该商品的价格 x（单位：元）之间的调查数据见表 9.8.

表 9.8

x/元	2	2	2.3	2.5	2.6	2.8	3	3.3	3.5	5
y/kg	3.5	3	2.7	2.4	2.5	2	1.5	1.2	1.2	1

（1）建立 y 关于 x 的回归方程；

（2）在显著性水平 $\alpha=0.05$ 的条件下，检验回归方程的显著性.

解 （1）首先找到回归方程的形式，根据数据先画出散点图，如图 9.2 所示.

因为大多数数据分布在一条直线的附近，所以用线性回归方程拟合较为合适. 通过所给数据，计算得

$$\sum_{i=1}^{10} x_i = 29, \quad \sum_{i=1}^{10} y_i = 21, \quad \sum_{i=1}^{10} x_i y_i = 54.97, \quad \sum_{i=1}^{10} x_i^2 = 91.28, \quad \sum_{i=1}^{10} y_i^2 = 50.68,$$

$$S_{xy} = \sum_{i=1}^{10} x_i y_i - \frac{1}{10}\left(\sum_{i=1}^{10} x_i\right)\left(\sum_{i=1}^{10} y_i\right) = 54.97 - \frac{1}{10}\times 29 \times 21 = -5.93,$$

$$S_{xx} = \sum_{i=1}^{10} x_i^2 - \frac{1}{10}\left(\sum_{i=1}^{10} x_i\right)^2 = 91.28 - \frac{1}{10}\times 29^2 = 7.18.$$

于是有

$$\hat{\beta}_1 = \frac{S_{xy}}{S_{xx}} = \frac{-5.93}{7.18} \approx -0.826 , \qquad \hat{\beta}_0 = \overline{y} - \hat{\beta}_1 \overline{x} \approx 4.495 .$$

从而得到的回归方程为

$$\hat{y} = 4.495 - 0.826x .$$

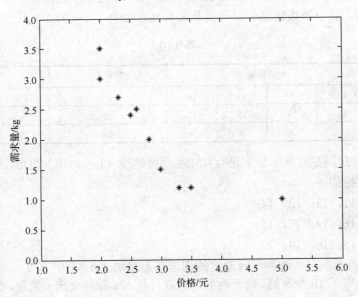

图 9.2

（2）$S_{总} = \sum_{i=1}^{10}(y_i - \overline{y})^2 = \sum_{i=1}^{10} y_i^2 - \frac{1}{10}\left(\sum_{i=1}^{10} y_i\right)^2 = 50.68 - \frac{1}{10} \times 21^2 = 6.58$. 由式（9.12）可知

$$S_{回} = \hat{\beta}_1^2 S_{xx} = (-0.826)^2 \times 7.18 \approx 4.899 .$$

所以

$$S_{剩} = S_{总} - S_{回} = 1.681 .$$

从而可得方差分析表 9.9.

表 9.9

来源	平方和	自由度	均方和	F 比
回归	4.899	1	4.899	23.329
剩余	1.681	8	0.210	
总和	6.58	9	—	—

由 $\alpha = 0.05$ ，查附表 5，得 $F_{0.95}(1,8) = 5.318$. 因为 $F = 23.329 > 5.318$ ，所以可以认为回归方程是显著的.

习题 9

1. 为了研究不同品种对某种果树产量的影响，现进行产量试验，得试验结果（产量）见表 9.10，试分析果树品种对产量是否有显著影响（$\alpha = 0.05$）．

表 9.10

品种	实验结果				行和 T_i	行均值 $\overline{y}_i$
A_1	10	7	13	10	40	10
A_2	12	13	15	12	52	13
A_3	8	4	7	9	28	7

2. 用 3 种抗凝剂对某一标本进行红细胞沉降速度（1 小时值）测定，每种抗凝剂各进行 5 次，数据如下．

Ⅰ：15，11，13，12，14；

Ⅱ：13，16，14，17，15；

Ⅲ：13，15，16，14，12.

问：3 种抗凝剂对红细胞沉降速度的测定有无差别（$\alpha = 0.05$）？

3. 随机抽取了 10 个家庭，调查他们的家庭月收入 x 和月支出 y 情况，数据见表 9.11.

表 9.11

x /百元	20	15	20	25	16	20	18	19	22	16
y /百元	18	14	17	20	14	19	17	18	20	13

（1）画出 y 关于 x 的散点图；

（2）试建立 x 与 y 的回归方程；

（3）对所得的回归方程的显著性进行检验（$\alpha = 0.05$）．

4. 表 9.12 给出了计算机的修理时间 y 与需要修理或更换的元件个数 x 的部分数据：

表 9.12

序号	修理时间 y /min	元件个数 x	序号	修理时间 y /min	元件个数 x
1	23	1	8	97	6
2	29	2	9	109	7
3	49	3	10	119	8
4	64	4	11	149	9
5	74	4	12	145	9
6	87	5	13	154	10
7	96	6	14	166	10

（1）试画出 y 关于 x 的散点图；

（2）建立 y 关于 x 的回归方程；

（3）对回归方程的显著性进行检验($\alpha = 0.05$).

5．为确定父亲身高和儿子身高的相关关系，测量了 9 对父子的身高，所得数据见表 9.13（1 英寸=2.54cm）.

表 9.13　　　　　　　　　　　　　　　　　　　　　　单位：英寸

父亲身高 x	60	62	64	66	67	67	70	72	74
儿子身高 y	63.6	65.2	66	66.9	67.1	67.4	68.3	70.1	70

（1）建立 y 关于 x 的回归方程；

（2）取 $\alpha = 0.05$，检验所得的回归方程是否显著.

第 10 章　大学数学实验指导

10.1　数 据 统 计

实验目的

掌握使用 MATLAB 求样本均值、方差、中位数等数字特征，并能由样本作出直方图.

基本命令

1. 求样本数字特征的命令

在 MATLAB 中，可以进行数据的基本统计计算，如下列各种函数，基本命令如下：
（1）求样本最大值：max(X)；
（2）求样本最小值：min(X)；
（3）求样本中位数：median(X)；
（4）求样本均值：mean(X)；
（5）求样本标准差：std(X,flag)，flag 指明标准差的不同计算方式；
（6）求样本方差：var(X)；
（7）求样本内 4 分位数的间距：iqr(X)；
（8）求样本极差：range(X)；
（9）求协方差阵：cov(X)；
（10）求相关阵：cov(X,Y)；
（11）求两个随机变量的相关系数：corrcoef(X,Y).

2. 编制频率分布表及绘制直方图的命令

（1）确定数据组个数：k=ceil(1.87*(length(X)−1)^0.4)；
（2）求落入各组数据的频数及落入各个数据组的组中值：[ni,ak]=hist(X,k)；
（3）计算各组频率：fi=ni/length(X)；
（4）计算各组累计频率：mfi=cumsum(fi)；
（5）编制频率分布表：stats=[[1:k]',ak',ni',fi',mfi']；
（6）绘制直方图：hist(X).

实验举例

例 10.1　在某工厂生产的某种型号的圆轴中任取 20 个，测得其直径数据如下：

　　15.28，15.63，15.13，15.46，15.40，15.56，15.35，15.56，15.38，15.21，

　　15.48，15.58，15.68，15.50，15.46，15.35，15.51，15.42，15.36，15.52.

求上述数据的样本均值、样本中位数、样本方差、样本极差.

解　输入程序：

```
X=[15.28  15.63  15.13  15.46  15.40…
15.56  15.35  15.56  15.38  15.21…
15.48  15.58  15.68  15.50  15.46…
15.35  15.51  15.42  15.36  15.52];
mean(X)              %求样本均值
var(X)               %求样本方差
median(X)            %求样本中位数
range(X)             %求样本极差
```

运行程序，则输出：

```
15.4410
0.0191
15.4600
0.5500
```

　　例 10.2　钢材中的含硅量 X 是影响材料性能的一项重要因素，在炼钢的过程中，由于各种随机因素的影响，各炉钢的含硅量是有差异的. 含硅量 X 的概率分布是有关钢材料性能分析的重要依据. 某炼钢厂 120 炉正常生产的 25 号锰硅钢的含硅量（%）数据如下：

　　　　0.86，0.83，0.77，0.81，0.81，0.80，0.79，0.76，0.82，0.81，
　　　　0.78，0.80，0.81，0.87，0.77，0.76，0.82，0.77，0.76，0.78，
　　　　0.77，0.71，0.95，0.78，0.81，0.87，0.82，0.81，0.79，0.80，
　　　　0.84，0.79，0.78，0.80，0.87，0.82，0.81，0.90，0.82，0.79，
　　　　0.82，0.86，0.81，0.78，0.82，0.78，0.73，0.84，0.81，0.81，
　　　　0.81，0.83，0.89，0.78，0.86，0.78，0.84，0.85，0.86，0.90，
　　　　0.74，0.76，0.78，0.76，0.89，0.80，0.78，0.75，0.79，0.85，
　　　　0.78，0.79，0.77，0.76，0.81，0.81，0.87，0.83，0.65，0.64，
　　　　0.78，0.80，0.80，0.87，0.74，0.75，0.76，0.83，0.90，0.80，
　　　　0.85，0.86，0.81，0.85，0.82，0.79，0.77，0.74，0.75，0.73，
　　　　0.77，0.78，0.87，0.77，0.80，0.75，0.82，0.78，0.77，0.76，
　　　　0.75，0.80，0.84，0.82，0.78，0.69，0.82，0.78，0.78，0.80.

作出 X 的频率分布表及直方图.

　　解　输入程序：

```
X=[0.86 0.83 0.77 0.81  0.81  0.80  0.79  0.76  0.82  0.81…
0.78 0.80 0.81 0.87 0.77 0.76 0.82 0.77 0.76 0.78…
```

```
0.77 0.71 0.95 0.78 0.81 0.87 0.82 0.81 0.79 0.80···
0.84 0.79 0.78 0.80 0.87 0.82 0.81 0.90 0.82 0.79···
0.82 0.86 0.81 0.78 0.82 0.78 0.73 0.84 0.81 0.81···
0.81 0.83 0.89 0.78 0.86 0.78 0.84 0.85 0.86 0.90···
0.74 0.76 0.78 0.76 0.89 0.80 0.78 0.75 0.79 0.85···
0.78 0.79 0.77 0.76 0.81 0.81 0.87 0.83 0.65 0.64···
0.78 0.80 0.80 0.87 0.74 0.75 0.76 0.83 0.90 0.80···
0.85 0.86 0.81 0.85 0.82 0.79 0.77 0.74 0.75 0.73···
0.77 0.78 0.87 0.77 0.80 0.75 0.82 0.78 0.77 0.76···
0.75 0.80 0.84 0.82 0.78 0.69 0.82 0.78 0.78 0.80]
k=ceil(1.87*(length(X)-1)^0.4)      %确定数据组个数
[ni,ak]=hist(X,k)                    %求落入各组数据的频数及落入各个数据组的组中值
fi=ni/length(X)                      %计算各组频率
mfi=cumsum(fi)                       %计算各组累计频率
stats=[[1:k]',ak',ni',fi',mfi']      %编制频率分布表
```

运行程序，则输出：

```
stats =

    1.0000    0.6519    2.0000    0.0167    0.0167
    2.0000    0.6758         0         0    0.0167
    3.0000    0.6996    2.0000    0.0167    0.0333
    4.0000    0.7235    2.0000    0.0167    0.0500
    5.0000    0.7473    8.0000    0.0667    0.1167
    6.0000    0.7712   34.0000    0.2833    0.4000
    7.0000    0.7950   18.0000    0.1500    0.5500
    8.0000    0.8188   29.0000    0.2417    0.7917
    9.0000    0.8427    8.0000    0.0667    0.8583
   10.0000    0.8665   11.0000    0.0917    0.9500
   11.0000    0.8904    5.0000    0.0417    0.9917
   12.0000    0.9142         0         0    0.9917
   13.0000    0.9381    1.0000    0.0083    1.0000
```

稍加整理后，结果见表 10.1.

表 10.1

组序	组中值	频数	频率	累积频率
1	0.6519	2.0000	0.0167	0.0167
2	0.6758	0	0	0.0167
3	0.6996	2.0000	0.0167	0.0333
4	0.7235	2.0000	0.0167	0.0500
5	0.7473	8.0000	0.0667	0.1167

续表

组序	组中值	频数	频率	累积频率
6	0.7712	34.0000	0.2833	0.4000
7	0.7950	18.0000	0.1500	0.5500
8	0.8188	29.0000	0.2417	0.7917
9	0.8427	8.0000	0.0667	0.8583
10	0.8665	11.0000	0.0917	0.9500
11	0.8904	5.0000	0.0417	0.9917
12	0.9142	0	0	0.9917
13	0.9381	1.0000	0.0083	1.0000

接下来绘制直方图.

输入程序：

```
hist (X)        %画直方图
```

运行程序，效果如图 10.1 所示.

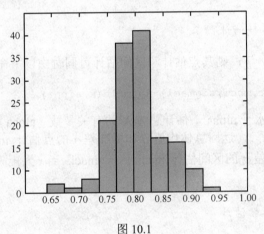

图 10.1

实验作业

1. 某省电视台为完成"夫妻对电视传播媒介观念的研究"项目，访问了 30 对夫妻，其中丈夫受教育的时间 X（单位：年）的数据如下：

18，20，16，6，16，17，12，14，16，18，14，14，16，9，20

18，12，13，16，16，21，21，9，16，20，14，12，14，16，18.

（1）求样本均值、样本中位数、样本方差、样本标准差、样本极差；

（2）作出 X 的频率分布表及直方图.

2. 某地 84 名男子头颅的最大宽度（单位：mm）数据如下：

141，145，146，148，154，150，158，146，145，147，139，140，

148，144，145，146，147，143，149，158，126，144，140，141，

144，143，143，142，154，135，147，153，152，140，131，131，

132，143，140，145，135，147，146，143，145，149，151，152，
137，148，146，149，151，141，134，131，143，142，153，154，
134，145，149，146，145，147，154，153，152，154，139，138，
153，149，146，145，149，142，137，136，141，140，137，152.

对数据分组，并绘制直方图.

10.2 参 数 估 计

实验目的

掌握使用 MATLAB 求总体中参数的点估计及区间估计，通过试验加深对参数估计的基本思想的理解.

基本命令

1. 正态分布的参数估计

设总体 $X \sim N(\mu, \sigma^2)$，则其点估计和区间估计可同时由以下命令获得：

```
[muhat,sigmahat,muci,sigmaci]=normfit(x,alpha)
```

此命令在显著性水平 alpha 下估计总体 X 的有关参数（alpha 默认值为 0.05），其中 x 为样本（数组或矩阵），返回总体均值 μ 和标准差 σ 的点估计 muhat 和 sigmahat，以及总体均值 μ 和标准差 σ 的区间估计 muci 和 sigmaci. 当 x 为矩阵时，x 的每一列作为一个样本.

2. 其他分布的参数估计

对于其他分布的参数估计，一般有两种处理办法：

（1）取容量充分大的样本空间（$n > 50$），由中心极限定理，$\bar{X}$ 近似地服从正态分布；

（2）使用 MATLAB 统计工具箱中具有特定分布总体的参数估计命令，具体见表 10.2.

表 10.2

函数名	调用格式	函数说明
binofit	phat=binofit(x,n)	二项分布的概率最大似然估计
	[phat,pci]=binofit(x,n)	置信水平为95%的参数估计和置信区间
	[phat,pci]=binofit(x,n,alpha)	返回置信水平 α 的参数估计和置信区间
poissfit	lambdahat=poissfit(data)	泊松分布的参数的最大似然估计
	[lambdahat,lambdaci]=poissfit(data)	置信水平为95%的参数估计和置信区间
	[lambdahat,lambdaci]=poissfit(data,alpha)	返回置信水平 α 的参数估计和置信区间

续表

函数名	调用格式	函数说明
betafit	phat=betafit(data)	返回 β 分布参数 a 和 b 的最大似然估计
	[phat,pci]=betafit(data,alpha)	返回最大似然估计值和水平 α 的置信区间
unifit	[ahat,bhat]=unifit(data)	均匀分布的参数的最大似然估计
	[ahat,bhat,ACI,BCI]=unifit(data)	返回置信水平 α 的参数估计和置信区间
expfit	muhat=expfit(data)	指数分布的参数的最大似然估计
	[muhat,muci]=expfit(data)	置信水平为 95%的参数估计和置信区间
	[muhat,muci]=expfit(data,alpha)	返回置信水平 α 的参数估计和置信区间
gamfit	phat=gamfit(data)	γ 分布的参数的最大似然估计
	[phat,pci]=gamfit(data)	置信水平为 95%的参数估计和置信区间
	[phat,pci]=gamfit(data,alpha)	返回最大似然估计值和水平 α 的置信区间
wblfit	parmhat=wblfit(data)	威布尔分布的参数的最大似然估计
	[parmhat,parmci]=wblfit(data)	置信水平为 95%的参数估计和置信区间
	[parmhat,parmci]=wblfit(data,alpha)	返回置信水平 α 的参数估计和置信区间
mle	phat=mle('dist',data)	分布函数名为 dist 的最大似然估计
	[phat,pci]=mle('dist',data)	置信水平为 95%的参数估计和置信区间
	[phat,pci]=mle('dist',data,alpha)	返回置信水平 α 的最大似然估计值和置信区间
	[phat,pci]=mle('dist',data,alpha,pl)	仅用于二项分布, pl 为试验次数

实验举例

例 10.3　随机产生 50 个服从正态分布 $N(2,1)$ 的样本数据 x，并用这些样本数据来估计总体参数 μ, σ 及置信水平为 99%的置信区间.

解　输入程序：

```
clear all;
x=normrnd(2,1,50,1);  %产生 50 个服从正态分布的样本数据
[muhat,sigmahat,muci,sigmaci]=normfit(x,0.01)
```

运行程序，则输出：

```
muhat =
    2.0393
sigmahat =
    0.9760
muci =
    1.6694
    2.4092
sigmaci =
    0.7724
    1.3087
```

例 10.4　假设轮胎的寿命服从正态分布，为估计某种轮胎的平均寿命，现随机地抽

取 12 只轮胎试用，测得它们的寿命（单位：万千米）如下：

$$4.68，4.85，4.32，4.85，4.61，5.02，$$
$$5.20，4.60，4.58，4.72，4.38，4.70.$$

利用这些数据对总体参数 μ, σ 进行估计，并求出 μ, σ 的置信水平为 95% 的置信区间.

解 输入程序：

```
X=[4.68  4.85  4.32  4.85  4.61  5.02…
5.20  4.60  4.58  4.72  4.38  4.70]
[muhat,sigmahat,muci,sigmaci]=normfit(x,0.05)
```

运行程序，则输出：

```
muhat =
    4.7092
sigmahat =
    0.2480
muci =
    4.5516
    4.8667
sigmaci =
    0.1757
    0.4211
```

计算结果表明，参数 μ 的估计值为 4.7092，置信水平为 95% 的置信区间为[4.5516, 4.8667]；σ 的估计值为 0.2480，置信水平为 95% 的置信区间为[0.1757,0.4211].

实验作业

1. 某车间生产的滚珠的直径服从正态分布，从某天生产的滚珠中随机抽取 5 个，量得直径（单位：mm）数据如下：

$$14.6，15.1，14.9，15.2，15.1.$$

试找出该天生产的滚珠的平均直径的置信水平为 95% 的置信区间.

2. 某车间生产的螺钉的直径 X 服从正态分布 $N(\mu, \sigma^2)$. 现随机抽取 6 枚，测得其长度（单位：mm）如下：

$$14.7，15.0，14.8，14.9，15.1，15.2.$$

试求 μ 的置信水平为 0.95 的置信区间.

3. 从自动机床加工的同类零件中抽取 16 件，测得其长度值（单位：cm）如下：

$$12.15，12.12，12.10，12.08，12.09，12.16，12.03，12.06，$$
$$12.06，12.13，12.07，12.11，12.05，12.08，12.01，12.03.$$

求标准差的置信区间.

4. 有一大批袋装化肥，现从中随机抽取 12 袋，称得其质量（单位：kg）如下：

$$50.6，50.8，49.9，50.3，50.4，49.7，$$

$$51.2，51.5，49.8，49.3，49.6，50.9.$$

设袋装化肥的质量近似服从正态分布，试对总体均值 μ 及标准差 σ 进行估计，并求 μ, σ 置信水平为 90% 的置信区间.

10.3　假　设　检　验

实验目的

掌握使用 MATLAB 对正态总体中均值、方差进行假设检验的方法.

基本命令

在总体服从正态分布的情况下，可用以下命令进行假设检验.

（1）总体方差 sigma² 已知时，总体均值的检验使用 U 检验，命令如下：

```
[h,sig,ci] = ztest(x,m,sigma,alpha,tail)
```

检验数据 x 的关于均值的某一假设是否成立，其中，sigma 为已知方差，alpha 为显著性水平，究竟检验什么假设取决于 tail 的取值：

tail = 0，检验假设"x 的均值等于 m"；

tail = 1，检验假设"x 的均值大于 m"；

tail =−1，检验假设"x 的均值小于 m".

tail 的默认值为 0，alpha 的默认值为 0.05.

返回值 h 为一个布尔值，h=1 表示可以拒绝假设，h=0 表示不可以拒绝假设；sig 为假设成立的概率；ci 为均值的置信水平为 1-alpha 的置信区间.

（2）总体方差 sigma² 未知时，总体均值的检验使用 T 检验，命令如下：

```
[h,sig,ci] = ttest(x,m,alpha,tail)
```

检验数据 x 的关于均值的某一假设是否成立，其中，alpha 为显著性水平，究竟检验什么假设取决于 tail 的取值：

tail = 0，检验假设"x 的均值等于 m"；

tail = 1，检验假设"x 的均值大于 m"；

tail =−1，检验假设"x 的均值小于 m".

tail 的默认值为 0，alpha 的默认值为 0.05.

返回值 h 为一个布尔值，h=1 表示可以拒绝假设，h=0 表示不可以拒绝假设；sig 为假设成立的概率，ci 为均值的置信水平为 1-alpha 的置信区间.

（3）两个总体均值差的假设检验使用 T 检验，命令如下：

```
[h,sig,ci] = ttest2(x,y,alpha,tail)
```

检验数据 x,y 的关于均值的某一假设是否成立，其中，alpha 为显著性水平，究竟检验什么假设取决于 tail 的取值：

tail = 0，检验假设"x 的均值等于 y 的均值"；

tail = 1，检验假设"x 的均值大于 y 的均值"；

tail = −1，检验假设"x 的均值小于 y 的均值"．

tail 的默认值为 0，alpha 的默认值为 0.05．

返回值 h 为一个布尔值，h=1 表示可以拒绝假设，h=0 表示不可以拒绝假设；sig 为假设成立的概率；ci 为 x 与 y 的均值差的置信水平为 1−alpha 的置信区间．

实验举例

例 10.5 根据长期经验和资料的分析，某砖瓦厂生产的砖的抗断强度 X 服从正态分布，方差 $\sigma^2 = 1.1^2$．现从该厂生产的一批砖中随机抽取 6 块，测得抗断强度（单位：kg/cm^2）如下：

$$32.56，29.66，31.64，30.00，31.87，31.03.$$

试检验结论"这批砖的平均抗断强度为 $32.50kg/cm^2$"是否成立（$\alpha = 0.05$）．

解 根据题意，要对均值作假设检验，提出假设

$$H_0 : \mu = 32.5；\quad H_1 : \mu \neq 32.5.$$

输入程序：

```
X=[32.56  29.66  31.64  30.00  31.87  31.03]
[h,sig,ci] = ztest(X,32.5,1.1)
```

运行程序，则输出：

```
h =
     1
sig =
    0.0022
ci =
  30.2465   32.0068
```

结果表明：

（1）布尔变量 h=1，表示拒绝原假设，说明提出的假设均值 32.50 是不合理的；

（2）sig 的值为 0.0022，远低于 0.05，故拒绝原假设；

（3）置信水平为 95% 的置信区间为[30.2465, 32.0068]，它不包括 32.50．

例 10.6 随机从一批铁钉中抽取 16 枚，测得它们的长度（单位：cm）如下：

$$2.14，2.10，2.13，2.15，2.13，2.12，2.13，2.10,$$
$$2.15，2.12，2.14，2.10，2.13，2.11，2.14，2.11.$$

已知铁钉的长度服从正态分布 $N(\mu,\sigma^2)$，其中 μ,σ 均未知，其均值设定为 2.12cm．在显著性水平 $\alpha = 0.01$ 的条件下，判断此批铁钉的长度是否满足设定要求？

解 这是一个关于正态均值的双侧假设检验问题．提出假设

$$H_0 : \mu = 2.12；\quad H_1 : \mu \neq 2.12.$$

由于 σ 未知，故采用 T 检验法.

输入程序：

```
X=[2.14  2.10  2.13  2.15  2.13  2.12  2.13  2.10…
2.15  2.12  2.14  2.10  2.13  2.11  2.14  2.11]
[h,sig,ci] = ttest(X,2.12,0.01,)
```

运行程序，则输出：

```
h =
     0
sig =
   0.2611
ci =
   2.1124   2.1376
```

结果表明：

（1）布尔变量 $h=0$，表示接受原假设，说明提出的假设均值 2.12 是合理的；

（2）sig 的值为 0.2611，高于 0.01，故接受原假设；

（3）置信水平为 99% 的置信区间为[2.1124, 2.1376]，它包括 2.12，故接受原假设.

例 10.7 对某种物品在处理前与处理后分别抽样分析其含脂率，得到的数据如下：

处理前：0.19，0.18，0.21，0.30，0.41，0.12，0.27；

处理后：0.15，0.13，0.07，0.24，0.19，0.06，0.08，0.12.

假设该种物品在处理前后的含脂率都服从正态分布，且方差不变，试推断这种物品在处理前后含脂率的平均值有无显著变化（$\alpha = 0.05$）.

解 设该种物品在处理前后的含脂率分别用 X 和 Y 表示，且都服从正态分布，方差不变. 现提出假设

$$H_0 : \mu_1 = \mu_2 ; \quad H_1 : \mu_1 \neq \mu_2.$$

输入程序：

```
X=[ 0.19  0.18  0.21  0.30  0.41  0.12  0.27];
Y=[0.15  0.13  0.07  0.24  0.19  0.06  0.08  0.12];
[h,sig,ci] = ttest2(X,Y)
```

运行程序，则输出：

```
h =
     1
sig =
   0.0190
ci =
   0.0212   0.1988
```

结果表明:

（1）布尔变量 $h=1$，表示拒绝原假设，说明提出的假设均值相等是不合理的;

（2）sig 的值为 0.0190，低于 0.05，故拒绝原假设;

（3）置信水平为 95% 的置信区间为[0.0212, 0.1988]，说明处理前比处理后的含脂率稍高.

实验作业

1．已知某炼钢厂的铁水含碳量在正常情况下服从正态分布 $N(4.55, 0.108^2)$．现检测 5 炉铁水，其含碳量（%）分布的数据如下:

$$4.28，4.40，4.42，4.35，4.37.$$

问：若标准差不改变，则总体均值有无显著变化（ $\alpha = 0.05$ ）？

2．用某仪器重复间接测量温度 5 次，得到的数据（单位：℃）如下:

$$1250，1265，1245，1260，1275.$$

而用其他精确方法测得的温度为 1277℃（可看作温度的真值），问：此仪器间接测量的温度有无系统偏差($\alpha = 0.05$)？假设测量值 X 服从 $N(\mu, \sigma^2)$.

3．某电子元件的寿命（单位：h）服从正态分布，现测得 16 只元件的寿命如下:

$$159，160，280，101，150，223，165，250，$$
$$458，234，149，150，264，200，189，147.$$

问：是否有理由认为该电子元件的平均寿命为 225h（ $\alpha = 0.05$ ）？

4．某自动机床加工同一类型的零件．现从甲、乙两台机床加工的零件中各抽验 5 个，测得它们的直径（单位：cm）数据如下:

甲：2.066, 2.063, 2.068, 2.060, 2.067;

乙：2.058, 2.057, 2.063, 2.059, 2.060.

已知甲、乙两台机床加工的零件的直径都服从正态分布，且方差相等，试根据抽验结果判断两台机床加工的零件的平均直径有无显著差异（ $\alpha = 0.05$ ）.

10.4 回 归 分 析

实验目的

掌握使用 MATLAB 作出散点图，并建立回归方程.

基本命令

一元线性回归或多元线性回归可由以下命令获得:

```
[b,bint,r,rint,stats]=regress(y,X,alpha)
```

此命令中输入参数的含义如下：因变量 y；矩阵 X，其左边第一列为 1，右边为由自变量组成的矩阵；alpha 是显著性水平（默认值为 0.05）.

此命令中输出参数的含义如下：b 为参数的最小二乘估计值；bint 为参数的置信区间；r 为残差；rint 为残差的置信区间；stats 包含四部分：决定系数 R^2、F 值、检验的 p 值、剩余方差.

实验举例

例 10.8　某保险公司希望确定居民住宅因火灾造成的损失金额 y（单位：千元）与住户到最近的消防站的距离 x（单位：km）之间的相关关系，以便准确地定出保险金额. 表 10.3 给出了 15 起火灾事故的相关数据：

表 10.3

序号	x /km	y /千元	序号	x /km	y /千元
1	3.4	26.2	9	2.6	19.6
2	1.8	17.8	10	4.3	31.3
3	4.6	31.3	11	2.1	24
4	2.3	23.1	12	1.1	17.3
5	3.1	27.5	13	6.1	43.2
6	5.5	36	14	4.8	36.4
7	0.7	14.1	15	3.8	26.1
8	3	22.3	—	—	—

（1）画出 y 关于 x 的散点图；

（2）试建立 x 与 y 的回归方程，并对所得的回归方程的显著性进行检验（$\alpha = 0.05$）.

解　（1）输入数据及作散点图命令：

```
x=[3.4 1.8 4.6 2.3 3.1 5.5 0.7 3 2.6 4.3 2.1 1.1 6.1 4.8
3.8];
y=[26.2 17.8 31.3 23.1 27.5 36 14.1 22.3 19.6 31.3 24 17.3
43.2 36.4 26.1];
plot(x,y,'*')
xlabel('住户到最近消防站的距离','FontSize',10);
ylabel('损失金额','FontSize',10)
axis([0 7 12 45])
```

输出结果如图 10.2 所示.

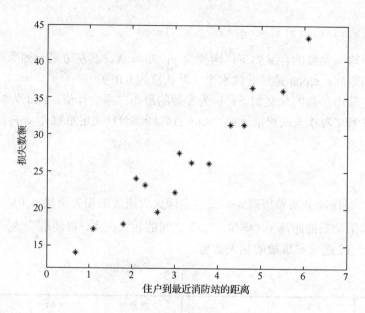

图 10.2

（2）输入一元回归分析命令：

```
x=[3.4  1.8  4.6  2.3  3.1  5.5  0.7  3  2.6  4.3  2.1  1.1  6.1  4.8
3.8];
y=[26.2  17.8  31.3  23.1  27.5  36  14.1  22.3  19.6  31.3  24  17.3
43.2  36.4  26.1];
n=length(y);
X=[ones(n,1),x'];
[b,bint,r,rint,stats]=regress(y',X);
b,bint,r,stats;
r.*r
```

运行程序，则输出结果为

```
b =
  10.2779
   4.9193
bint =
   7.2096   13.3463
   4.0709    5.7678
stats =
   0.9235  156.8862   0.0000   5.3655
```

于是得到的一元回归方程为

$$\hat{y} = 10.2779 + 4.9193x .$$

检验统计量 F 的值为 156.8862，查附表 5，得 $F_{0.95}(1,13) = 4.667$，$F > F_{0.95}(1,13)$，

故回归方程显著. 或根据检验的 p 值为零，也可得回归方程显著.

实验作业

1. 近 10 年来，某市社会商品零售总额 y 与职工工资总额 x 的数据见表 10.4，试建立 y 与 x 的回归模型.

表 10.4

单位：亿元

x	33.8	27.6	31.6	32.4	33.7	34.9	43.2	52.8	63.8	73.4
y	41.4	51.8	61.7	67.9	68.7	77.5	95.9	137.4	155	175

2. 在硝酸钠的溶解度试验中，测得在不同温度 x 下，硝酸钠的百分比 y 的数据见表 10.5，试求 y 关于 x 的回归方程.

表 10.5

x /℃	66.7	71	76.3	80.6	85.7	92.9	99.4	113.6	125.1
y /%	0	4	10	15	21	29	36	51	68

3. 已知动物的体积与质量间有一定的关系. 表 10.6 给出了 18 只某种动物的体积 y 与质量 x 的数据.

表 10.6

序号	x /kg	y /dm³	序号	x /kg	y /dm³
1	10.4	10.2	10	15.7	15.7
2	10.5	10.4	11	15.8	15.2
3	11.9	11.6	12	16.0	15.8
4	12.1	11.9	13	16.5	15.9
5	13.8	13.5	14	16.7	16.6
6	15.0	14.5	15	17.1	16.7
7	15.1	14.8	16	17.1	16.7
8	15.1	15.1	17	17.8	17.6
9	15.1	14.5	18	18.4	18.3

（1）作出 y 关于 x 的散点图；

（2）试建立 x 与 y 的回归方程，并对所得的回归方程的显著性进行检验（$\alpha = 0.05$）.

习题参考答案

习题 1

1. （1）$\{(x,y)\,|\,0\leqslant x\leqslant 1,0\leqslant y\leqslant 1\}$；　（2）$\{0,1,2,\cdots\}$；

（3）$\{(正,正,正),(正,正,反),(正,反,正),(反,正,正),(反,反,正),(反,正,反),(正,反,反),(反,反,反)\}$；

（4）$\{2,3,4,\cdots,12\}$.

2. （1）$A_1\bar{A}_2\bar{A}_3$；　（2）$A_1A_2\bar{A}_3$；

（3）$A_1\bar{A}_2\bar{A}_3+\bar{A}_1A_2\bar{A}_3+\bar{A}_1\bar{A}_2A_3+A_1A_2A_3$ 或 $\Omega-A_1\bar{A}_2\bar{A}_3-\bar{A}_1A_2\bar{A}_3-\bar{A}_1\bar{A}_2A_3-\bar{A}_1\bar{A}_2\bar{A}_3$；

（4）$\Omega-\bar{A}_1\bar{A}_2\bar{A}_3$；

（5）$\Omega-A_1A_2A_3$；　（6）$\bar{A}_1\bar{A}_2\bar{A}_3$.

3. D.　　　　4. D.

5. （1）$\{a,c,e,g,h\}$；（2）$\{a,b,c,d,e,f,g\}$；（3）$\{h\}$；（4）$\{b,c,d,e,f,g,h\}$.

6. （1）$A_1\bigcup A_2$；（2）$A_1A_2A_3$；（3）$\Omega-A_1A_2A_3$；（4）$A_1A_2\bar{A}_3+A_1\bar{A}_2A_3+\bar{A}_1A_2A_3$.

7. D.　　　8. $\dfrac{9}{10}$.　　　9. （1）$\dfrac{19}{396}$；（2）$\dfrac{19}{198}$.

10. $\dfrac{41}{90}$.　　11. （1）$\dfrac{1}{12}$；（2）$\dfrac{1}{12}$.　　12. $\dfrac{\pi+2}{2\pi}$　　13. $\dfrac{7}{16}$.

14. （1）0.6，0.4；（2）0.6；（3）0.4；（4）0.2.　　15. 0.32，0.32.

16. （1）0.327，（2）0.678.　　17. $\dfrac{1}{2}$.

18. $\dfrac{1}{2}$.　　19. 0.18.　　20. 略.　　21. 0.145.　　22. 0.915.

23. 0.93.　　24. （1）0.69；（2）$\dfrac{2}{23}$.　　25. （1）$\dfrac{11}{18}$；（2）$\dfrac{7}{11}$.

26. $\dfrac{3}{10}$.　　27. （1）$\dfrac{21}{496}$；（2）$\dfrac{3}{133}$.　　28. $\dfrac{3}{5}$.　　29. $\dfrac{2}{3}$，$\dfrac{2}{3}$.

30. （1）0.012；（2）0.552；（3）0.328.　　31. 0.458.

32. 略.　　33. $\dfrac{63}{256}$，$\dfrac{21}{32}$.　　34. （1）$\dfrac{255}{256}$；（2）$\dfrac{27}{128}$；（3）$\dfrac{81}{256}$.

35. 采用五局三胜制比赛甲获胜的机会大.

36. $1-\left[1-(1-p)^2\right]^3$.　　37. $\dfrac{11}{24}$.

习题 2

1. C.　　　2. A.　　　3. C.　　　4. C.

5.

X	1	2	3
P	$\dfrac{7}{15}$	$\dfrac{7}{15}$	$\dfrac{1}{15}$

6. （1）$\dfrac{1}{2}$；（2）1；（3）$\dfrac{5}{6}$；（4）$\dfrac{5}{6}$.

7. （1）$\dfrac{1}{8}$；（2）$\dfrac{1}{4}$；（3）$\dfrac{1}{2}$.

8.

X	0	1	2	3	4	5
P	$\left(\dfrac{9}{10}\right)^5$	$C_5^1\left(\dfrac{1}{10}\right)\times\left(\dfrac{9}{10}\right)^4$	$C_5^2\left(\dfrac{1}{10}\right)^2\times\left(\dfrac{9}{10}\right)^3$	$C_5^3\left(\dfrac{1}{10}\right)^3\times\left(\dfrac{9}{10}\right)^2$	$C_5^4\left(\dfrac{1}{10}\right)^4\times\left(\dfrac{9}{10}\right)$	$\left(\dfrac{1}{10}\right)^5$

9.

X	-1	1	3
P	0.4	0.4	0.2

10.

X	1	2	$\cdots$	k
P	0.75	0.25×0.75	$\cdots$	$0.25^{k-1}\times0.75$

11.

X	1	2	3	4	$1<X\leqslant3$
P	$\dfrac{5}{8}$	$\dfrac{15}{56}$	$\dfrac{5}{56}$	$\dfrac{1}{56}$	$\dfrac{5}{14}$

12. $\dfrac{2}{3}e^{-2}$.

13. $F(x)=\begin{cases}0, & x>0,\\[2pt]\dfrac{1}{16}, & 0\leqslant x<1,\\[2pt]\dfrac{5}{16}, & 1\leqslant x<2,\\[2pt]\dfrac{11}{16}, & 2\leqslant x<3,\\[2pt]\dfrac{15}{16}, & 3\leqslant x<4,\\[2pt]1, & x\geqslant4.\end{cases}$

14. （1）$\dfrac{1}{4}$；（2）$\dfrac{15}{16}$.

15. （1）$a=2$；（2）e^{-6}.

16. $\dfrac{4}{5}$.

17. $\Phi\left(\dfrac{5}{3}\right)$，$\Phi\left(\dfrac{5}{3}\right)+\Phi(1)-1$.

18. $F(x)=\begin{cases}0.5e^x, & x<0,\\0.5+0.25x, & 0\leqslant x<2,\\1, & x\geqslant2.\end{cases}$

19. （1）$A = \dfrac{1}{2}$，$B = \dfrac{1}{\pi}$；（2）$\dfrac{1}{2}$；（3）$f(x) = \dfrac{1}{(1+x^2)\pi}$ $(x \in \mathbf{R})$.

20. （1）$A = \dfrac{1}{2}$；（2）$\dfrac{\sqrt{2}}{4}$；（3）$F(x) = \begin{cases} 0, & x < -\dfrac{\pi}{2}, \\ \dfrac{1}{2}(\sin x + 1), & -\dfrac{\pi}{2} \leqslant x < \dfrac{\pi}{2}, \\ 1, & x \geqslant \dfrac{\pi}{2}. \end{cases}$

21. （1）e^{-2}；（2）$1 - e^{-2}$. 　　　22. （1）0.1587；（2）0.8190.

23. （1）

Y_1	0	1.5	2	4	6
P	$\dfrac{1}{8}$	$\dfrac{1}{4}$	$\dfrac{1}{8}$	$\dfrac{1}{6}$	$\dfrac{1}{3}$

（2）

Y_2	3	1.5	1	−1	−3
P	$\dfrac{1}{8}$	$\dfrac{1}{4}$	$\dfrac{1}{8}$	$\dfrac{1}{6}$	$\dfrac{1}{3}$

（3）

Y_3	0	0.25	4	16
P	$\dfrac{1}{8}$	$\dfrac{1}{4}$	$\dfrac{7}{24}$	$\dfrac{1}{3}$

24. （1）$f_{Y1}(y) = \begin{cases} \dfrac{y}{2}, & 0 < y < 2, \\ 0, & \text{其他;} \end{cases}$　　（2）$f_{Y2}(y) = \begin{cases} 1, & 0 < y < 1, \\ 0, & \text{其他.} \end{cases}$

25. $f_Y(y) = \begin{cases} \dfrac{1}{\sqrt{2\pi y}}e^{-\frac{y}{2}}, & y > 0, \\ 0, & \text{其他.} \end{cases}$

习题 3

1. 因为 $\sum\limits_{i=1}^{3}\sum\limits_{j=1}^{3} p_{ij} > 1$，所以该同学的计算结果不正确.

2.

X	Y	
	0	1
0	$\dfrac{4}{9}$	$\dfrac{2}{9}$
1	$\dfrac{2}{9}$	$\dfrac{1}{9}$

3.（1）6；（2）$\dfrac{1}{2}$，$\dfrac{1}{2}$.

4. $2\left(1-\mathrm{e}^{-\frac{1}{2}}\right)$.

5. $f(x,y)=\begin{cases}4,&(x,y)\in D,\\0,&\text{其他.}\end{cases}$ $F(x,y)=\begin{cases}0,&x<-\dfrac{1}{2}\ \text{或}\ y<0,\\4xy-y^2+2y,&-\dfrac{1}{2}\leqslant x<0\ \text{且}\ 0\leqslant y<2x+1,\\4x^2+4x+1,&-\dfrac{1}{2}\leqslant x<0\ \text{且}\ y\geqslant 2x+1,\\2y-y^2,&x\geqslant 0\ \text{且}\ 0\leqslant y<1,\\1,&x\geqslant 0\ \text{且}\ y\geqslant 1.\end{cases}$

6.（1）$A=24$；

（2）$f_X(x)=\begin{cases}12x^2(1-x),&0<x<1,\\0,&\text{其他,}\end{cases}$ $f_Y(y)=\begin{cases}12y(1-y)^2,&0<y<1,\\0,&\text{其他.}\end{cases}$

7. $f(x,y)=\begin{cases}25\mathrm{e}^{-5y},&0<x<0.2,y>0,\\0,&\text{其他,}\end{cases}$ e^{-1}.

8.（1）$k=3$；

（2）$f_X(x)=\begin{cases}3x^2,&0<x<1,\\0,&\text{其他,}\end{cases}$ $f_Y(y)=\begin{cases}3(1-\sqrt{y}),&0<y<1,\\0,&\text{其他.}\end{cases}$

9.（1）$A=\dfrac{1}{2}$；

（2）$f_X(x)=\begin{cases}\dfrac{1}{2}(\cos x+\sin x),&0<x<\dfrac{\pi}{2},\\0,&\text{其他,}\end{cases}$ $f_Y(y)=\begin{cases}\dfrac{1}{2}(\cos y+\sin y),&0<y<\dfrac{\pi}{2},\\0,&\text{其他.}\end{cases}$

10.（1）（2）当 $i+j<2$ 或 $i+j>3$ 时，$P\{X=i,Y=j\}=0$；当 $2\leqslant i+j\leqslant 3$ 时，

$P\{X=i,Y=j\}=\dfrac{C_2^i C_7^j C_1^{3-i-j}}{C_{10}^3}$，其中，$i$ 与 j 必须满足：$i=0,1,2$；$j=0,1,2,3$. 经计算，得

X	Y				$P\{X=x_i\}$
	0	1	2	3	
0	0	0	$\dfrac{7}{40}$	$\dfrac{7}{24}$	$\dfrac{7}{15}$
1	0	$\dfrac{7}{60}$	$\dfrac{7}{20}$	0	$\dfrac{7}{15}$
2	$\dfrac{1}{120}$	$\dfrac{7}{120}$	0	0	$\dfrac{1}{15}$
$P\{Y=y_j\}$	$\dfrac{1}{120}$	$\dfrac{7}{40}$	$\dfrac{21}{40}$	$\dfrac{7}{24}$	1

（3）X 和 Y 不相互独立.

11. （1） $f(x,y)=\begin{cases}\dfrac{1}{(b-a)(d-c)}, & a<x<b,c<y<d,\\ 0, & 其他;\end{cases}$

$f_X(x)=\begin{cases}\dfrac{1}{b-a}, & a<x<b,\\ 0. & 其他,\end{cases}$ $f_Y(y)=\begin{cases}\dfrac{1}{d-c}, & c<y<d,\\ 0, & 其他.\end{cases}$

（2） X 与 Y 相互独立.

12. （1） $k=12$；（2） $(1-\mathrm{e}^{-3})(1-\mathrm{e}^{-8})$；（3）略.

13. （1） $A=\dfrac{1}{\pi^2}$， $B=\dfrac{\pi}{2}$， $C=\dfrac{\pi}{2}$；（2） $f(x,y)=\dfrac{6}{\pi^2}\cdot\dfrac{1}{(4+x^2)(9+y^2)}$ $(x\in\mathbf{R},y\in\mathbf{R})$；

（3） X,Y 不相互独立.

14. （1） $f(x,y)=\begin{cases}\dfrac{1}{2}\mathrm{e}^{-\frac{y}{2}}, & 0<x<1,y>0,\\ 0, & 其他;\end{cases}$ （2） $1-\sqrt{2\pi}[\varPhi(1)-\varPhi(0)]$.

15. $f_Z(z)=\begin{cases}\lambda\mu z\mathrm{e}^{-\lambda z}, & \lambda=\mu,\\ \dfrac{\lambda\mu}{\lambda-\mu}\mathrm{e}^{-\lambda z}[\mathrm{e}^{(\lambda-\mu)z}-1], & \lambda\neq\mu.\end{cases}$ $(z>0)$

16. （1）

Z	0	1	2
P	$\dfrac{9}{16}$	$\dfrac{3}{8}$	$\dfrac{1}{16}$

（2）

U	0	2
P	0.75	0.25

17. $F_Z(z)=\begin{cases}0, & z<-2,\\ \dfrac{1}{8}(2+z)^2, & -2\leqslant z<0,\\ 1-\dfrac{1}{8}(2-z)^2, & 0\leqslant z<2,\\ 1, & z\geqslant 2,\end{cases}$ $f_Z(z)=\begin{cases}\dfrac{1}{4}(2+z), & -2<z<0,\\ \dfrac{1}{4}(2-z), & 0\leqslant z<2,\\ 0, & 其他.\end{cases}$

18. （1）

U	1	2	3
P	$\dfrac{1}{9}$	$\dfrac{1}{3}$	$\dfrac{5}{9}$

（2）

V	1	2	3
p	$\dfrac{5}{9}$	$\dfrac{1}{3}$	$\dfrac{1}{9}$

19. 略.

习题 4

1. $E(X) = 0.4$，$E(X^2 + 5) = 7.2$，$E(|X|) = 1.2$.　　2. $E(X) = \dfrac{2n+1}{3}$.

3. $E(X) = \dfrac{na}{N}$.　　4.（1）$a = \dfrac{e}{2}$；　（2）$E(X) = \dfrac{4}{3}$.

5. $E(X) = 0$，$E(X^2 + 1) = 1.5$，$E\left[\left(\dfrac{X}{1+X^2}\right)^2\right] = 0.125$.

6. $E(X) = \dfrac{1}{2}$，$D(X) = \dfrac{1}{20}$.　　7. $k\left(\dfrac{k-1}{k}\right)^n$.

8. $E(X) = 0.1$，$E(Y) = 2.65$，$E(XY) = 0$.

9.（1）$E(X) = \dfrac{13}{4}$；（2）$D(X) = \dfrac{3}{16}$；（3）$E(Y) = \dfrac{1}{2}$；（4）$D(Y) = \dfrac{3}{4}$；（5）$\text{cov}(X, Y) = \dfrac{1}{8}$；

（6）$\rho_{XY} = -\dfrac{1}{3}$.

10.（1）$D(X) = 0.24$，$D(Y) = 0.4004$；（2）$\rho_{XY} \approx 0.4645$；（3）$\text{cov}(X, XY) = 0.264$.

11. $\rho_{UV} = -\dfrac{5}{13}$.

12.（1）$E(X) = \dfrac{2}{3}$；（2）$E(Y) = \dfrac{5}{3}$；（3）$D(X) = \dfrac{1}{18}$；（4）$D(Y) = \dfrac{7}{18}$；（5）$\text{cov}(X, Y) = \dfrac{5}{36}$；

（6）$\rho_{XY} \approx 0.9449$.

13. 略.

习题 5

1. 不超过 $\dfrac{1}{22.5}$.　　2. 不超过 $\dfrac{1}{12}$.　　3. $\dfrac{3}{4}$.　　4. 0.8788.　　5. 0.9430.

6. 0.1492.　　7. 0.0228.　　8. 0.1587.　　9. 0.95.

10.（1）0.8185；（2）81.　　11. 841.

习题 6

1. 总体 = {30 名 2018 年该专业本科毕业生实习期满后的月薪}；
样本为 30 名 2018 年该专业本科毕业生中每个毕业生实习期满后的月薪；
样本容量为 30.

2. 总体 = {n 件产品的使用寿命}；样本为 n 件产品中每件产品的使用寿命；样本服从指数分布.

3. $P\{X_1 = x_1, X_2 = x_2, \cdots, X_n = x_n\} = \left(\displaystyle\prod_{i=1}^{n} \dfrac{1}{x_i!}\right) \lambda^{\sum\limits_{i=1}^{n} x_i} e^{-n\lambda}$.

4. 样本均值为 7，样本方差的观测值为 2.

5. C.　　6. 略.　　7. 略.　　8.（1）0.34；（2）170.

9. $E(\overline{X})=0$，$D(\overline{X})=\dfrac{4}{3n}$.　　　10．0.8293．11．0.6744．

12. $E(\overline{X})=n$，$D(\overline{X})=\dfrac{1}{5}n$，$E(S^2)=2n$.　　13．35．　　14．$c=\dfrac{\sqrt{6}}{2}$.

15. （1）0.99；（2）$D(S^2)=\dfrac{2}{15}\sigma^4$.

16. （1）$\dfrac{(n-1)(S_1^2+S_2^2)}{\sigma^2}\sim\chi^2(2n-2)$；（2）$\dfrac{n[(\overline{X}-\overline{Y})-(\mu_1-\mu_2)]^2}{S_1^2+S_2^2}\sim F(1,2n-2)$.

17. $F(5,10)$.　　18．略．

习题 7

1. $\hat{\theta}=\dfrac{1-\overline{X}}{5}$.　　2．$\hat{\theta}=\dfrac{\overline{X}}{1-\overline{X}}$.

3. （1）$\hat{\theta}=2\overline{X}$；（2）$\hat{\theta}\approx0.9634$.

4. 极大似然估计量 $\hat{\alpha}=-\dfrac{n}{\sum\limits_{i=1}^{n}\ln X_i}-1$，矩估计量为 $\hat{\alpha}=\dfrac{1}{1-\overline{X}}-2$.

5. $\overline{x}$.　　6．$\hat{\theta}=\dfrac{1}{1168}$.　　7．$\hat{\theta}=\dfrac{5}{6}$.

8. 证明略；$\hat{\mu}_3=\dfrac{1}{2}X_1+\dfrac{1}{2}X_2$ 的方差最小.　　9．略．

10. $C=\dfrac{1}{2(n-1)}$.　　11．$\hat{\lambda}^2=\dfrac{1}{n}\sum\limits_{i=1}^{n}X_i^2-\overline{X}$.

12. 证明略；$a=\dfrac{n_1-1}{n_1+n_2-2}$，$b=\dfrac{n_2-1}{n_1+n_2-2}$.

13. 证明略；$\overline{X}$ 更有效.　　14．略．

15. （1）$k=\dfrac{2(n-1)}{\sqrt{\pi}}$；（2）$k=\sqrt{\dfrac{2n(n-1)}{\pi}}$.

16. [14.8,15.2].　　17．[432.3,482.69].　　18．[0.02,0.10].

19. [-140.96,168.96].　　20．[0.0544,3.7657].

习题 8

1. D.　　2．略．　　3．略．　　4．不一定．

5. 可以认为这批罐装可乐的生产正常；所得结论可能犯第二类错误．

6. $c=0.98$.

7. 不能认为该市轻工产品的月产值占该市工业产品总月产值的百分比的平均数为32.50%.

8. 认为处理后的废水合格．

9. 不能认为新工艺生产的镍合金线的抗拉强度较过去有显著提高．

10. 可以认为这次考试全体考生的平均成绩为 70 分.

11. 不能.

12. 这一天生产的纤维的纤度的总体标准差正常.

13. 该天生产的保险丝的熔化时间的分散度与往常无异常.

14. 可以认为这批导线的电阻的标准差显著偏大.

15. 不能认为两厂生产的灯泡无显著差异.

16. 可以认为使用原料 B 的产品的平均质量比使用原料 A 的产品的平均质量要大.

17. 无效.

18. 接受 H_1.

19. 可以认为乙车床生产的滚珠的直径的方差比甲车床生产的滚珠的直径的方差小.

20. 不可以认为两厂生产的电阻的电阻值的方差相等.

21. 可以证明收到的那份报告中的说法有问题.

22. 可认为该药品广告中的效果不真实.

23. 认为经营商的想法没有得到支持.

24. 不能认为新工艺显著提高了产品质量.

25. 两种子弹的平均速度有显著差异.

习题 9

1. $S_\mathrm{T} = \sum_{i=1}^{t}\sum_{j=1}^{m} y_{ij}^2 - \dfrac{T^2}{n} = 110$，$S_\mathrm{A} = \dfrac{1}{m}\sum_{i=1}^{t} T_i^2 - \dfrac{T^2}{n} = 72$，$S_\mathrm{E} = S_\mathrm{T} - S_\mathrm{A} = 38$，$F \approx 8.53$.
又有 $F_{0.95}(2,9) = 4.256$，$F > F_{0.95}(2,9)$，故果树品种对产量有显著影响.

2. $S_\mathrm{T} = 40$，$S_\mathrm{A} = 10$，$S_\mathrm{E} = S_\mathrm{T} - S_\mathrm{A} = 30$，$F = 2$. 又有 $F_{0.95}(2,12) = 3.885$，$F < F_{0.95}(2,12)$，故不能认为 3 种抗凝剂对红细胞沉降速度的测定有差别.

3. （1）略；（2）$\hat{y} = 2.484 + 0.76x$；

（3）$S_总 = 58$，$S_回 = 47.877$，$S_剩 = S_总 - S_回 = 10.123$，$F = 37.8355$. 又有 $F_{0.95}(1,8) = 5.318$，$F > F_{0.95}(1,8)$，故回归方程显著.

4. （1）略；（2）$\hat{y} = 4.162 + 15.509x$；

（3）$F = 943.201$，$F_{0.95}(1,12) = 4.747$，$F > F_{0.95}(1,12)$，故回归方程显著.

5. （1）$\hat{y} = 36.5891 + 0.4565x$；

（2）$S_总 = 35.9956$，$S_回 = 35.0172$，$S_剩 = S_总 - S_回 = 0.9784$，$F = 250.5439$. 又有 $F_{0.95}(1,7) = 5.591$，$F > F_{0.95}(1,7)$，故所得的回归方程显著.

参 考 文 献

陈家鼎，刘婉如，汪仁官，2004. 概率统计讲义[M]. 3 版. 北京：高等教育出版社.

韩旭里，谢永钦，2018. 概率论与数理统计[M]. 北京：北京大学出版社.

茆诗松，程依明，濮晓龙，2004. 概率论与数理统计教程[M]. 北京：高等教育出版社.

同济大学数学系，2012. 工程数学：概率统计简明教程[M]. 2 版. 北京：高等教育出版社.

王松桂，张忠占，程维虎，等，2006. 概率论与数理统计[M]. 2 版. 北京：科学出版社.

魏宗舒，等，2008. 概率论与数理统计教程[M]. 2 版. 北京：高等教育出版社.

吴赣昌，2011. 概率论与数理统计（理工类）[M]. 4 版. 北京：中国人民大学出版社.

附录 各种分布表

附表1 泊松分布表

$$P\{X=k\} = \frac{\lambda^k}{k!}e^{-\lambda}$$

k	λ													
	0.1	0.2	0.3	0.4	0.5	0.6	0.7	0.8	0.9	1.0	1.5	2.0	2.5	3.0
0	0.9048	0.8187	0.7408	0.6703	0.6065	0.5488	0.4966	0.4493	0.4066	0.3679	0.2231	0.1353	0.0821	0.0498
1	0.0905	0.1637	0.2223	0.2681	0.3033	0.3293	0.3476	0.3595	0.3659	0.3679	0.3347	0.2707	0.2052	0.1494
2	0.0045	0.0164	0.0333	0.0536	0.0758	0.0988	0.1216	0.1438	0.1647	0.1839	0.2510	0.2707	0.2565	0.2240
3	0.0002	0.0011	0.0033	0.0072	0.0126	0.0198	0.0284	0.0383	0.0494	0.0613	0.1255	0.1805	0.2138	0.2240
4		0.0001	0.0003	0.0007	0.0016	0.0030	0.0050	0.0077	0.0111	0.0153	0.0471	0.0902	0.1336	0.1681
5				0.0001	0.0002	0.0003	0.0007	0.0012	0.0020	0.0031	0.0141	0.0361	0.0668	0.1008
6						0.0001	0.0002	0.0003	0.0005	0.0035	0.0120	0.0278	0.0504
7									0.0001	0.0008	0.0034	0.0099	0.0216
8									0.0002	0.0009	0.0031	0.0081
9									0.0002	0.0009	0.0027
10									0.0002	0.0008
11									0.0001	0.0002
12									0.0001

k	λ													
	3.5	4.0	4.5	5	6	7	8	9	10	11	12	13	14	15
0	0.0302	0.0183	0.0111	0.0067	0.0025	0.0009	0.0003	0.0001						
1	0.1057	0.0733	0.0500	0.0337	0.0149	0.0064	0.0027	0.0011	0.0004	0.0002	0.0001			
2	0.1850	0.1465	0.1125	0.0842	0.0446	0.0223	0.0107	0.0050	0.0023	0.0010	0.0004	0.0002	0.0001	
3	0.2158	0.1954	0.1687	0.1404	0.0892	0.0521	0.0286	0.0150	0.0076	0.0037	0.0018	0.0008	0.0004	0.0002
4	0.1888	0.1954	0.1898	0.1755	0.1339	0.0912	0.0573	0.0337	0.0189	0.0102	0.0053	0.0027	0.0013	0.0006
5	0.1322	0.1563	0.1708	0.1755	0.1606	0.1277	0.0916	0.0607	0.0378	0.0224	0.0127	0.0071	0.0037	0.0019
6	0.0771	0.1042	0.1281	0.1462	0.1606	0.1490	0.1221	0.0911	0.0631	0.0411	0.0255	0.0151	0.0087	0.0048
7	0.0385	0.0595	0.0824	0.1044	0.1377	0.1490	0.1396	0.1171	0.0901	0.0646	0.0437	0.0281	0.0174	0.0104
8	0.0169	0.0298	0.0463	0.0653	0.1033	0.1304	0.1396	0.1318	0.1126	0.0888	0.0655	0.0457	0.0304	0.0195
9	0.0065	0.0132	0.0232	0.0363	0.0688	0.1014	0.1241	0.1318	0.1251	0.1085	0.0874	0.0660	0.0473	0.0324
10	0.0023	0.0053	0.0104	0.0181	0.0413	0.0710	0.0993	0.1186	0.1251	0.1194	0.1048	0.0859	0.0663	0.0486

续表

k	λ												
	3.5	4.0	4.5	5	6	7	8	9	10	11	12	13	14	15
11	0.0007	0.0019	0.0043	0.0082	0.0225	0.0452	0.0722	0.0970	0.1137	0.1194	0.1144	0.1015	0.0843	0.0663
12	0.0002	0.0006	0.0015	0.0034	0.0113	0.0264	0.0481	0.0728	0.0948	0.1094	0.1144	0.1099	0.0984	0.0828
13	0.0001	0.0002	0.0006	0.0013	0.0052	0.0142	0.0296	0.0504	0.0729	0.0926	0.1056	0.1099	0.1061	0.0956
14		0.0001	0.0002	0.0005	0.0023	0.0071	0.0169	0.0324	0.0521	0.0728	0.0905	0.1021	0.1061	0.1025
15			0.0001	0.0002	0.0009	0.0033	0.0090	0.0194	0.0347	0.0533	0.0724	0.0885	0.0989	0.1025
16				0.0001	0.0003	0.0015	0.0045	0.0109	0.0217	0.0367	0.0543	0.0719	0.0865	0.0960
17					0.0001	0.0006	0.0021	0.0058	0.0128	0.0237	0.0383	0.0551	0.0713	0.0847
18						0.0002	0.0010	0.0029	0.0071	0.0145	0.0255	0.0397	0.0554	0.0706
19						0.0001	0.0004	0.0014	0.0037	0.0084	0.0161	0.0272	0.0408	0.0557
20							0.0002	0.0006	0.0019	0.0046	0.0097	0.0177	0.0286	0.0418
21							0.0001	0.0003	0.0009	0.0024	0.0055	0.0109	0.0191	0.0299
22								0.0001	0.0004	0.0013	0.0030	0.0065	0.0122	0.0204
23									0.0002	0.0006	0.0016	0.0036	0.0074	0.0133
24									0.0001	0.0003	0.0008	0.0020	0.0043	0.0083
25										0.0001	0.0004	0.0011	0.0024	0.0050
26											0.0002	0.0005	0.0013	0.0029
27											0.0001	0.0002	0.0007	0.0017
28												0.0001	0.0003	0.0009
29													0.0002	0.0004
30													0.0001	0.0002
31														0.0001

续表

	λ=20						λ=30				
k	p	k	p	k	p	k	p	k	p	k	p
5	0.0001	20	0.0889	35	0.0007	10		25	0.0511	40	0.0139
6	0.0002	21	0.0846	36	0.0004	11		26	0.0590	41	0.0102
7	0.0006	22	0.0769	37	0.0002	12	0.0001	27	0.0655	42	0.0073
8	0.0013	23	0.0669	38	0.0001	13	0.0002	28	0.0702	43	0.0051
9	0.0029	24	0.0557	39	0.0001	14	0.0005	29	0.0727	44	0.0035
10	0.0058	25	0.0446			15	0.0010	30	0.0727	45	0.0023
11	0.0106	26	0.0343			16	0.0019	31	0.0703	46	0.0015
12	0.0176	27	0.0254			17	0.0034	32	0.0659	47	0.0010
13	0.0271	28	0.0183			18	0.0057	33	0.0599	48	0.0006
14	0.0382	29	0.0125			19	0.0089	34	0.0529	49	0.0004
15	0.0517	30	0.0083			20	0.0134	35	0.0453	50	0.0002
16	0.0646	31	0.0054			21	0.0192	36	0.0378	51	0.0001
17	0.0760	32	0.0034			22	0.0261	37	0.0306	52	0.0001
18	0.0844	33	0.0021			23	0.0341	38	0.0242		
19	0.0889	34	0.0012			24	0.0426	39	0.0186		

	λ=40						λ=50				
k	p	k	p	k	p	k	p	k	p	k	p
15		35	0.0485	55	0.0043	25		45	0.0458	65	0.0063
16		36	0.0539	56	0.0031	26	0.0001	46	0.0498	66	0.0048
17		37	0.0583	57	0.0022	27	0.0001	47	0.0530	67	0.0036
18	0.0001	38	0.0614	58	0.0015	28	0.0002	48	0.0552	68	0.0026
19	0.0001	39	0.0629	59	0.0010	29	0.0004	49	0.0564	69	0.0019
20	0.0002	40	0.0629	60	0.0007	30	0.0007	50	0.0564	70	0.0014
21	0.0004	41	0.0614	61	0.0005	31	0.0011	51	0.0552	71	0.0010
22	0.0007	42	0.0585	62	0.0003	32	0.0017	52	0.0531	72	0.0007
23	0.0012	43	0.0544	63	0.0002	33	0.0026	53	0.0501	73	0.0005
24	0.0019	44	0.0495	64	0.0001	34	0.0038	54	0.0464	74	0.0003
25	0.0031	45	0.0440	65	0.0001	35	0.0054	55	0.0422	75	0.0002
26	0.0047	46	0.0382			36	0.0075	56	0.0377	76	0.0001
27	0.0070	47	0.0325			37	0.0102	57	0.0330	77	0.0001
28	0.0100	48	0.0271			38	0.0134	58	0.0285	78	0.0001
29	0.0139	49	0.0221			39	0.0172	59	0.0241		
30	0.0185	50	0.0177			40	0.0215	60	0.0201		
31	0.0238	51	0.0139			41	0.0262	61	0.0165		
32	0.0298	52	0.0107			42	0.0312	62	0.0133		
33	0.0361	53	0.0081			43	0.0363	63	0.0106		
34	0.0425	54	0.0060			44	0.0412	64	0.0082		

附表 2　标准正态分布表

$$\Phi(x) = \int_{-\infty}^{x} e^{-t^2/2} dt$$

x	0.00	0.01	0.02	0.03	0.04	0.05	0.06	0.07	0.08	0.09
0.0	0.5000	0.5040	0.5080	0.5120	0.5160	0.5199	0.5239	0.5279	0.5319	0.5359
0.1	0.5398	0.5438	0.5478	0.5517	0.5557	0.5596	0.5636	0.5675	0.5714	0.5753
0.2	0.5793	0.5832	0.5871	0.5910	0.5948	0.5987	0.6026	0.6064	0.6103	0.6141
0.3	0.6179	0.6217	0.6255	0.6293	0.6331	0.6368	0.6406	0.6443	0.6480	0.6517
0.4	0.6554	0.6591	0.6628	0.6664	0.6700	0.6736	0.6772	0.6808	0.6844	0.6879
0.5	0.6915	0.6950	0.6985	0.7019	0.7054	0.7088	0.7123	0.7157	0.7190	0.7224
0.6	0.7257	0.7291	0.7324	0.7357	0.7389	0.7422	0.7454	0.7486	0.7517	0.7549
0.7	0.7580	0.7611	0.7642	0.7673	0.7703	0.7734	0.7764	0.7794	0.7823	0.7852
0.8	0.7881	0.7910	0.7939	0.7967	0.7995	0.8023	0.8051	0.8078	0.8106	0.8133
0.9	0.8159	0.8186	0.8212	0.8238	0.8264	0.8289	0.8315	0.8340	0.8365	0.8389
1.0	0.8413	0.8438	0.8461	0.8485	0.8508	0.8531	0.8554	0.8577	0.8599	0.8621
1.1	0.8643	0.8665	0.8686	0.8708	0.8729	0.8749	0.8770	0.8790	0.8810	0.8830
1.2	0.8849	0.8869	0.8888	0.8907	0.8925	0.8944	0.8962	0.8980	0.8997	0.9015
1.3	0.9032	0.9049	0.9066	0.9082	0.9099	0.9115	0.9131	0.9147	0.9162	0.9177
1.4	0.9192	0.9207	0.9222	0.9236	0.9251	0.9265	0.9278	0.9292	0.9306	0.9319
1.5	0.9332	0.9345	0.9357	0.9370	0.9382	0.9394	0.9406	0.9418	0.9430	0.9441
1.6	0.9452	0.9463	0.9474	0.9484	0.9495	0.9505	0.9515	0.9525	0.9535	0.9545
1.7	0.9554	0.9564	0.9573	0.9582	0.9591	0.9599	0.9608	0.9616	0.9625	0.9633
1.8	0.9641	0.9648	0.9656	0.9664	0.9671	0.9678	0.9686	0.9693	0.9700	0.9706
1.9	0.9713	0.9719	0.9726	0.9732	0.9738	0.9744	0.9750	0.9756	0.9762	0.9767
2.0	0.9772	0.9778	0.9783	0.9788	0.9793	0.9798	0.9803	0.9808	0.9812	0.9817
2.1	0.9821	0.9826	0.9830	0.9834	0.9838	0.9842	0.9846	0.9850	0.9854	0.9857
2.2	0.9861	0.9864	0.9868	0.9871	0.9874	0.9878	0.9881	0.9884	0.9887	0.9890
2.3	0.9893	0.9896	0.9898	0.9901	0.9904	0.9906	0.9909	0.9911	0.9913	0.9916
2.4	0.9918	0.9920	0.9922	0.9925	0.9927	0.9929	0.9931	0.9932	0.9934	0.9936
2.5	0.9938	0.9940	0.9941	0.9943	0.9945	0.9946	0.9948	0.9949	0.9951	0.9952
2.6	0.9953	0.9955	0.9956	0.9957	0.9959	0.9960	0.9961	0.9962	0.9963	0.9964
2.7	0.9965	0.9966	0.9967	0.9968	0.9969	0.9970	0.9971	0.9972	0.9973	0.9974
2.8	0.9974	0.9975	0.9976	0.9977	0.9977	0.9978	0.9979	0.9979	0.9980	0.9981
2.9	0.9981	0.9982	0.9982	0.9983	0.9984	0.9984	0.9985	0.9985	0.9986	0.9986
3.0	0.9987	0.9990	0.9993	0.9995	0.9997	0.9998	0.9998	0.9999	0.9999	1.0000

附表 3 t 分布表

$$P\{t(n) \leqslant t_p(n)\} = p$$

n	p					
	0.75	0.90	0.95	0.975	0.99	0.995
1	1.0000	3.0777	6.3138	12.7062	31.8207	63.6574
2	0.8165	1.8856	2.9200	4.3207	6.9646	9.9248
3	0.7649	1.6377	2.3534	3.1824	4.5407	5.8409
4	0.7407	1.5332	2.1318	2.7764	3.7469	4.6041
5	0.7267	1.4759	2.0150	2.5706	3.3649	4.0322
6	0.7176	1.4398	1.9432	2.4469	3.1427	3.7074
7	0.7111	1.4149	1.8946	2.3646	2.9980	3.4995
8	0.7064	1.3968	1.8595	2.3060	2.8965	3.3554
9	0.7027	1.3830	1.8331	2.2622	2.8214	3.2498
10	0.6998	1.3722	1.8125	2.2281	2.7638	3.1693
11	0.6974	1.3634	1.7959	2.2010	2.7181	3.1058
12	0.6955	1.3562	1.7823	2.1788	2.6810	3.0545
13	0.6938	1.3502	1.7709	2.1604	2.6503	3.0123
14	0.6924	1.3450	1.7613	2.1448	2.6245	2.9768
15	0.6912	1.3406	1.7531	2.1315	2.6025	2.9467
16	0.6901	1.3368	1.7459	2.1199	2.5835	2.9028
17	0.6892	1.3334	1.7396	2.1098	2.5669	2.8982
18	0.6884	1.3304	1.7341	2.1009	2.5524	2.8784
19	0.6876	1.3277	1.7291	2.0930	2.5395	2.8609
20	0.6870	1.3253	1.7247	2.0860	2.5280	2.8453
21	0.6864	1.3232	1.7207	2.0796	2.5177	2.8314
22	0.6858	1.3212	1.7171	2.0739	2.5083	2.8188
23	0.6853	1.3195	1.7139	2.0687	2.4999	2.8073
24	0.6848	1.3178	1.7109	2.0639	2.4922	2.7969
25	0.6844	1.3163	1.7081	2.0595	2.4851	2.7874
26	0.6840	1.3150	1.7056	2.0555	2.4786	2.7787
27	0.6837	1.3137	1.7033	2.0518	2.4727	2.7707
28	0.6834	1.3125	1.7011	2.0484	2.4671	2.7633
29	0.6830	1.3114	1.6991	2.0452	2.4620	2.7564
30	0.6828	1.3104	1.6973	2.0423	2.4573	2.7500
31	0.6825	1.3095	1.6595	2.0395	2.4528	2.7440
32	0.6822	1.3086	1.6939	2.0369	2.4487	2.7385
33	0.6820	1.3077	1.6924	2.0345	2.4448	2.7333
34	0.6818	1.3070	1.6909	2.0322	2.4411	2.7284
35	0.6816	1.3062	1.6896	2.0301	2.4377	3.7238

附表 4 χ^2 分布表

$$P\{\chi^2(n) \leqslant \chi_p^2(n)\} = p$$

n	p											
	0.005	0.01	0.025	0.05	0.10	0.25	0.75	0.90	0.95	0.975	0.99	0.995
1	—	—	0.001	0.004	0.016	0.102	1.323	2.706	3.841	5.024	6.635	7.879
2	0.010	0.020	0.051	0.103	0.211	0.575	2.773	4.605	5.991	7.378	9.210	10.597
3	0.072	0.115	0.216	0.352	0.584	1.213	4.108	6.251	7.815	9.348	11.345	12.838
4	0.207	0.297	0.484	0.711	1.064	1.923	5.385	7.779	9.488	11.143	13.277	14.860
5	0.412	0.554	0.831	1.145	1.610	2.675	6.626	9.236	11.071	12.833	15.086	16.750
6	0.676	0.872	1.237	1.635	2.204	3.455	7.841	10.645	12.592	14.449	16.812	18.548
7	0.989	1.239	1.690	2.167	2.833	4.255	9.037	12.017	14.067	16.013	18.475	20.278
8	1.344	1.646	2.180	2.733	3.490	5.071	10.219	13.362	15.507	17.535	20.090	21.955
9	1.735	2.088	2.700	3.325	4.168	5.899	11.389	14.684	16.919	19.023	21.666	23.589
10	2.156	2.558	3.247	3.940	4.865	6.737	12.549	15.987	18.307	20.483	23.209	25.188
11	2.603	3.053	3.816	4.575	5.578	7.584	13.701	17.275	19.675	21.920	24.725	26.757
12	3.074	3.571	4.404	5.226	6.304	8.438	14.845	18.549	21.026	23.337	26.217	28.299
13	3.565	4.107	5.009	5.892	7.042	9.299	15.984	19.812	22.362	24.736	27.688	29.819
14	4.075	4.660	5.629	6.571	7.790	10.165	17.117	21.064	23.685	26.119	29.141	31.319
15	4.601	5.229	6.262	7.261	8.547	11.037	18.245	22.307	24.966	27.488	30.578	32.801
16	5.142	5.812	6.908	7.962	9.312	11.912	19.369	23.542	26.296	28.845	32.000	34.267
17	5.697	6.408	7.564	8.672	10.085	12.792	20.489	24.769	27.587	30.191	33.409	35.718
18	6.265	7.015	8.231	9.390	10.865	13.675	21.605	25.989	28.869	31.526	34.805	37.156
19	6.844	7.633	8.907	10.117	11.651	14.562	22.718	27.204	30.144	32.852	36.191	38.582
20	7.434	8.260	9.591	10.851	12.443	15.452	23.828	28.412	31.410	34.170	37.566	39.997
21	8.034	8.897	10.283	11.591	13.240	16.344	24.935	29.615	32.671	35.479	38.932	41.401
22	8.643	9.542	10.982	12.338	14.042	17.240	26.039	30.813	33.924	36.781	40.289	42.796
23	9.260	10.196	11.689	13.091	14.848	18.137	27.141	32.007	35.172	38.076	41.638	44.181
24	9.886	10.856	12.401	13.848	15.659	19.037	28.241	33.196	36.415	39.364	42.980	45.559
25	10.520	11.524	13.120	14.611	16.473	19.939	29.339	34.382	37.652	40.646	44.314	46.928
26	11.160	12.198	13.844	15.379	17.292	20.843	30.435	35.563	38.885	41.923	45.642	48.290
27	11.808	12.879	14.573	16.151	18.114	21.749	31.528	36.741	40.113	43.194	46.963	49.645
28	12.461	13.565	15.308	16.928	18.939	22.657	32.620	37.916	41.337	44.461	48.278	50.993
29	13.121	14.257	16.047	17.708	19.768	23.567	33.711	39.087	42.557	45.722	49.588	52.336
30	13.787	14.954	16.791	18.493	20.599	24.478	34.800	40.256	43.773	46.979	50.892	53.672

续表

n	p											
	0.005	0.01	0.025	0.05	0.10	0.25	0.75	0.90	0.95	0.975	0.99	0.995
31	14.458	15.655	17.539	19.281	21.434	25.390	35.887	41.422	44.985	48.232	52.191	55.003
32	15.134	16.362	18.291	20.072	22.271	26.304	36.973	42.585	46.194	49.480	53.486	56.328
33	15.815	17.074	19.047	20.867	23.110	27.219	38.058	43.745	47.400	50.725	54.776	57.648
34	16.501	17.789	19.806	21.664	23.952	28.136	39.141	44.903	48.602	51.966	56.061	58.964
35	17.192	18.509	20.569	22.465	24.797	29.054	40.223	46.059	49.802	53.203	57.342	60.275
36	17.887	19.233	21.336	23.269	25.643	29.973	41.304	47.212	50.998	54.437	58.619	61.581
37	18.586	19.960	22.106	24.075	26.492	30.893	42.383	48.363	52.192	55.668	59.892	62.883
38	19.289	20.691	22.878	24.884	27.343	31.815	43.462	49.513	53.384	56.896	61.162	64.181
38	19.996	21.426	23.654	25.695	28.196	32.737	44.539	50.660	54.572	58.120	62.428	65.476
40	20.707	22.164	24.433	26.509	29.051	33.660	45.616	51.805	55.758	59.342	63.691	66.766
41	21.421	22.906	25.215	27.326	29.907	34.585	46.692	52.949	56.942	60.561	64.950	68.053
42	22.138	23.650	25.999	28.144	30.765	35.510	47.766	54.090	58.124	61.777	66.206	69.336
43	22.859	24.398	26.785	28.965	31.625	36.436	48.840	55.230	59.304	62.990	67.459	70.616
44	23.584	25.148	27.575	29.987	32.487	37.363	49.913	56.369	60.481	64.201	68.710	71.893
45	24.311	25.901	28.366	30.612	33.350	38.291	50.985	57.505	61.656	65.410	69.957	73.166

附表 5　F 分布表

$$P\{F \le F_\alpha(m,n)\} = \alpha$$

α = 0.75

n \ m	1	2	3	4	5	6	7	8	9	10	12	15	20	24	30	40	60	120	500
1	5.828	7.500	8.200	8.581	8.820	8.983	9.102	9.192	9.263	9.320	9.406	9.493	9.581	9.625	9.670	9.714	9.759	9.804	9.838
2	2.571	3.000	3.153	3.232	3.280	3.312	3.335	3.353	3.366	3.377	3.393	3.410	3.426	3.435	3.443	3.451	3.459	3.468	3.474
3	2.024	2.280	2.356	2.390	2.409	2.422	2.430	2.436	2.441	2.445	2.450	2.455	2.460	2.463	2.465	2.467	2.470	2.472	2.474
4	1.807	2.000	2.047	2.064	2.072	2.077	2.079	2.080	2.081	2.082	2.083	2.083	2.083	2.083	2.082	2.082	2.082	2.081	2.081
5	1.692	1.853	1.884	1.893	1.895	1.894	1.894	1.892	1.891	1.890	1.888	1.885	1.882	1.880	1.878	1.876	1.874	1.872	1.870
6	1.621	1.762	1.784	1.787	1.785	1.782	1.779	1.776	1.773	1.771	1.767	1.762	1.757	1.754	1.751	1.748	1.744	1.741	1.738
7	1.573	1.701	1.717	1.716	1.711	1.706	1.701	1.697	1.693	1.690	1.684	1.678	1.671	1.667	1.663	1.659	1.655	1.650	1.646
8	1.538	1.657	1.668	1.664	1.658	1.651	1.645	1.640	1.635	1.631	1.624	1.617	1.609	1.604	1.600	1.595	1.589	1.584	1.579
9	1.512	1.624	1.632	1.625	1.617	1.609	1.602	1.596	1.591	1.586	1.579	1.570	1.561	1.556	1.551	1.545	1.539	1.533	1.527
10	1.491	1.598	1.603	1.595	1.585	1.576	1.569	1.562	1.556	1.551	1.543	1.534	1.523	1.518	1.512	1.506	1.499	1.492	1.486
11	1.475	1.577	1.580	1.570	1.560	1.550	1.542	1.535	1.528	1.523	1.514	1.504	1.493	1.487	1.481	1.474	1.466	1.459	1.452
12	1.461	1.560	1.561	1.550	1.539	1.529	1.520	1.512	1.505	1.500	1.490	1.480	1.468	1.461	1.454	1.447	1.439	1.431	1.424
13	1.450	1.545	1.545	1.534	1.521	1.511	1.501	1.493	1.486	1.480	1.470	1.459	1.447	1.440	1.432	1.425	1.416	1.408	1.400
14	1.440	1.533	1.532	1.519	1.507	1.495	1.485	1.477	1.470	1.463	1.453	1.441	1.428	1.421	1.414	1.405	1.397	1.387	1.380
15	1.432	1.523	1.520	1.507	1.494	1.482	1.472	1.463	1.456	1.449	1.438	1.426	1.413	1.405	1.397	1.389	1.380	1.370	1.362
16	1.425	1.514	1.510	1.497	1.483	1.471	1.460	1.451	1.443	1.437	1.426	1.413	1.399	1.391	1.383	1.374	1.365	1.354	1.346
17	1.419	1.506	1.502	1.487	1.473	1.460	1.450	1.441	1.433	1.426	1.414	1.401	1.387	1.379	1.370	1.361	1.351	1.341	1.332
18	1.413	1.499	1.494	1.479	1.464	1.452	1.441	1.431	1.423	1.416	1.404	1.391	1.376	1.368	1.359	1.350	1.340	1.328	1.319
19	1.408	1.493	1.487	1.472	1.457	1.444	1.432	1.423	1.414	1.407	1.395	1.382	1.367	1.358	1.349	1.339	1.329	1.317	1.308
20	1.404	1.487	1.481	1.465	1.450	1.437	1.425	1.415	1.407	1.399	1.387	1.374	1.358	1.349	1.340	1.330	1.319	1.307	1.298

续表

n	m																		
	1	2	3	4	5	6	7	8	9	10	12	15	20	24	30	40	60	120	500
21	1.400	1.482	1.475	1.459	1.444	1.430	1.419	1.409	1.400	1.392	1.380	1.366	1.350	1.341	1.332	1.322	1.311	1.298	1.288
22	1.396	1.477	1.470	1.454	1.438	1.424	1.413	1.402	1.394	1.386	1.374	1.359	1.343	1.334	1.324	1.314	1.303	1.290	1.280
23	1.393	1.473	1.466	1.449	1.433	1.419	1.407	1.397	1.388	1.380	1.368	1.353	1.337	1.327	1.318	1.307	1.295	1.282	1.272
24	1.390	1.470	1.462	1.445	1.428	1.414	1.402	1.392	1.383	1.375	1.362	1.347	1.331	1.321	1.311	1.300	1.289	1.275	1.264
25	1.387	1.466	1.458	1.441	1.424	1.410	1.398	1.387	1.378	1.370	1.357	1.342	1.325	1.316	1.306	1.294	1.282	1.269	1.258
26	1.384	1.463	1.454	1.437	1.420	1.406	1.393	1.383	1.374	1.366	1.352	1.337	1.320	1.311	1.300	1.289	1.277	1.263	1.251
27	1.382	1.460	1.451	1.433	1.417	1.402	1.390	1.379	1.370	1.361	1.348	1.333	1.315	1.306	1.295	1.284	1.271	1.257	1.245
28	1.380	1.457	1.448	1.430	1.413	1.399	1.386	1.375	1.366	1.358	1.344	1.329	1.311	1.301	1.291	1.279	1.266	1.252	1.240
29	1.378	1.455	1.445	1.427	1.410	1.395	1.383	1.372	1.362	1.354	1.340	1.325	1.307	1.297	1.286	1.275	1.262	1.247	1.235
30	1.376	1.452	1.443	1.424	1.407	1.392	1.380	1.369	1.359	1.351	1.337	1.321	1.303	1.293	1.282	1.270	1.257	1.242	1.230
31	1.374	1.450	1.440	1.422	1.405	1.389	1.377	1.366	1.356	1.348	1.334	1.318	1.300	1.290	1.279	1.266	1.253	1.238	1.225
32	1.373	1.448	1.438	1.419	1.402	1.387	1.374	1.363	1.353	1.345	1.331	1.315	1.296	1.286	1.275	1.263	1.249	1.234	1.221
33	1.371	1.446	1.436	1.417	1.400	1.384	1.371	1.360	1.350	1.342	1.328	1.312	1.293	1.283	1.272	1.259	1.246	1.230	1.217
34	1.370	1.444	1.434	1.415	1.397	1.382	1.369	1.358	1.348	1.339	1.325	1.309	1.290	1.280	1.269	1.256	1.242	1.226	1.213
35	1.368	1.443	1.432	1.413	1.395	1.380	1.367	1.355	1.345	1.337	1.323	1.306	1.288	1.277	1.266	1.253	1.239	1.223	1.209
36	1.367	1.441	1.430	1.411	1.393	1.378	1.365	1.353	1.343	1.335	1.320	1.304	1.285	1.274	1.263	1.250	1.236	1.220	1.206
37	1.366	1.440	1.428	1.409	1.391	1.376	1.363	1.351	1.341	1.332	1.318	1.302	1.283	1.272	1.260	1.247	1.233	1.217	1.202
38	1.365	1.438	1.427	1.408	1.390	1.374	1.361	1.349	1.339	1.330	1.316	1.299	1.280	1.269	1.258	1.245	1.230	1.214	1.199
39	1.364	1.437	1.425	1.406	1.388	1.372	1.359	1.347	1.337	1.328	1.314	1.297	1.278	1.267	1.255	1.242	1.227	1.211	1.196
40	1.363	1.435	1.424	1.404	1.386	1.371	1.357	1.345	1.335	1.327	1.312	1.295	1.276	1.265	1.253	1.240	1.225	1.208	1.193
60	1.349	1.419	1.405	1.385	1.366	1.349	1.335	1.323	1.312	1.303	1.287	1.269	1.248	1.236	1.223	1.208	1.191	1.172	1.154
120	1.336	1.402	1.387	1.365	1.345	1.328	1.313	1.300	1.289	1.279	1.262	1.243	1.220	1.207	1.192	1.175	1.156	1.131	1.108
500	1.326	1.390	1.374	1.351	1.330	1.312	1.296	1.283	1.271	1.261	1.243	1.223	1.198	1.184	1.168	1.149	1.126	1.096	1.062

$\alpha = 0.90$

n \ m	1	2	3	4	5	6	7	8	9	10	12	15	20	24	30	40	60	120	500
1	39.863	49.500	53.593	55.833	57.240	58.204	58.906	59.439	59.858	60.195	60.705	61.220	61.740	62.002	62.265	62.529	62.794	63.061	63.264
2	8.526	9.000	9.162	9.243	9.293	9.326	9.349	9.367	9.381	9.392	9.408	9.425	9.441	9.450	9.458	9.466	9.475	9.483	9.489
3	5.538	5.462	5.391	5.343	5.309	5.285	5.266	5.252	5.240	5.230	5.216	5.200	5.184	5.176	5.168	5.160	5.151	5.143	5.136
4	4.545	4.325	4.191	4.107	4.051	4.010	3.979	3.955	3.936	3.920	3.896	3.870	3.844	3.831	3.817	3.804	3.790	3.775	3.764
5	4.060	3.780	3.619	3.520	3.453	3.405	3.368	3.339	3.316	3.297	3.268	3.238	3.207	3.191	3.174	3.157	3.140	3.123	3.109
6	3.776	3.463	3.289	3.181	3.108	3.055	3.014	2.983	2.958	2.937	2.905	2.871	2.836	2.818	2.800	2.781	2.762	2.742	2.727
7	3.589	3.257	3.074	2.961	2.883	2.827	2.785	2.752	2.725	2.703	2.668	2.632	2.595	2.575	2.555	2.535	2.514	2.493	2.476
8	3.458	3.113	2.924	2.806	2.726	2.668	2.624	2.589	2.561	2.538	2.502	2.464	2.425	2.404	2.383	2.361	2.339	2.316	2.298
9	3.360	3.006	2.813	2.693	2.611	2.551	2.505	2.469	2.440	2.416	2.379	2.340	2.298	2.277	2.255	2.232	2.208	2.184	2.165
10	3.285	2.924	2.728	2.605	2.522	2.461	2.414	2.377	2.347	2.323	2.284	2.244	2.201	2.178	2.155	2.132	2.107	2.082	2.062
11	3.225	2.860	2.660	2.536	2.451	2.389	2.342	2.304	2.274	2.248	2.209	2.167	2.123	2.100	2.076	2.052	2.026	2.000	1.979
12	3.177	2.807	2.606	2.480	2.394	2.331	2.283	2.245	2.214	2.188	2.147	2.105	2.060	2.036	2.011	1.986	1.960	1.932	1.911
13	3.136	2.763	2.560	2.434	2.347	2.283	2.234	2.195	2.164	2.138	2.097	2.053	2.007	1.983	1.958	1.931	1.904	1.876	1.853
14	3.102	2.726	2.522	2.395	2.307	2.243	2.193	2.154	2.122	2.095	2.054	2.010	1.962	1.938	1.912	1.885	1.857	1.828	1.805
15	3.073	2.695	2.490	2.361	2.273	2.208	2.158	2.119	2.086	2.059	2.017	1.972	1.924	1.899	1.873	1.845	1.817	1.787	1.763
16	3.048	2.668	2.462	2.333	2.244	2.178	2.128	2.088	2.055	2.028	1.985	1.940	1.891	1.866	1.839	1.811	1.782	1.751	1.726
17	3.026	2.645	2.437	2.308	2.218	2.152	2.102	2.061	2.028	2.001	1.958	1.912	1.862	1.836	1.809	1.781	1.751	1.719	1.694
18	3.007	2.624	2.416	2.286	2.196	2.130	2.079	2.038	2.005	1.977	1.933	1.887	1.837	1.810	1.783	1.754	1.723	1.691	1.665
19	2.990	2.606	2.397	2.266	2.176	2.109	2.058	2.017	1.984	1.956	1.912	1.865	1.814	1.787	1.759	1.730	1.699	1.666	1.639
20	2.975	2.589	2.380	2.249	2.158	2.091	2.040	1.999	1.965	1.937	1.892	1.845	1.794	1.767	1.738	1.708	1.677	1.643	1.616
21	2.961	2.575	2.365	2.233	2.142	2.075	2.023	1.982	1.948	1.920	1.875	1.827	1.776	1.748	1.719	1.689	1.657	1.623	1.595
22	2.949	2.561	2.351	2.219	2.128	2.060	2.008	1.967	1.933	1.904	1.859	1.811	1.759	1.731	1.702	1.671	1.639	1.604	1.576
23	2.937	2.549	2.339	2.207	2.115	2.047	1.995	1.953	1.919	1.890	1.845	1.796	1.744	1.716	1.686	1.655	1.622	1.587	1.558
24	2.927	2.538	2.327	2.195	2.103	2.035	1.983	1.941	1.906	1.877	1.832	1.783	1.730	1.702	1.672	1.641	1.607	1.571	1.542
25	2.918	2.528	2.317	2.184	2.092	2.024	1.971	1.929	1.895	1.866	1.820	1.771	1.718	1.689	1.659	1.627	1.593	1.557	1.527

续表

n \ m	1	2	3	4	5	6	7	8	9	10	12	15	20	24	30	40	60	120	500
26	2.909	2.519	2.307	2.174	2.082	2.014	1.961	1.919	1.884	1.855	1.809	1.760	1.706	1.677	1.647	1.615	1.581	1.544	1.514
27	2.901	2.511	2.299	2.165	2.073	2.005	1.952	1.909	1.874	1.845	1.799	1.749	1.695	1.666	1.636	1.603	1.569	1.531	1.501
28	2.894	2.503	2.291	2.157	2.064	1.996	1.943	1.900	1.865	1.836	1.790	1.740	1.685	1.656	1.625	1.592	1.558	1.520	1.489
29	2.887	2.495	2.283	2.149	2.057	1.988	1.935	1.892	1.857	1.827	1.781	1.731	1.676	1.647	1.616	1.583	1.547	1.509	1.478
30	2.881	2.489	2.276	2.142	2.049	1.980	1.927	1.884	1.849	1.819	1.773	1.722	1.667	1.638	1.606	1.573	1.538	1.499	1.467
31	2.875	2.482	2.270	2.136	2.042	1.973	1.920	1.877	1.842	1.812	1.765	1.714	1.659	1.630	1.598	1.565	1.529	1.489	1.457
32	2.869	2.477	2.263	2.129	2.036	1.967	1.913	1.870	1.835	1.805	1.758	1.707	1.652	1.622	1.590	1.556	1.520	1.481	1.448
33	2.864	2.471	2.258	2.123	2.030	1.961	1.907	1.864	1.828	1.799	1.751	1.700	1.645	1.615	1.583	1.549	1.512	1.472	1.439
34	2.859	2.466	2.252	2.118	2.024	1.955	1.901	1.858	1.822	1.793	1.745	1.694	1.638	1.608	1.576	1.541	1.505	1.464	1.431
35	2.855	2.461	2.247	2.113	2.019	1.950	1.896	1.852	1.817	1.787	1.739	1.688	1.632	1.601	1.569	1.535	1.497	1.457	1.423
36	2.850	2.456	2.243	2.108	2.014	1.945	1.891	1.847	1.811	1.781	1.734	1.682	1.626	1.595	1.563	1.528	1.491	1.450	1.415
37	2.846	2.452	2.238	2.103	2.009	1.940	1.886	1.842	1.806	1.776	1.729	1.677	1.620	1.590	1.557	1.522	1.484	1.443	1.408
38	2.842	2.448	2.234	2.099	2.005	1.935	1.881	1.838	1.802	1.772	1.724	1.672	1.615	1.584	1.551	1.516	1.478	1.437	1.402
39	2.839	2.444	2.230	2.095	2.001	1.931	1.877	1.833	1.797	1.767	1.719	1.667	1.610	1.579	1.546	1.511	1.473	1.431	1.395
40	2.835	2.440	2.226	2.091	1.997	1.927	1.873	1.829	1.793	1.763	1.715	1.662	1.605	1.574	1.541	1.506	1.467	1.425	1.389
60	2.791	2.393	2.177	2.041	1.946	1.875	1.819	1.775	1.738	1.707	1.657	1.603	1.543	1.511	1.476	1.437	1.395	1.348	1.306
120	2.748	2.347	2.130	1.992	1.896	1.824	1.767	1.722	1.684	1.652	1.601	1.545	1.482	1.447	1.409	1.368	1.320	1.265	1.212
500	2.716	2.313	2.095	1.956	1.859	1.786	1.729	1.683	1.644	1.612	1.559	1.501	1.435	1.399	1.358	1.313	1.260	1.194	1.122

$\alpha = 0.95$

n \ m	1	2	3	4	5	6	7	8	9	10	12	15	20	24	30	40	60	120	500
1	161.448	199.500	215.707	224.583	230.162	233.986	236.768	238.883	240.543	241.882	243.906	245.950	248.013	249.052	250.095	251.143	252.196	253.253	254.059
2	18.513	19.000	19.164	19.247	19.296	19.330	19.353	19.371	19.385	19.396	19.413	19.429	19.446	19.454	19.462	19.471	19.479	19.487	19.494
3	10.128	9.552	9.277	9.117	9.013	8.941	8.887	8.845	8.812	8.786	8.745	8.703	8.660	8.639	8.617	8.594	8.572	8.549	8.532
4	7.709	6.944	6.591	6.388	6.256	6.163	6.094	6.041	5.999	5.964	5.912	5.858	5.803	5.774	5.746	5.717	5.688	5.658	5.635
5	6.608	5.786	5.409	5.192	5.050	4.950	4.876	4.818	4.772	4.735	4.678	4.619	4.558	4.527	4.496	4.464	4.431	4.398	4.373
6	5.987	5.143	4.757	4.534	4.387	4.284	4.207	4.147	4.099	4.060	4.000	3.938	3.874	3.841	3.808	3.774	3.740	3.705	3.678
7	5.591	4.737	4.347	4.120	3.972	3.866	3.787	3.726	3.677	3.637	3.575	3.511	3.445	3.410	3.376	3.340	3.304	3.267	3.239
8	5.318	4.459	4.066	3.838	3.687	3.581	3.500	3.438	3.388	3.347	3.284	3.218	3.150	3.115	3.079	3.043	3.005	2.967	2.937
9	5.117	4.256	3.863	3.633	3.482	3.374	3.293	3.230	3.179	3.137	3.073	3.006	2.936	2.900	2.864	2.826	2.787	2.748	2.717
10	4.965	4.103	3.708	3.478	3.326	3.217	3.135	3.072	3.020	2.978	2.913	2.845	2.774	2.737	2.700	2.661	2.621	2.580	2.548
11	4.844	3.982	3.587	3.357	3.204	3.095	3.012	2.948	2.896	2.854	2.788	2.719	2.646	2.609	2.570	2.531	2.490	2.448	2.415
12	4.747	3.885	3.490	3.259	3.106	2.996	2.913	2.849	2.796	2.753	2.687	2.617	2.544	2.505	2.466	2.426	2.384	2.341	2.307
13	4.667	3.806	3.411	3.179	3.025	2.915	2.832	2.767	2.714	2.671	2.604	2.533	2.459	2.420	2.380	2.339	2.297	2.252	2.218
14	4.600	3.739	3.344	3.112	2.958	2.848	2.764	2.699	2.646	2.602	2.534	2.463	2.388	2.349	2.308	2.266	2.223	2.178	2.142
15	4.543	3.682	3.287	3.056	2.901	2.790	2.707	2.641	2.588	2.544	2.475	2.403	2.328	2.288	2.247	2.204	2.160	2.114	2.078
16	4.494	3.634	3.239	3.007	2.852	2.741	2.657	2.591	2.538	2.494	2.425	2.352	2.276	2.235	2.194	2.151	2.106	2.059	2.022
17	4.451	3.592	3.197	2.965	2.810	2.699	2.614	2.548	2.494	2.450	2.381	2.308	2.230	2.190	2.148	2.104	2.058	2.011	1.973
18	4.414	3.555	3.160	2.928	2.773	2.661	2.577	2.510	2.456	2.412	2.342	2.269	2.191	2.150	2.107	2.063	2.017	1.968	1.929
19	4.381	3.522	3.127	2.895	2.740	2.628	2.544	2.477	2.423	2.378	2.308	2.234	2.155	2.114	2.071	2.026	1.980	1.930	1.891
20	4.351	3.493	3.098	2.866	2.711	2.599	2.514	2.447	2.393	2.348	2.278	2.203	2.124	2.082	2.039	1.994	1.946	1.896	1.856
21	4.325	3.467	3.072	2.840	2.685	2.573	2.488	2.420	2.366	2.321	2.250	2.176	2.096	2.054	2.010	1.965	1.916	1.866	1.825
22	4.301	3.443	3.049	2.817	2.661	2.549	2.464	2.397	2.342	2.297	2.226	2.151	2.071	2.028	1.984	1.938	1.889	1.838	1.797
23	4.279	3.422	3.028	2.796	2.640	2.528	2.442	2.375	2.320	2.275	2.204	2.128	2.048	2.005	1.961	1.914	1.865	1.813	1.771
24	4.260	3.403	3.009	2.776	2.621	2.508	2.423	2.355	2.300	2.255	2.183	2.108	2.027	1.984	1.939	1.892	1.842	1.790	1.747
25	4.242	3.385	2.991	2.759	2.603	2.490	2.405	2.337	2.282	2.236	2.165	2.089	2.007	1.964	1.919	1.872	1.822	1.768	1.725

续表

n \ m	1	2	3	4	5	6	7	8	9	10	12	15	20	24	30	40	60	120	500
26	4.225	3.369	2.975	2.743	2.587	2.474	2.388	2.321	2.265	2.220	2.148	2.072	1.990	1.946	1.901	1.853	1.803	1.749	1.705
27	4.210	3.354	2.960	2.728	2.572	2.459	2.373	2.305	2.250	2.204	2.132	2.056	1.974	1.930	1.884	1.836	1.785	1.731	1.686
28	4.196	3.340	2.947	2.714	2.558	2.445	2.359	2.291	2.236	2.190	2.118	2.041	1.959	1.915	1.869	1.820	1.769	1.714	1.669
29	4.183	3.328	2.934	2.701	2.545	2.432	2.346	2.278	2.223	2.177	2.104	2.027	1.945	1.901	1.854	1.806	1.754	1.698	1.653
30	4.171	3.316	2.922	2.690	2.534	2.421	2.334	2.266	2.211	2.165	2.092	2.015	1.932	1.887	1.841	1.792	1.740	1.683	1.637
31	4.160	3.305	2.911	2.679	2.523	2.409	2.323	2.255	2.199	2.153	2.080	2.003	1.920	1.875	1.828	1.779	1.726	1.670	1.623
32	4.149	3.295	2.901	2.668	2.512	2.399	2.313	2.244	2.189	2.142	2.070	1.992	1.908	1.864	1.817	1.767	1.714	1.657	1.610
33	4.139	3.285	2.892	2.659	2.503	2.389	2.303	2.235	2.179	2.133	2.060	1.982	1.898	1.853	1.806	1.756	1.702	1.645	1.597
34	4.130	3.276	2.883	2.650	2.494	2.380	2.294	2.225	2.170	2.123	2.050	1.972	1.888	1.843	1.795	1.745	1.691	1.633	1.585
35	4.121	3.267	2.874	2.641	2.485	2.372	2.285	2.217	2.161	2.114	2.041	1.963	1.878	1.833	1.786	1.735	1.681	1.623	1.574
36	4.113	3.259	2.866	2.634	2.477	2.364	2.277	2.209	2.153	2.106	2.033	1.954	1.870	1.824	1.776	1.726	1.671	1.612	1.564
37	4.105	3.252	2.859	2.626	2.470	2.356	2.270	2.201	2.145	2.098	2.025	1.946	1.861	1.816	1.768	1.717	1.662	1.603	1.553
38	4.098	3.245	2.852	2.619	2.463	2.349	2.262	2.194	2.138	2.091	2.017	1.939	1.853	1.808	1.760	1.708	1.653	1.594	1.544
39	4.091	3.238	2.845	2.612	2.456	2.342	2.255	2.187	2.131	2.084	2.010	1.931	1.846	1.800	1.752	1.700	1.645	1.585	1.535
40	4.085	3.232	2.839	2.606	2.449	2.336	2.249	2.180	2.124	2.077	2.003	1.924	1.839	1.793	1.744	1.693	1.637	1.577	1.526
60	4.001	3.150	2.758	2.525	2.368	2.254	2.167	2.097	2.040	1.993	1.917	1.836	1.748	1.700	1.649	1.594	1.534	1.467	1.409
120	3.920	3.072	2.680	2.447	2.290	2.175	2.087	2.016	1.959	1.910	1.834	1.750	1.659	1.608	1.554	1.495	1.429	1.352	1.280
500	3.860	3.014	2.623	2.390	2.232	2.117	2.028	1.957	1.899	1.850	1.772	1.686	1.592	1.539	1.482	1.419	1.345	1.255	1.159

$\alpha = 0.975$

n \ m	1	2	3	4	5	6	7	8	9	10	12	15	20	24	30	40	60	120	500
1	647.789	799.500	864.163	899.583	921.848	937.111	948.217	956.656	963.285	968.627	976.708	984.867	993.103	997.249	1001.414	1005.598	1009.800	1014.020	1017.240
2	38.506	39.000	39.165	39.248	39.298	39.331	39.355	39.373	39.387	39.398	39.415	39.431	39.448	39.456	39.465	39.473	39.481	39.490	39.496
3	17.443	16.044	15.439	15.101	14.885	14.735	14.624	14.540	14.473	14.419	14.337	14.253	14.167	14.124	14.081	14.037	13.992	13.947	13.913
4	12.218	10.649	9.979	9.605	9.364	9.197	9.074	8.980	8.905	8.844	8.751	8.657	8.560	8.511	8.461	8.411	8.360	8.309	8.270
5	10.007	8.434	7.764	7.388	7.146	6.978	6.853	6.757	6.681	6.619	6.525	6.428	6.329	6.278	6.227	6.175	6.123	6.069	6.028
6	8.813	7.260	6.599	6.227	5.988	5.820	5.695	5.600	5.523	5.461	5.366	5.269	5.168	5.117	5.065	5.012	4.959	4.904	4.862
7	8.073	6.542	5.890	5.523	5.285	5.119	4.995	4.899	4.823	4.761	4.666	4.568	4.467	4.415	4.362	4.309	4.254	4.199	4.156
8	7.571	6.059	5.416	5.053	4.817	4.652	4.529	4.433	4.357	4.295	4.200	4.101	3.999	3.947	3.894	3.840	3.784	3.728	3.684
9	7.209	5.715	5.078	4.718	4.484	4.320	4.197	4.102	4.026	3.964	3.868	3.769	3.667	3.614	3.560	3.505	3.449	3.392	3.347
10	6.937	5.456	4.826	4.468	4.236	4.072	3.950	3.855	3.779	3.717	3.621	3.522	3.419	3.365	3.311	3.255	3.198	3.140	3.094
11	6.724	5.256	4.630	4.275	4.044	3.881	3.759	3.664	3.588	3.526	3.430	3.330	3.226	3.173	3.118	3.061	3.004	2.944	2.898
12	6.554	5.096	4.474	4.121	3.891	3.728	3.607	3.512	3.436	3.374	3.277	3.177	3.073	3.019	2.963	2.906	2.848	2.787	2.740
13	6.414	4.965	4.347	3.996	3.767	3.604	3.483	3.388	3.312	3.250	3.153	3.053	2.948	2.893	2.837	2.780	2.720	2.659	2.611
14	6.298	4.857	4.242	3.892	3.663	3.501	3.380	3.285	3.209	3.147	3.050	2.949	2.844	2.789	2.732	2.674	2.614	2.552	2.503
15	6.200	4.765	4.153	3.804	3.576	3.415	3.293	3.199	3.123	3.060	2.963	2.862	2.756	2.701	2.644	2.585	2.524	2.461	2.411
16	6.115	4.687	4.077	3.729	3.502	3.341	3.219	3.125	3.049	2.986	2.889	2.788	2.681	2.625	2.568	2.509	2.447	2.383	2.333
17	6.042	4.619	4.011	3.665	3.438	3.277	3.156	3.061	2.985	2.922	2.825	2.723	2.616	2.560	2.502	2.442	2.380	2.315	2.264
18	5.978	4.560	3.954	3.608	3.382	3.221	3.100	3.005	2.929	2.866	2.769	2.667	2.559	2.503	2.445	2.384	2.321	2.256	2.204
19	5.922	4.508	3.903	3.559	3.333	3.172	3.051	2.956	2.880	2.817	2.720	2.617	2.509	2.452	2.394	2.333	2.270	2.203	2.150
20	5.871	4.461	3.859	3.515	3.289	3.128	3.007	2.913	2.837	2.774	2.676	2.573	2.464	2.408	2.349	2.287	2.223	2.156	2.103
21	5.827	4.420	3.819	3.475	3.250	3.090	2.969	2.874	2.798	2.735	2.637	2.534	2.425	2.368	2.308	2.246	2.182	2.114	2.060
22	5.786	4.383	3.783	3.440	3.215	3.055	2.934	2.839	2.763	2.700	2.602	2.498	2.389	2.331	2.272	2.210	2.145	2.076	2.021
23	5.750	4.349	3.750	3.408	3.183	3.023	2.902	2.808	2.731	2.668	2.570	2.466	2.357	2.299	2.239	2.176	2.111	2.041	1.986
24	5.717	4.319	3.721	3.379	3.155	2.995	2.874	2.779	2.703	2.640	2.541	2.437	2.327	2.269	2.209	2.146	2.080	2.010	1.954
25	5.686	4.291	3.694	3.353	3.129	2.969	2.848	2.753	2.677	2.613	2.515	2.411	2.300	2.242	2.182	2.118	2.052	1.981	1.924

续表

n \ m	1	2	3	4	5	6	7	8	9	10	12	15	20	24	30	40	60	120	500
26	5.659	4.265	3.670	3.329	3.105	2.945	2.824	2.729	2.653	2.590	2.491	2.387	2.276	2.217	2.157	2.093	2.026	1.954	1.897
27	5.633	4.242	3.647	3.307	3.083	2.923	2.802	2.707	2.631	2.568	2.469	2.364	2.253	2.195	2.133	2.069	2.002	1.930	1.872
28	5.610	4.221	3.626	3.286	3.063	2.903	2.782	2.687	2.611	2.547	2.448	2.344	2.232	2.174	2.112	2.048	1.980	1.907	1.848
29	5.588	4.201	3.607	3.267	3.044	2.884	2.763	2.669	2.592	2.529	2.430	2.325	2.213	2.154	2.092	2.028	1.959	1.886	1.827
30	5.568	4.182	3.589	3.250	3.026	2.867	2.746	2.651	2.575	2.511	2.412	2.307	2.195	2.136	2.074	2.009	1.940	1.866	1.806
31	5.549	4.165	3.573	3.234	3.010	2.851	2.730	2.635	2.558	2.495	2.396	2.291	2.178	2.119	2.057	1.991	1.922	1.848	1.788
32	5.531	4.149	3.557	3.218	2.995	2.836	2.715	2.620	2.543	2.480	2.381	2.275	2.163	2.103	2.041	1.975	1.905	1.831	1.770
33	5.515	4.134	3.543	3.204	2.981	2.822	2.701	2.606	2.529	2.466	2.366	2.261	2.148	2.088	2.026	1.960	1.890	1.815	1.753
34	5.499	4.120	3.529	3.191	2.968	2.808	2.688	2.593	2.516	2.453	2.353	2.248	2.135	2.075	2.012	1.946	1.875	1.799	1.737
35	5.485	4.106	3.517	3.179	2.956	2.796	2.676	2.581	2.504	2.440	2.341	2.235	2.122	2.062	1.999	1.932	1.861	1.785	1.722
36	5.471	4.094	3.505	3.167	2.944	2.785	2.664	2.569	2.492	2.429	2.329	2.223	2.110	2.049	1.986	1.919	1.848	1.772	1.708
37	5.458	4.082	3.493	3.156	2.933	2.774	2.653	2.558	2.481	2.418	2.318	2.212	2.098	2.038	1.974	1.907	1.836	1.759	1.695
38	5.446	4.071	3.483	3.145	2.923	2.763	2.643	2.548	2.471	2.407	2.307	2.201	2.088	2.027	1.963	1.896	1.824	1.747	1.682
39	5.435	4.061	3.473	3.135	2.913	2.754	2.633	2.538	2.461	2.397	2.298	2.191	2.077	2.017	1.953	1.885	1.813	1.735	1.670
40	5.424	4.051	3.463	3.126	2.904	2.744	2.624	2.529	2.452	2.388	2.288	2.182	2.068	2.007	1.943	1.875	1.803	1.724	1.659
60	5.286	3.925	3.343	3.008	2.786	2.627	2.507	2.412	2.334	2.270	2.169	2.061	1.944	1.882	1.815	1.744	1.667	1.581	1.507
120	5.152	3.805	3.227	2.894	2.674	2.515	2.395	2.299	2.222	2.157	2.055	1.945	1.825	1.760	1.690	1.614	1.530	1.433	1.343
500	5.054	3.716	3.142	2.811	2.592	2.434	2.313	2.217	2.139	2.074	1.971	1.859	1.736	1.669	1.596	1.515	1.423	1.311	1.192

$\alpha = 0.99$

n \ m	1	2	3	4	5	6	7	8	9	10	12	15	20	24	30	40	60	120	500
1	4052.181	4999.500	5403.352	5624.583	5763.650	5858.986	5928.356	5981.070	6022.473	6055.847	6106.321	6157.285	6208.730	6234.631	6260.649	6286.782	6313.030	6339.391	6359.501
2	98.503	99.000	99.166	99.249	99.299	99.333	99.356	99.374	99.388	99.399	99.416	99.433	99.449	99.458	99.466	99.474	99.482	99.491	99.497
3	34.116	30.817	29.457	28.710	28.237	27.911	27.672	27.489	27.345	27.229	27.052	26.872	26.690	26.598	26.505	26.411	26.316	26.221	26.148
4	21.198	18.000	16.694	15.977	15.522	15.207	14.976	14.799	14.659	14.546	14.374	14.198	14.020	13.929	13.838	13.745	13.652	13.558	13.486
5	16.258	13.274	12.060	11.392	10.967	10.672	10.456	10.289	10.158	10.051	9.888	9.722	9.553	9.466	9.379	9.291	9.202	9.112	9.042
6	13.745	10.925	9.780	9.148	8.746	8.466	8.260	8.102	7.976	7.874	7.718	7.559	7.396	7.313	7.229	7.143	7.057	6.969	6.902
7	12.246	9.547	8.451	7.847	7.460	7.191	6.993	6.840	6.719	6.620	6.469	6.314	6.155	6.074	5.992	5.908	5.824	5.737	5.671
8	11.259	8.649	7.591	7.006	6.632	6.371	6.178	6.029	5.911	5.814	5.667	5.515	5.359	5.279	5.198	5.116	5.032	4.946	4.880
9	10.561	8.022	6.992	6.422	6.057	5.802	5.613	5.467	5.351	5.257	5.111	4.962	4.808	4.729	4.649	4.567	4.483	4.398	4.332
10	10.044	7.559	6.552	5.994	5.636	5.386	5.200	5.057	4.942	4.849	4.706	4.558	4.405	4.327	4.247	4.165	4.082	3.996	3.930
11	9.646	7.206	6.217	5.668	5.316	5.069	4.886	4.744	4.632	4.539	4.397	4.251	4.099	4.021	3.941	3.860	3.776	3.690	3.624
12	9.330	6.927	5.953	5.412	5.064	4.821	4.640	4.499	4.388	4.296	4.155	4.010	3.858	3.780	3.701	3.619	3.535	3.449	3.382
13	9.074	6.701	5.739	5.205	4.862	4.620	4.441	4.302	4.191	4.100	3.960	3.815	3.665	3.587	3.507	3.425	3.341	3.255	3.187
14	8.862	6.515	5.564	5.035	4.695	4.456	4.278	4.140	4.030	3.939	3.800	3.656	3.505	3.427	3.348	3.266	3.181	3.094	3.026
15	8.683	6.359	5.417	4.893	4.556	4.318	4.142	4.004	3.895	3.805	3.666	3.522	3.372	3.294	3.214	3.132	3.047	2.959	2.891
16	8.531	6.226	5.292	4.773	4.437	4.202	4.026	3.890	3.780	3.691	3.553	3.409	3.259	3.181	3.101	3.018	2.933	2.845	2.775
17	8.400	6.112	5.185	4.669	4.336	4.102	3.927	3.791	3.682	3.593	3.455	3.312	3.162	3.084	3.003	2.920	2.835	2.746	2.676
18	8.285	6.013	5.092	4.579	4.248	4.015	3.841	3.705	3.597	3.508	3.371	3.227	3.077	2.999	2.919	2.835	2.749	2.660	2.589
19	8.185	5.926	5.010	4.500	4.171	3.939	3.765	3.631	3.523	3.434	3.297	3.153	3.003	2.925	2.844	2.761	2.674	2.584	2.512
20	8.096	5.849	4.938	4.431	4.103	3.871	3.699	3.564	3.457	3.368	3.231	3.088	2.938	2.859	2.778	2.695	2.608	2.517	2.445
21	8.017	5.780	4.874	4.369	4.042	3.812	3.640	3.506	3.398	3.310	3.173	3.030	2.880	2.801	2.720	2.636	2.548	2.457	2.384
22	7.945	5.719	4.817	4.313	3.988	3.758	3.587	3.453	3.346	3.258	3.121	2.978	2.827	2.749	2.667	2.583	2.495	2.403	2.329
23	7.881	5.664	4.765	4.264	3.939	3.710	3.539	3.406	3.299	3.211	3.074	2.931	2.781	2.702	2.620	2.535	2.447	2.354	2.280
24	7.823	5.614	4.718	4.218	3.895	3.667	3.496	3.363	3.256	3.168	3.032	2.889	2.738	2.659	2.577	2.492	2.403	2.310	2.235
25	7.770	5.568	4.675	4.177	3.855	3.627	3.457	3.324	3.217	3.129	2.993	2.850	2.699	2.620	2.538	2.453	2.364	2.270	2.194

续表

n \ m	1	2	3	4	5	6	7	8	9	10	12	15	20	24	30	40	60	120	500
26	7.721	5.526	4.637	4.140	3.818	3.591	3.421	3.288	3.182	3.094	2.958	2.815	2.664	2.585	2.503	2.417	2.327	2.233	2.156
27	7.677	5.488	4.601	4.106	3.785	3.558	3.388	3.256	3.149	3.062	2.926	2.783	2.632	2.552	2.470	2.384	2.294	2.198	2.122
28	7.636	5.453	4.568	4.074	3.754	3.528	3.358	3.226	3.120	3.032	2.896	2.753	2.602	2.522	2.440	2.354	2.263	2.167	2.090
29	7.598	5.420	4.538	4.045	3.725	3.499	3.330	3.198	3.092	3.005	2.868	2.726	2.574	2.495	2.412	2.325	2.234	2.138	2.060
30	7.562	5.390	4.510	4.018	3.699	3.473	3.304	3.173	3.067	2.979	2.843	2.700	2.549	2.469	2.386	2.299	2.208	2.111	2.032
31	7.530	5.362	4.484	3.993	3.675	3.449	3.281	3.149	3.043	2.955	2.820	2.677	2.525	2.445	2.362	2.275	2.183	2.086	2.006
32	7.499	5.336	4.459	3.969	3.652	3.427	3.258	3.127	3.021	2.934	2.798	2.655	2.503	2.423	2.340	2.252	2.160	2.062	1.982
33	7.471	5.312	4.437	3.948	3.630	3.406	3.238	3.106	3.000	2.913	2.777	2.634	2.482	2.402	2.319	2.231	2.139	2.040	1.959
34	7.444	5.289	4.416	3.927	3.611	3.386	3.218	3.087	2.981	2.894	2.758	2.615	2.463	2.383	2.299	2.211	2.118	2.019	1.938
35	7.419	5.268	4.396	3.908	3.592	3.368	3.200	3.069	2.963	2.876	2.740	2.597	2.445	2.364	2.281	2.193	2.099	2.000	1.918
36	7.396	5.248	4.377	3.890	3.574	3.351	3.183	3.052	2.946	2.859	2.723	2.580	2.428	2.347	2.263	2.175	2.082	1.981	1.899
37	7.373	5.229	4.360	3.873	3.558	3.334	3.167	3.036	2.930	2.843	2.707	2.564	2.412	2.331	2.247	2.159	2.065	1.964	1.881
38	7.353	5.211	4.343	3.858	3.542	3.319	3.152	3.021	2.915	2.828	2.692	2.549	2.397	2.316	2.232	2.143	2.049	1.947	1.864
39	7.333	5.194	4.327	3.843	3.528	3.305	3.137	3.006	2.901	2.814	2.678	2.535	2.382	2.302	2.217	2.128	2.034	1.932	1.848
40	7.314	5.179	4.313	3.828	3.514	3.291	3.124	2.993	2.888	2.801	2.665	2.522	2.369	2.288	2.203	2.114	2.019	1.917	1.833
60	7.077	4.977	4.126	3.649	3.339	3.119	2.953	2.823	2.718	2.632	2.496	2.352	2.198	2.115	2.028	1.936	1.836	1.726	1.633
120	6.851	4.787	3.949	3.480	3.174	2.956	2.792	2.663	2.559	2.472	2.336	2.192	2.035	1.950	1.860	1.763	1.656	1.533	1.421
500	6.686	4.648	3.821	3.357	3.054	2.838	2.675	2.547	2.443	2.356	2.220	2.075	1.915	1.829	1.735	1.633	1.517	1.377	1.232